"十三五"普通高等教育本科系列教材

 中国电力教育协会高校电气类专业精品教材

发电厂变电站电气部分

（第二版）

主编　王成江

编写　陈　铁　牛祖蘅

　　　李振兴　姚明仁

主审　涂光瑜

中国电力出版社

CHINA ELECTRIC POWER PRESS

内 容 提 要

本书以发电厂变电站电气部分为对象，系统地论述了绝缘、导电与电力设备选择原理，电路的关合、开断和开关电器，电气主接线及其设计、厂用电及其设计，补偿与限流，接地装置及接地，配电装置，二次接线，电力主设备运行等基本内容，还结合发电厂变电站新技术的应用，介绍了 GIS 原理与设计、智能变电站及其设计等新内容。

本书可作为普通高等院校电气工程及其自动化专业、电力系统及其自动化专业及相关专业的教材，同时也可作为从事发电厂和变电站的电气设计、运行、管理及相关工程技术人员的参考用书。

图书在版编目（CIP）数据

发电厂变电站电气部分/王成江主编 . —2 版 . —北京：中国电力出版社，2017.4（2023.9 重印）

"十三五"普通高等教育本科规划教材

ISBN 978 - 7 - 5123 - 9668 - 5

Ⅰ.①发… Ⅱ.①王… Ⅲ.①发电厂－电气设备－高等学校－教材 ②变电所－电气设备－高等学校－教材 Ⅳ.①TM62 ②TM63

中国版本图书馆 CIP 数据核字（2016）第 197061 号

出版发行：中国电力出版社
地　　址：北京市东城区北京站西街 19 号（邮政编码 100005）
网　　址：http://www. cepp. sgcc. com. cn
责任编辑：雷　锦（010－63412530）
责任校对：太兴华
装帧设计：郝晓燕　张　娟
责任印制：吴　迪

印　　刷：三河市百盛印装有限公司
版　　次：2013 年 4 月第一版　2017 年 4 月第二版
印　　次：2023 年 9 月北京第九次印刷
开　　本：787 毫米×1092 毫米　16 开本
印　　张：17
字　　数：412 千字
定　　价：40.00 元

前　言

原教材自 2013 年出版以来，得到不少高校的使用，中间还曾加印一次，非常感谢兄弟院校对我们工作的肯定和支持。自教材出版之日起，我们就一直在不断检查和审视它，使用期间也收到部分院校的使用意见。为适应新的人才培养方案对压缩专业课程学时的要求，并充分发挥本教材在电气工程及自动化专业人才培养中的作用，我们对教材进行了以下修订：

（1）压缩了原书的内容。精简了第一版中不同电力设备选型方面不常用的计算等内容。

（2）厘清了本书的知识范畴。为避免和"电能质量"内容的重复，将原书第九章"电能质量及控制"修改为本书第六章"补偿与限流"，保留发电厂变电站补偿与限流的主干内容，删去了现代电能质量的知识；为避免和《高电压技术》书中过电压内容的重复，将原书第七章"过电压防护与接地"修改为本书第七章"接地装置与接地"，重点介绍接地装置的设计和接地方式的选择。

（3）增强了本书的可读性。通过调整部分不合理的结构、更正原书中错误以及修订文字表述方式，力求做到条理清楚，逻辑严密，语言简练，使内容更通俗易懂，便于读者自学。

总之，修订的总体目标是突出发电厂变电站的物理构成、基本概念、基本原理和设计方法，使之更加符合高等专门技术人才的培养目标，希望在学完这门课后，学生能快速胜任发电厂变电站的设计运行工作。

本书共分为十二章：第一章是概述发电厂变电站电气部分；第二章论述绝缘、导电与电力设备选择原理；第三章论述电路的关合、开断与开关电器；第四章论述电气主接线及其设计；第五章论述厂用电及其设计；第六章论述补偿与限流；第七章论述接地装置与接地；第八章论述配电装置；第九章论述 GIS 原理与设计；第十章论述二次接线；第十一章论述智能变电站；第十二章论述电力主设备的运行。最后是附录。

本书修订过程中得到三峡大学"发电厂电气部分"课程组老师的大力支持。王成江教授完成了第一、六、七、八、九、十、十一、十二章及附录的修订和全书的统稿工作；陈铁老师完成了第二、三、五章内容的修订工作；牛祖薅老师完成了第四章内容的修订工作；李振兴老师参与了第十一章内容的修订工作。

限于作者水平，加之时间仓促，本书难免有疏漏及不妥之处，恳请读者批评指正。读者在使用本书过程中，若发现其内容与现行标准、规范、规程或手册有不一致的地方，请以最新的国家或行业标准及规范为准。

王成江

2016 年 8 月

第一版前言

本书以发电厂变电站电气部分的设计、运行和维护为主线，讲述发电厂变电站中电气设备的构成原理、工作原理、性能指标和设备选型方法；论述电气主系统、厂用电、配电装置、过电压防护及接地、自动化及二次回路的原理、设计和运行的基本理论；同时根据电力系统的发展，加入了电能质量、GIS 原理及设计、智能变电站等新内容。在编写过程中，力求突出以下特点：

（1）实用性。以发电厂变电站的设计、运行和维护为导向，组织教材的内容，淡化理论推导及不常用的复杂计算，突出基本概念和方法，力求学生在学完这门课程后，能掌握发电厂变电站的设计和运行工作。

（2）系统性。按照设备和电路的功能来架构本书的结构，首先讲述电气设备导电、绝缘，电路关合、开断的基本理论，由理论自然引出相应设备，再由设备组成系统，实现具体的发电厂和变电站，然后论述发电厂和变电站中新技术的应用，力求做到内容完整，条理清楚，可读性强。

（3）先进性。电能质量、GIS 原理及运行、智能变电站等各自成章，介绍新技术、新产品的原理、构成及设计等内容。

本书由三峡大学电气与新能源学院发电厂电气部分课程组的教师合作编写。其中王成江教授任主编，完成了第一、六、七、八、九、十、十一、十二章和第二章及附录部分内容的编写及全书的统稿工作；陈铁老师完成了第二、三、五章大部分内容的编写工作；牛祖蘅老师完成了第四章内容的编写工作；姚明仁老师参与了教材大纲的制订，部分习题的编制工作。

全书由华中科技大学涂光瑜教授主审，涂老师逐字逐句地审阅了书稿，并给出了非常细致的修改意见，这里对涂老师的工作表示敬意和感谢。

教材编写过程中，参考了很多教材、标准及文献，这里表示感谢。

由于本书编写时间仓促，书中难免存在不足及疏漏之处，恳请广大读者批评指正。

编　者

2013 年 1 月

目 录

扫一扫　观看全景演示

二维码　总码

第一章　概　　述

第一节　电　力　系　统

发电厂是把各种天然能源（如燃料的化学能、水能、核能等）转换成电能的工厂。由于电能生产是一种能量形态的转换，大型发电厂一般建设在能源所在地，如水能资源集中在河流落差较大的山丘地区，热能资源则集中在盛产煤、石油、天然气的矿区。而大城市、大工业中心等用电单位则往往与动力资源所在地相距较远。也就是说，蕴藏动力资源的地区与电能用户之间往往隔有一定距离，为此就必须架设输电线路将电能送往负荷中心。

要实现大容量、远距离输送电能，还必须有变电站。在电源侧，升压变电站将发电机发出的电能升压成高压、超高压，送往电网；在负荷侧，变电站将高压电经过降压变压器降压，再经过配电装置，给各类用户供电。

电力系统示意图如图 1-1 所示，当把一个个地理上分散、孤立运行的发电厂通过输电线路、变电站等相互连接形成一个"电"的网络以供给用户电能时，就形成了现代的电力系统。换句话说，这种由发电机、变电站及电力用户通过输配电线路连接起来的整体，称为电力系统。在电力系统的基础上，加上发电机的原动机（如汽轮机、水轮机等）、原动机的动力部分（如热力锅炉、水库、原子能反应堆等）以及配套设施（如用热设备）等则称为动力系统。

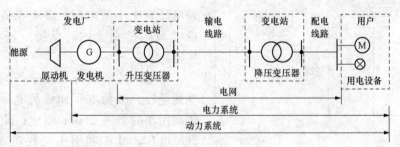

图 1-1　电力系统示意图

去除电源后的电力系统常称为电网，它是由各电压等级的输配电线路、升压和降压变电站及其所属的电力设备所组成的整体。

根据供电容量、供电范围以及电压等级的不同，电网可分为地方电力网、区域电力网和超高压远距离输电网等三种类型。

（1）地方电力网是指电压为 10、35kV，输电距离为几十公里以内的电力网，主要是城市、工矿区、农村等的配电网络；

（2）区域电力网主要是 110、220kV 级的电网，供电范围广、输电线路长、输送功率大；

（3）超高压远距离输电网主要由电压为 330～1000kV 的远距离输电线路所组成，它担负着将远区发电厂的电能送往负荷中心的任务，同时还往往联系几个区域电力网以形成跨省（区）、全国，甚至国与国之间的联合电力系统。

根据在电力系统中的作用不同，电力网可分为输电网和配电网。

（1）输电网是通过高压、超高压输电线将发电厂与变电站、变电站与变电站连接起来，完成电能传输的电力网络，是电力网中的主网架，电压等级通常是 110kV 以上；

（2）配电网是从输电网或地区发电厂接受电能，通过配电设施（配电线路、配电站、配电变压器等）就地或逐级分配电能给用户的电力网，电压等级通常是 110kV 及以下。

根据电压等级不同，配电网又可分为高压配电网（35～110kV）、中压配电网（6～20kV）和低压配电网（220/380V）；根据地域服务对象的不同，配电网可分为城市配电网和农村配电网；根据配电线路类型不同，配电网可分为架空配电网和电缆配电网。

第二节　发　电　厂

发电厂是电力系统的中心环节，为了便于了解电能生产和电力系统的运行状态，下面对发电厂的类型做一些简单介绍。

发电厂按能源利用方式不同，可以分为火力发电厂、水力发电厂、核电厂、风力发电厂、太阳能发电厂和其他类型发电厂。

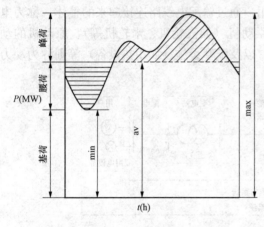

图 1-2　日负荷曲线

发电厂按在系统中的地位和作用不同，可以分为主力电厂、地区电厂和企业自备电厂。主力电厂多为大型水电厂或凝汽式火电厂，担负主要供电任务；地区电厂和企业自备电厂属中小型电厂，多建在负荷中心附近或大型厂矿企业内，直接给该地区或该厂供电。

发电厂按照设备利用率不同，可以分为基荷电厂、腰荷电厂和峰荷电厂。基荷电厂年利用小时数在 5000h 以上；腰荷电厂又称调频电厂，其年利用小时数在 3000～5000h 之间；峰荷电厂又称调峰电厂，其年利用小时数不到 3000h，它与日负荷曲线的对应关系如图 1-2 所示。

一、火力发电厂

以煤炭、石油或天然气为燃料的发电厂称为火力发电厂。火力发电厂中的原动机大都为汽轮机，也有少数电厂采用柴油机和燃气轮机作为原动机。

1. 火力发电厂（简称火电厂）的构成和原理

根据火力发电的生产流程，其基本组成部分包括燃烧系统、汽水系统（燃气轮机发电和柴油机发电无此系统）、电气系统、控制系统。

（1）燃烧系统。火电厂燃烧系统流程示意图如图 1-3 所示，主要由锅炉的燃烧室（即炉膛）、送风装置、送煤（或油、天然气）装置、灰渣排放装置等组成。其作用是完成燃料的燃烧过程，将燃料所含能量以热能形式释放出来，用于加热锅炉里的水。它的主要流程有烟气流程、通风流程、排灰出渣流程等。对燃烧系统的基本要求是尽量做到完全燃烧，使锅炉效率不小于90%；排灰符合标准规定。

（2）汽水系统。火电厂汽水系统流程示意图如图1-4所示，主要由给水泵、循环泵、给水加热器、凝汽器、除氧器、水冷壁及管道系统等组成。其作用是利用燃料的燃烧使水变成高温高压蒸汽，以推动汽轮机做功，并使汽水进行循环。它的主要流程有汽水流程、补给水

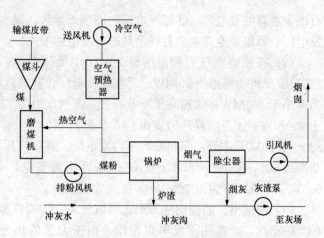

图1-3　火电厂燃烧系统流程示意图

流程、冷却水流程等。对汽水系统的基本要求是汽水损失尽量少；尽可能利用抽汽加热凝结水，提高给水温度。

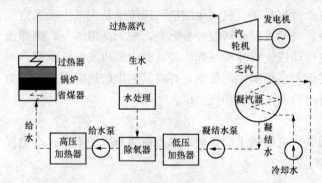

图1-4　火电厂汽水系统流程示意图

（3）电气系统。发电厂电气系统流程如图1-5所示，主要由汽轮发电机、主变压器、配电设备、开关设备、发电机引出线、厂用电接线、厂用变压器和电抗器、厂用电动机、保安电源、蓄电池直流系统及通信设备、照明设备等组成。其作用是保证按电能质量要求向负荷或电力系统供电。主要流程包括变配电流程、厂用电流程。对电气系统的基本要求是供电安全、可靠；调度灵活；具有良好的调整和操作功能，保证供电质量；能迅速切除故障，避免事故扩大。

（4）控制系统。它主要由锅炉及其辅机控制系统、汽轮机及其辅机控制系统、发电机及电工设备控制系统、附属设备控制系统组成。其作用是对火电厂各生产环节实行自动化的调节、控制，以协调各部分的工况，使整个火电厂安全、合理、经济运行，降低劳动强度，提高生产率，遇有故障时能迅速、正确处理，以避免酿成事故。控制系统主要

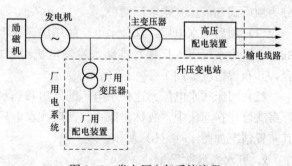

图1-5　发电厂电气系统流程

工作流程包括汽轮机的自动启停控制流程、自动升速控制流程、锅炉的燃烧控制流程、灭火保护系统控制流程、热工测控流程、自动切除电气故障流程、排灰除渣自动化流程等。

2. 火力发电厂的类型

火力发电厂常见分类方法如下。

（1）按照燃料分为：①燃煤发电厂，即以煤炭作为燃料的发电厂；②燃油发电厂，即以

石油为燃料的发电厂；③燃气电厂，即以天然气、煤气等可燃气体为燃料的发电厂；④余热发电厂，即以工业企业的各种余热进行发电的发电厂。

（2）按照蒸汽压力和温度分为：①中低压发电厂，其蒸汽压力为 3.92MPa、温度为 450℃、单机功率小于 25MW；②高压发电厂，其蒸汽压力为 9.9MPa、温度为 540℃、单机功率小于 100MW；③超高压发电厂，其蒸汽压力为 13.83MPa、温度为 540℃、单机功率小于 200MW；④亚临界压力发电厂，其蒸汽压力为 16.77MPa、温度为 540℃、单机功率为 300～1000MW 不等；⑤超临界压力发电厂，其蒸汽压力为 22.11MPa、温度为 550℃、单机功率为 600、800MW 以上；⑥超超临界压力发电厂，其蒸汽压力为 26.25MPa、温度为 600℃、单机功率为 1000MW 以上。

（3）按照电厂的输出能源形式可以分为：①凝汽式火电厂（通常称为火电厂），其锅炉产生的蒸汽，全部用于发电机发电，由于大量的热量被循环水带走，其效率只有 30％～40％；②热电厂，除发电外，其部分做过功的蒸汽，在中间段被抽出来供给附近用户的暖气或热水，总效率可高达 60％～70％。

（4）火力发电厂按照原动机的不同分为：①凝汽式汽轮发电厂；②燃气轮机发电厂，燃气轮机以连续流动的气体为工质，其工作过程是压气机（压缩机）连续地从大气中吸入空气并将其压缩；压缩后的空气进入燃烧室，与喷入的燃料混合后燃烧，成为高温燃气，随即流入燃气涡轮中膨胀做功，推动涡轮叶轮带动压气机叶轮一起旋转；③内燃机发电厂和蒸汽—燃气轮机发电厂，内燃机是一种通过使燃料在机器内部燃烧，并将其放出的热能直接转换为动力的热力发动机，常见的有作为自备电源的柴油机和汽油机。

二、水力发电厂

水力发电厂是把水的势能和动能转变为电能的工厂。根据水力枢纽布置的不同，水力发电厂可分为堤坝式、引水式等。

1. 堤坝式水电厂

在河床上游修建拦河坝，将水积蓄起来，形成水库，抬高上游水位形成发电水头，利用坝的上、下游水位落差进行发电，这种水电厂称为堤坝式水电厂。通常，这类水电厂又可细分为坝后式和河床式水电厂两种。

（1）坝后式水电厂。这种水电厂的厂房建在坝的后面，全部水头压力由坝体承受，水库的水由压力水管引入厂房，推动水轮发电机组发电。坝后式水电厂适合于高、中水头的场合，其布置情况如图 1-6（a）所示。

（2）河床式水电厂。这种水电厂的厂房和挡水堤坝连成一体，厂房也起挡水作用，由于厂房就修建在河床中，故称河床式。河床式水电厂的水头一般较低，大都在 20～30m 以下，其布置情况如图 1-6（b）所示。

2. 引水式水电厂

引水式水电厂建筑在山区水流湍急的河道上或河床坡度较陡的地段，由引水渠道提供水头，且一般不需要修筑堤坝，只修低堰即可，如图 1-6（c）所示。

3. 抽水蓄能电厂

抽水蓄能电厂是一种特殊形式的水力发电厂，由高落差的上、下游水库和水轮机—发电机—抽水机的可逆机组构成，其布置情况如图 1-6（d）所示。抽水蓄能电厂可以实现对电能的变相存储，当系统处于低负荷运行时，电厂利用系统富余的电力将下游水库的水抽到上

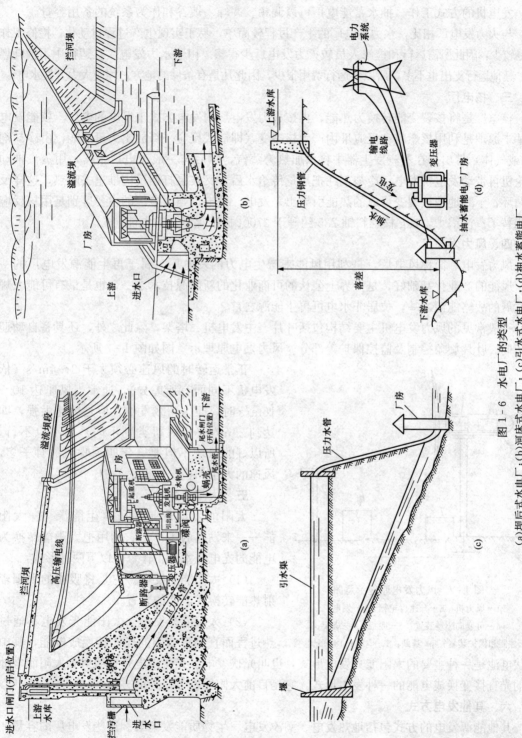

图 1-6　水电厂的类型

(a)坝后式水电厂；(b)河床式水电厂；(c)引水式水电厂；(d)抽水蓄能电厂

游水库中，将电能转换为水的势能储存，此时机组按电动机—水泵方式工作；待电力系统处于高负荷、电力不足时，上游水库放水发电，将水的势能释放转换为电能，此时机组按水轮机—发电机的方式工作。抽水蓄能电厂可以调频、调峰、填谷和作为系统的备用容量。

与火力发电厂相比，水力发电厂的生产过程较简单，易于实现生产过程自动化，检修工作量也较少，因此所需运行和检修人员较火力发电厂少得多。由于水力发电厂在运行中不消耗燃料，其他运行支出也不多，所以年运行费用很少，因此凡是有条件的地方，均应大力开发水电。

三、核电厂

核电厂是将核裂变能转换为热能，再按火力发电厂的发电方式来发电的电厂。核能发电的基本原理是利用核燃料在反应堆内产生核裂变（即链式反应）释放出大量热能，由冷却剂（水或气体）带出，在蒸汽发生器中将水加热为蒸汽，然后与一般火电厂一样，用蒸汽推动汽轮机再带动发电机发电。冷却剂在把热量传给水后，又被泵打回反应堆里去吸热，这样反复循环，不断地把核裂变释放的热能引导出来发电。核电厂与火电厂的主要区别是用核反应堆代替了蒸汽锅炉，1kg 核燃料铀 235 约等于 2700t 标准煤发出的电能。

四、风力发电厂

风力发电厂简称风电厂，是利用风能来产生电力的发电厂，属于再生能源发电厂的一种。风能的产业化基础好，是世界上公认的可商业化的新能源技术之一，也是最有可能大规模发展的战略能源之一，位居非水电可再生能源之首。

一般常见的风力发电机主要结构包括叶片、主发电机、塔架，除此之外，还具备自动迎风转向、叶片旋角控制及监控保护等部分。风力发电原理示意图如图 1-7 所示。

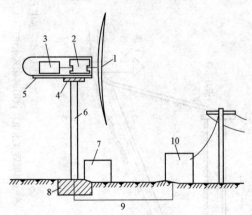

正常运转时的风速必须大于 2～4m/s（依发电机不同而有所差异），通常当风速达 10～16m/s 时，即达满载发电，但是风速太强，即达到 25m/s（依风机类别不同）以上也不行。所以好的风场不但要一年四季吹风的日子多，风速的大小和稳定性也很关键。

五、太阳能发电厂

太阳能发电厂是用可再生能源——太阳能——来发电的工厂，它利用把太阳能转换为电能的光电技术来工作，有以下两种形式：

（1）太阳能热发电。它是将吸收的太阳辐射热能转换成电能的装置。

（2）太阳能光发电。太阳能光发电不通过

图 1-7　风力发电原理示意图

1—风力机；2—升速齿轮箱；3—发电机；
4—可变向驱动装置；5—底板；6—塔架；
7—控制和保护装置；8—基础；9—电缆；10—配电装置

热过程而直接将太阳的光能转换成电能，其中光伏电池是一种主要的太阳能光发电形式，也叫光伏发电。光伏发电是把照射到太阳能电池上的光直接变换成电能的一种发电形式，它是目前太阳能发电研究的方向。

六、其他发电方式

其他能源发电的方式包括地热发电、潮汐发电、生物质能发电等。这些发电厂的容量一般不大，是电力系统的一种补充。

第三节 变 电 站

变电站是联系发电厂和用户的中间环节，起着变压和分配电能的作用。从发电厂送出的电能一般经过升压后才能远距离输送，再经过多次降压后才能供用户使用，所以电力系统中变电站的数量多于发电厂的数量。据统计，系统中变压器的容量一般是发电机容量的 $7\sim10$ 倍。图 1-8 为某变电站一次系统接线图，图中接有大、中容量的水电厂和火电厂，水电厂通过 500kV 的超高压输电线路接至枢纽变电站，经此变电站和系统的 220、110kV 电网相联系，系统的 220kV 电网构成环形网络，这样可以提高供电的可靠性。

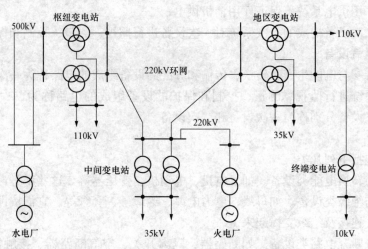

图 1-8　某变电站一次系统接线图

根据其在电力系统中的地位和供电范围的不同，系统中的变电站通常分成以下几类：

（1）枢纽变电站。这类变电站位于电力系统的枢纽点，它连接电力系统高压和中压的几个部分，连接着电力系统的多个大电厂和大区域，电压等级常为 $330\sim1000kV$ 等。枢纽变电站在系统中的地位非常重要，若枢纽变电站发生事故出现全站停电时，将导致系统解列，甚至可能出现全系统崩溃的灾难。

（2）中间变电站。高压侧与枢纽变电站连接，以穿越功率为主，在系统中起交换功率的作用或使高压长距离输电线路分段的变电站，称为中间变电站。它一般汇集 $2\sim3$ 个电源，电压等级多为 220kV，除交换功率外，还可以为所在地区用户供电或接入一些中小型电厂。因此，这样的变电站主要起中间环节的作用，并因此称作中间变电站，有时又称穿越变电站。当中间变电站全站停电时，将引起区域网络解列，影响较大。

（3）地区变电站。这类变电站的高压侧电压一般为 $110\sim220kV$，低压侧一般为 $10\sim110kV$，其主要任务是对地区用户供电，所以它是一个地区或城市的主要变电站。全站停电后，仅使该地区或该城市中断供电，影响面较小。

（4）终端变电站。终端变电站位于配电线路的终端，接近负荷处，高压侧为 $10\sim110kV$ 引入线，经降压后直接向用户供电。这类变电站若全站停电，影响更小，只是用户受到损失。其中，企业变电站是大、中型企业的专用变电站。

变电站还有很多分类方式，如升压变电站、降压变电站、联络变电站等。

开关站是一个常用的概念，它是指有开关设备（通常还包括母线），但没有电力变压器的配电站。一般来说，开关站电压等级在 10kV 及以上，作用是将电网来的电能分配给几个或者更多的变电站，或者在发电厂用于汇集多台发动机的电能，统一升压后送往系统。

第四节　发电厂变电站电气部分

发电厂变电站的电气部分总体构成如图 1-5 所示，其主要作用如下：

（1）通过与原动机同轴的发电机，将机械能转换为电能；

（2）通过变压器和配电装置等将电能汇集、变换并配送至电力传输网络；

（3）通过厂用供电系统，保证厂用辅机供电；

（4）通过二次设备构成的二次系统对一次设备进行监视、测量、控制和保护。

一、主要电气设备

通常把直接参与电能生产、转换、传输和分配的设备组成的电路称为一次回路或一次系统；把对一次系统进行监视、测量、控制和保护的设备组成的电路称为二次回路或二次系统。对应的电气设备分别称为一次设备和二次设备。

1. 一次设备

一次设备包括下列几类。

（1）生产与转换电能类设备。如发电机、电动机、变压器等，这些都是最主要的设备。

（2）导电与绝缘类设备。如母线、电力电缆、绝缘子、套管等。它们按设计要求，将有关电器设备电气连接及绝缘支撑起来。

（3）接通或断开电路类设备。如断路器、隔离开关、空气断路器、接触器、熔断器等。它们的作用是在正常运行或事故时，将电路闭合或断开，以满足控制和保护的要求。

（4）过电压防护与保护类设备。如防御过电压的避雷器、避雷针、接地网及集中接地极、接地开关等。它们的作用是在正常运行或过电压时，保证电力设备的安全和保护工作人员的安全。

（5）限制与补偿类设备。如限制短路电流的电抗器，无功补偿电容器、无功补偿电抗器等，它们的作用是遏制某些电气技术指标在局部地区的过高或过低现象。

（6）互感器。它主要指电压互感器和电流互感器，它们将一次电路中的电压和电流降至较低的值，供给控制和保护装置使用。互感器是二次系统与一次系统之间的联系纽带。

2. 二次设备

二次设备的任务是对一次设备进行测量、控制、监视和保护等，虽然它们不直接参与电能的生产过程，但对保证一次设备的正常有序工作，起着十分重要的作用。

（1）测量仪表及信号设备。如电压表、电流表、功率表、功率因数表等，它们用于测量和监视一次电路中的运行参数值，信号设备给出信号或显示运行状态标志。

（2）继电保护及自动装置。它们用以迅速反应电气故障或不正常运行情况，并根据要求进行切除故障、发生信号或做相应的调节。

（3）操作及控制设备。操作设备一般都带有操作把手、按钮等，作用于开关设备，实现对电路的闭合或断开操作；控制设备实现对如有功功率、无功功率、变比等电气参数的调整。

（4）直流设备。如直流发电机组、蓄电池、整流装置等，它们供给保护、操作、信号以及事故照明装置等二次设备的直流用电。

二、电气设备的额定参数

用以表明电气设备在一定条件下能长期工作的最佳运行工况的特征量叫作额定参数，各类电气设备的主要额定参数有额定电压、额定电流和额定容量等。

1. 额定电压

额定电压就是用电气设备正常工作时的电压。它是按长期正常工作时具有最佳的技术性能和最大经济效果所规定的电压，也就是说，在额定电压工作时，电气设备具有最佳技术状态和最大经济效益。

为使电气设备实现生产的标准化和系列化、设计和选型的标准化、电器的互相连接和更换、备件的生产和维修等，目前，我国规定的交流系统标称电压主要有 0.4、3、6、10、20、35、66、110、220、330、500、750、1000kV 等。

通常把 1kV 及以下称为低压、1~220kV 称为高压、330~750kV 称为超高压、1000kV 及以上称为特高压。我国国家电网公司的规范性文件中也把 1~20kV 的电压称为中压。

2. 额定电流

电气设备的额定电流是指在一定的额定环境温度下，允许长期连续通过设备的最大电流，并且此时设备的绝缘和载流部分被长期加热的最高温度不超过所规定的允许值。电气设备长期工作电流不应超过它的额定电流。

标准电流值是采用的 R10 系列，标准电流等级规定为 1、1.25、1.6、2、2.5、3.15、4、5、6.3、8 及其 10^n 倍（n 为整数），小于 1A 的也遵从上述原则。

电流等级因具体设备的用途或性能不同而有些差异。国内认为，R10 系列中的 1.6、3.15、6.3、8 替换为 1.5、3、6、7.5 及其 10^n 倍（n 取正整数）可能更合理，并有应用。

3. 额定容量

发电机、变压器、电动机是用于转换或传递功率的，所以都相应规定了额定容量，其规定条件与额定电流相同。

在变压器名牌上规定的容量就是额定容量，它是指分接开关位于主分接时额定空载电压、额定电流与相应系数的乘积。对三相变压器而言

$$额定容量 = \sqrt{3} \times 额定电压 \times 额定电流$$

额定容量一般以 kVA 或 MVA 表示。额定容量是在规定的整个正常使用寿命期间，如 30 年，所能连续输出最大容量。而实际输出容量为有负载时的电压（感性负载时，电压小于额定空载电压）、额定电流与相应系数的乘积。

发电机的原动机只能提供有功功率，所以一般以有功功率（kW）表示，当用视在功率（kVA）表示时，需表明额定功率因数。

视在功率 S_N（kVA）：$S_N = \sqrt{3} U_N I_N$

有功功率 P_N（kW）：$P_N = \sqrt{3} U_N I_N \cos\varphi_N$

无功功率 Q_N（kvar）：$Q_N = \sqrt{3} U_N I_N \sin\varphi_N$

三、电气接线

各种电气设备必须根据工作的要求和它们的作用，依照一定顺序连接起来而构成供电流、能量或信号流通的电路。在发电厂变电站内，一次设备通过导体连接起来，实现预期生

产流程的电路就是一次系统或电气主接线或电气主系统。相应的，二次设备连接成的电路就是二次系统或二次回路。

用国家规定的图形和文字符号将电气主接线和二次回路绘制成的电路图，分别称为电气主接线图和电气二次接线图，电气主接线图常用电力设备的图形及文字符号见表 1-1。因为电气一次系统是三相对称的，通常将电气主接线图画成单线图的形式，即用一条线代表三相电路，图 1-9 为某火电厂的电气主接线，图中开关设备位置为正常状态（断路器、隔离开关在断开位置）。电气主接线图能说明电能的输送和分配关系，表征各种运行方式，所以它是运行操作过程中切换电路的依据。

表 1-1　　　　　　　　电气主接线图常用电力设备的图形及文字符号

名称	图形符号	文字符号	名称	图形符号	文字符号
交流发电机		G	电动机		M
双绕组变压器		T	三绕组自耦变压器		T
三绕组变压器	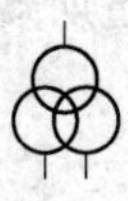	T	调相机		G
隔离开关		QS	断路器		QF
熔断器		FU	消弧线圈		L
单、双铁芯双次级绕组电流互感器	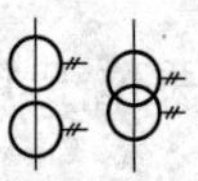	TA	双绕组、三绕组电压互感器	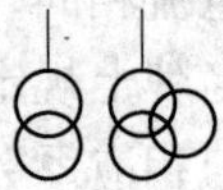	TV
普通电抗器		L	分裂电抗器		L
负荷开关		QF	避雷器		F
接触器的主动合、主动断触头	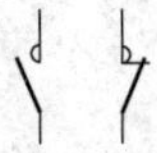	K	火花间隙		F
母线、导线和电缆		W	电容器		C
电缆终端头		WC	接地		E

下面以图 1-9 所示的具有两种电压等级（发电机电压及升高电压）的某火电厂主接线图为例，说明各种主要电气设备（一次设备）的连接情况。

发电机 G1、G2 所发出的电能经断路器 QF1 和 QF2 以及隔离开关 QS1～QS4 送至 10kV 母线。断路器具有灭弧装置，正常运行时可以接通或断开电路，故障情况时，在继电保护装置的作用下，能自动断开电路。隔离开关的作用是在电路一次设备需要停电检修或更换时，使这些设备与带电部分可靠地隔离起来，以保证工作人员的安全。

母线 W1～W5 起汇集和分配电能的作用。其中，10kV 母线为分段的双母线，工作母线分为两段，备用母线不分段。发电机送来电能的一部分由电力电缆送给近区用户，在这些出线上装有电抗器 L1 和 L2，用以限制短路电流。另一部分电能则通过升压变压器 T1 和 T2 送到 110kV 母线上，然后通过高压架空线路送向远方用户，并与系统并列。另一台发电机 G3 和变压器 T3 单独接成发电机—变压器单元，直接连接至高压 110kV 母线上。高压母线为双母线接线。

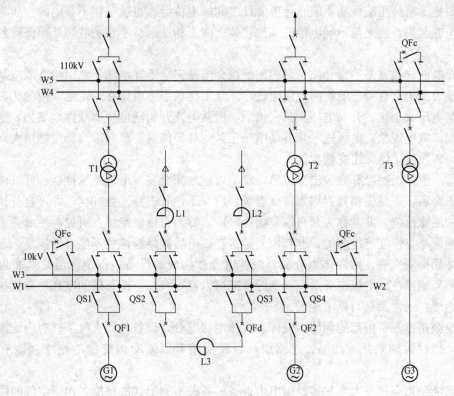

图 1-9　某火电厂的主接线

四、配电装置

配电装置是按照电气主接线的要求，由开关电器、载流导体和必要的辅助设备、设施所组成的电工建筑物，是电气设备在厂站内的组装和布置，是电气主接线的具体实施。

1-1　何谓电力系统？发电厂和变电站的类型有哪些？

1-2　哪些设备属于一次设备？哪些设备属于二次设备？试举例简述其功能。

第二章　绝缘、导电与电力设备选择原理

第一节　绝缘与绝缘子

绝缘和按照一定要求组成的绝缘系统（绝缘结构）是支撑高电压设备的基础，电力设备只有具有可靠的绝缘结构，才能够可靠地工作。良好的绝缘可以有效地避免短路和危及人身安全，是保证电力设备与输电线路安全运行和防止发生触电事故的最基本、最可靠的手段。

一、绝缘

所谓绝缘就是用绝缘物质阻止导电元件之间的电传导，也就是用不导电的物质将带电体隔离或包裹起来，使之与不同电位的其他物体之间不相接触、不相关联，从而保持各自的不同电位。

不导电的物质就是绝缘介质，理想的绝缘介质是完全不导电的。然而给介质施加高压后其内部及表面仍会有微小的泄漏电流流过。正常工作状态下电压在一定范围内变化，泄漏电流大致与电压成正比；升高电压到某一值后，泄漏电流开始随电压非线性地增加，这是介质发生了局部放电现象；电压进一步升高电压至某一临界值后，泄漏电流将急剧增大，介质变为导体，即发生了绝缘击穿现象。

固体、液体类绝缘介质被击穿以后，将不可逆地完全丧失电气绝缘性能；而气体类绝缘介质被击穿后，一旦去掉外界因素（强电场）后，不论其击穿次数如何，即可自行快速恢复其固有的绝缘性能，前者称为非自恢复绝缘，后者称为自恢复绝缘。可见，绝缘又可分为非自恢复绝缘和自恢复绝缘两类。非自恢复绝缘在放电后其绝缘性能不能自行恢复，击穿后绝缘将毁坏而彻底失效，由固体电介质、液体电介质构成的设备内部绝缘通常是非自恢复绝缘；自恢复绝缘在放电或击穿后，其绝缘性能可以自行恢复，由气体间隙和与空气相接触的设备外绝缘，通常都是自恢复绝缘。

内绝缘是指设备内部的固体、液体和气体绝缘部分，设备外部大气条件对内绝缘基本没有影响。但材料的老化、高温、连续加热以及受潮等因素对内绝缘的绝缘强度有不利的影响。

外绝缘是指直接与大气相接触的电力设备的各种不同形式的绝缘，包括空气间隙及设备固体绝缘的外露表面。外绝缘长期在大气环境下运行，除了承受电气、机械各种应力外，还承受风、雨、雪、雾、雷电和温度变化等自然条件的影响，还受到表面污秽和外力损坏等影响。电力设备的外绝缘主要有两种方式，即空气间隙和绝缘子（包括套管）。

空气间隙是良好的绝缘体。输电线路的相与地、相与相、相与中性点及对低电压绕组端子之间一般都采用空气间隙进行外绝缘，正因为空气间隙的绝缘，当人离开带电设备一定的距离后，就不会触电。

二、绝缘子

绝缘子是用于支撑导电元件并使其绝缘的器件，它通常安装在不同电位的导体之间或导体与地电位构件之间，能够耐受工作电压和机械应力。常见绝缘子的外形及结构如图 2-1

所示。

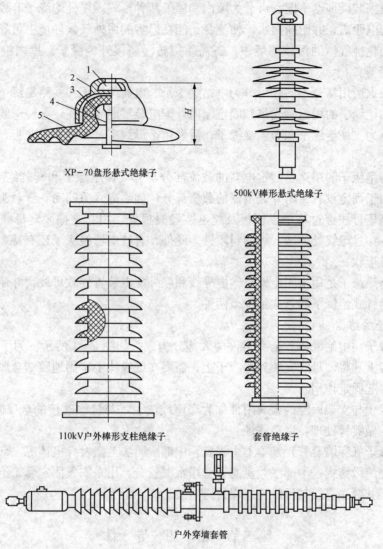

XP-70盘形悬式绝缘子

500kV棒形悬式绝缘子

110kV户外棒形支柱绝缘子

套管绝缘子

户外穿墙套管

图 2-1　常见绝缘子的外形及结构
1—锁紧销；2—钢帽；3—胶合剂；4—钢脚；5—伞裙

1. 绝缘子的作用

绝缘子在电力系统中起着两个基本作用：一是在机械上支撑和固定裸载流导体；二是在电气上使裸载流导体与地绝缘，或使装置中处于不同电位的裸载流导体之间绝缘。

这两个作用必须同时得到保证，即绝缘子必须具有足够的机械强度和绝缘强度，并能在恶劣环境（高温、潮湿、多尘埃、污秽等）下安全运行。绝缘子不应该由于环境和负荷条件发生变化导致的各种机电应力而失效，否则绝缘子就不会发挥绝缘作用，引发短路或损坏电力设备。

2. 绝缘子的类型

绝缘子根据结构不同，可分为支柱式、悬式、防污型和套管型绝缘子。

绝缘子根据材料不同，可分为陶瓷绝缘子、玻璃绝缘子、合成绝缘子、半导体绝缘子。

绝缘子根据装设地点不同，可分为屋内和屋外两种形式。屋外绝缘子有较大的伞裙，用以增长表面爬电距离，并阻断雨水，使绝缘子能在恶劣的屋外气候环境中可靠地工作。在多尘埃、盐雾和化蚀气体的污秽环境中，还需使用防污型屋外绝缘子。屋内绝缘子无伞裙结构，也无防污型。

绝缘子根据应用场合不同，可分为电站绝缘子、电器绝缘子和线路绝缘子。

（1）电站绝缘子的用途是支撑和固定屋内外配电装置的硬母线，并使母线与地绝缘。电站绝缘子又分为支柱绝缘子和套管绝缘子，后者用于母线穿过墙壁和天花板，以及从屋内向屋外引出之处。

（2）电器绝缘子的用途是固定电器的载流部分，分支柱绝缘子和套管绝缘子两种类型。支柱绝缘子用于固定没有封闭外壳电器的载流部分，如隔离开关的动、静触头等。套管绝缘子一般用在高压母线穿过墙壁、楼板及配电装置隔板处，用它支撑固定母线，保持对地绝缘，同时保持穿过母线处的墙、板的封闭性。此外，有些电器绝缘子还有特殊的形状，如柱状、牵引杆等形状。

（3）线路绝缘子是用来固定架空输电导线和屋外配电装置的软母线，并使它们与接地部分绝缘，分为针式绝缘子和悬式绝缘子两种。

3. 绝缘子的结构

各类绝缘子均由绝缘体和金属附件两大部分构成，如图 2-1 所示。为了将绝缘子固定在接地的支架上和将硬母线安装到绝缘子上，需要在绝缘体上牢固地胶结金属配件，即金属附件，其主要起固定作用。

电站绝缘子与支架固定的金属附件称为底座或法兰，与母线连接的金属附件称为顶帽。底座和顶帽均做镀锌处理，以防锈蚀。

套管绝缘子（穿墙套管）基本上由瓷套，中部金属法兰盘及导电体等三部分组成。瓷套采用纯瓷空心绝缘结构；中部法兰盘与瓷套用水泥胶合，用来安置固定套管绝缘子；瓷套内设置导电体，其两端直接与母线连接以传送电能。

第二节　常　用　导　体

发电厂变电站中常用的导体可以分为硬导体和软导线两类。根据截面形状的不同，硬导体又可以分为矩形导体、槽形导体、管形导体；软导线有钢芯铝绞线、组合导线、分裂导线和扩径导线等多种。

外部包覆着绝缘介质的导体是绝缘导体，没有包覆绝缘介质的导体就是裸导体。

根据结构形式的不同，导体可以分为母线、导线和电力电缆。将发电机、变压器等大型电力设备与各种配电装置连接的导体称为母线，它起着汇集、分配和传送电能的作用；导线和电力电缆主要用来远距离传送电能。

一、导线

常用电力架空线采用裸导线，根据不同的要求有圆形单股导线、普通绞线（裸纹线）、钢芯铝绞线和特种导线等几类。

（1）单股导线。此类导线主要有铝包钢线、钢包钢线、镀锌低碳钢线、硬铜圆单股线

（特殊环境使用）等 4 种。其线径细、强度高、载流容量小，常用于小容量配电线路或通信架空线，硬铜圆单线因价格昂贵仅用于特殊环境中。

（2）普通绞线。此类导线主要有铝绞线、铝合金绞线、铝包钢丝绞线、镀锌钢绞线、硬铜丝绞线等 5 种。一般铝绞线用于小跨距的配电线路。铝合金绞线常用于一般输配电线路。铝包钢丝绞线主要用于重冰区或大跨距导线、通信或避雷线等。

（3）组合绞线。此类导线是用两种单股线（即导电金属单股线和高强度金属单股线）绞制而成，如钢芯铝绞线、钢芯铝合金绞线、钢芯铝包钢绞线等。此类导线是电网中应用最为广泛的导体，具有抗拉强度高、价格低等优点。钢芯铝绞线的截面图如图 2-2 所示。

（4）特种导线。此类导线是指防电晕的扩径型钢芯铝绞线、高强度大跨距导线及自阻尼导线等。此类导线的特点是截面大，抗拉强度高，适用于重冰区超高压架空线路。

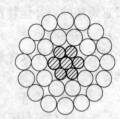

图 2-2　钢芯铝绞线的截面图

二、母线

在发电厂和变电站的各级电压配电装置中，将发电机、变压器等大型电力设备与各种电器设备连接的导体称为母线。

母线的作用是汇集、分配和传送电能。狭义地讲，母线指主接线中的主母线；广义地讲，母线还包括：①电气主接线的主母线和设备之间的连接线；②厂用电部分的厂用母线；③电气二次系统中直流系统的直流母线；④二次部分的小母线等。

母线根据使用的材料不同，可分为铜母线、铝母线、铝合金母线和钢母线。铜母线导电率高、耐腐蚀，主要用在易腐蚀的地区（如化工厂附近或沿海地区等）；铝母线质轻、价廉，但机械强度较小，用在屋内和屋外配电装置中；铝合金母线机械强度大，广泛用在屋内和屋外配电装置中；钢母线的机械强度大，但导电性差，仅用在高压小容量电路（如电压互感器回路以及小容量厂用、站用变压器的高压侧）以及接地装置回路中。

母线根据外形和结构形式的不同，可分为敞露母线和封闭母线。

（一）敞露母线

根据敞露母线的截面形状的不同，它可以分为以下几类：

（1）矩形截面母线。常用在 35kV 及以下，持续工作电流在 4000A 及以下的屋内配电装置中。

（2）槽形截面母线。常用在 35kV 及以下，持续工作电流在 4000～8000A 的配电装置中。优点：电流分布均匀，集肤效应小、冷却条件好、金属材料的利用率高、机械强度高。

（3）管形截面母线。常用在 110kV 及以上，持续工作电流在 8000A 以上的配电装置中。优点：集肤效应小，电晕放电电压高，机械强度高，散热条件好。

（4）绞线圆形软母线。钢芯铝绞线由多股铝线绕单股或多股钢线的外层构成，一般用于 35kV 及以上屋外配电装置中。组合导线由多根铝绞线固定在套环上组合而成，用于发电机与屋内配电装置或屋外主变压器之间的连接。

（二）封闭母线

封闭母线是用外壳将导体连同其绝缘介质一起封闭起来的母线。用于单机容量在 200MW 以上的大型发电机组、发电机与变压器之间的连接线以及厂用电源和电压互感器等分支线。

1. 封闭母线的结构

（1）载流导体。它一般用铝制成，采用空心结构以减小集肤效应。截面形状有矩形、槽形和管形，当电流很大时可采用水内冷圆管母线。

（2）支柱绝缘子。它采用多棱边式结构以加长漏电距离，每个支撑点可采用 1～4 个绝缘子支撑。一般采用 3 个绝缘子支撑的结构，具有受力好、安装检修方便、可采用轻型绝缘子等优点。

（3）保护外壳。它由 5～8mm 的铝板制成矩形或圆管形，在外壳上设置检修与观察孔。

（4）伸缩补偿装置。在一定长度范围内设置焊接的伸缩补偿装置；在与设备连接处适当部位设置螺接伸缩补偿装置。

（5）密封隔断装置。封闭母线靠近发电机端及主变压器接线端和厂用高压变压器接线端，采用大口径绝缘板作为密封隔断装置，并用橡胶圈密封，以保证区内的密封维持微正压运行的需要。

2. 封闭母线的类型

（1）按外壳材料封闭母线可分为塑料外壳母线和金属外壳母线。

（2）按外壳与母线间的结构形式封闭母线可分为：

1）共箱封闭母线。如图 2-3（a）所示，三相母线设在没有相间隔板的公共外壳内，外壳为矩形，母线截面为槽形，导体和外壳之间通过绝缘子支撑和绝缘。只能防止绝缘子免受污染和外物所造成的母线短路，而不能消除发生相间短路的可能性。

2）隔相封闭母线。如图 2-3（b）所示，三相母线设在相间有金属（或绝缘）隔板的金属外壳之内，外壳为矩形，母线截面为槽形，导体和外壳之间通过绝缘子支撑和绝缘。可防止相间短路，在一定程度上减少母线电动力和周围钢构的发热，但是仍然可能发生因单相接地而烧穿相间隔板造成相间短路。

3）离相封闭式母线。如图 2-3（c）所示，每相导体分别用单独的铝制圆形外壳封闭，外壳为圆形，母线截面为圆形，导体和外壳之间通过绝缘子支撑和绝缘。

3. 封闭母线的特点

母线封闭于外壳中，不受自然环境和外物的影响，能防止相间短路，同时外壳多点接地，保证了操作人员接触外壳的安全；母线附近钢构中的损耗和发热显著减小；由于外壳环流和涡流的屏蔽作用，短路时母线之间的电动力大为减小。

（三）绝缘母线

绝缘母线就是在原敞露母线的外表面

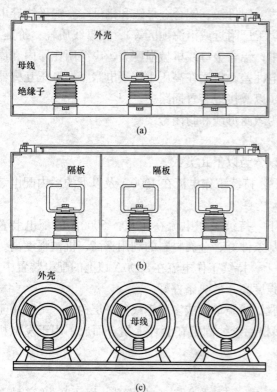

图 2-3　封闭母线的结构
（a）共箱封闭母线；（b）隔相封闭母线；（c）离相封闭母线

直接包裹绝缘介质，实现母线全绝缘，取消支柱绝缘子的支撑，直接架在钢架结构上，在电流小于 2500A 的线路中得到电力设计部门的广泛认同，并且在实际工程中已有不少应用。

　　绝缘母线由导体、环氧树脂渍纸绝缘、地屏、端屏、端部法兰和接线端子构成。中心是导电体，导电体的表面是绝缘屏蔽层，屏蔽层的表面是接地保护层。最适用于紧凑型变电站、地下变电站及地铁用变电站，占地面积减少，运行可靠。

三、电力电缆

　　电力电缆是由外包绝缘层和保护层的一根或多根相互绝缘且用来传输大功率电能的导线。它可以通过几十安至几千安的大电流，耐受高达 500kV 以上的高电压。

　　1. 电力电缆的类型

　　（1）按电压等级分：低压电缆（1kV 及以下）；中压电缆（3、6、10、35kV）；高压电缆（60kV 及以上）。

　　（2）按特殊需求分：输送大容量电能的电缆、阻燃电缆和光纤复合电缆等。

　　（3）按电缆绝缘材料和结构分：油浸纸绝缘电缆、聚氯乙烯绝缘电缆（简称塑力电缆）、交联聚乙烯绝缘电缆（简称交联电缆）、橡皮绝缘电缆、高压充油电缆和 SF_6 气体绝缘电缆。

　　2. 电力电缆的结构

　　电力电缆的结构如图 2-4 所示，不同产品的结构不尽相同。从内到外，电缆结构大致可描述为电缆线芯→绝缘层→内护层→外护层→铠装形式。

　　（1）电缆线芯。它的作用是传

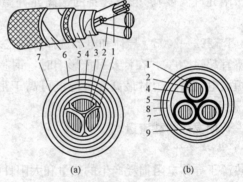

图 2-4　电力电缆的结构

（a）三相统包层；（b）分相铅包层

1—线芯；2—相绝缘；3—纸绝缘；4—铅包皮；5—麻衬；
6—钢带铠甲；7—麻被；8—钢丝铠甲；9—填充物

导电流，通常由多股铜绞线或铝绞线制成。根据导体的芯数，可分为单芯、双芯、三芯和四芯电缆；根据线芯截面标准化为 2.5、4、6、10、16、25、35、50、70、95、120、150、185、240、300、400、500、625、800mm^2。

　　（2）绝缘层。它的作用是使各导体之间及导体与包皮之间相互绝缘。

　　（3）保护层。它的作用是保护导体和绝缘层，防止外力损伤、水分侵入和绝缘油外流。分内保护层和外保护层。内保护层由铝、铅或塑料制成，外保护层由内衬层和外被层组成。

第三节　电流流过导体的热效应

一、概述

　　正常运行时，流过导体和电器上的电流将产生损耗。这些损耗包括：①电流作用下，导体自身电阻产生的电阻损耗；②电压作用下，绝缘材料中的介质损耗；③电磁场作用下，导体周围的金属构件中产生的涡流和磁滞损耗。这些损耗都将转化为热能使导体和电器的温度升高（热效应）。

发生短路时，导体和电器上流过比额定值要高出几倍甚至几十倍的短路电流，这将引起大量发热，且这些热量在极短时间内不容易散出，从而引起设备的温度迅速升高。

温升的不良影响包括：

（1）机械强度下降。金属材料温度升高时材料会退火软化，机械强度下降。如铝导体长期发热时，温度超过100℃，其抗拉强度便急剧降低。

（2）接触电阻增加。导体的接触连接处，如果温度过高，接触连接表面会强烈氧化，使得接触电阻增加，温度便随之增加，因而可能导致接触处松动或烧熔，致使电阻进一步增加引起恶性循环，最终导致接头松脱或断线。

（3）绝缘性能降低。有机绝缘材料长期受到高温作用，将逐渐变脆和老化，以致绝缘材料失去弹性和绝缘性能下降，绝缘材料的击穿电压明显下降，使用寿命大为缩短。

为了保证导体和电器可靠工作，其最高温度不得超过一定限值，这个限值叫作最高允许温度（极限允许温度）。电力设备的最高允许温度减去工作环境温度就是电力设备的允许温升。

DL/T 5222—2005《导体和电器选择设计技术规定》明确指出：普通导体的正常最高工作温度不宜超过70℃，在计及日照影响时，钢芯铝线及管形导体可按不超过80℃考虑。导体通过短路电流时，短时最高允许温度可高于正常最高允许温度，对硬铝及铝锰合金可取200℃，硬铜可取300℃。

二、长期发热和载流量

（一）发热量计算

发热源于导体电阻损耗产生的热量和太阳日照的热量。

1. 导体电阻损耗的热量 Q_R

单位长度的导体，通过电流 I_w（A）时，由电阻损耗产生的热量，可按式（2-1）计算

$$Q_R = I_w^2 R_{ac}(\text{W/m}) \tag{2-1}$$

在直流电路中，均匀导体横截面上的电流密度是均匀的。当导体中有交流电或者交变电磁场时，随着频率的增加，导体横截面上的电流分布会越来越向导体表面集中，即出现集肤效应（趋肤效应）。当计算导体交流电阻时要考虑集肤效应的影响，即

$$R_{ac} = R_{dc}K_s = \frac{\rho[1 + \alpha_t(\theta_w - 20)]}{S}$$

式中　R_{ac}、R_{dc}——分别为导体的交流电阻、直流电阻，Ω/m；

　　　　ρ——导体温度为20℃时的直流电阻率，$\Omega \cdot \text{mm}^2/\text{m}$；

　　　　α_t——电阻温度系数，$℃^{-1}$；

　　　　θ_w——导体的运行温度，℃；

　　　　S——导体截面积，mm^2；

　　　　K_s——导体的集肤效应系数，与电流的频率、导体的形状和尺寸有关。

矩形导体的集肤效应系数如图2-5所示；其他形状导体的集肤效应系数可查相关设计手册。

2. 太阳日照的热量 Q_s

凡安装在屋外的导体，应考虑日照造成导体的温度升高，对于屋内导体，因无日照的作用，这部分热量可忽略不计。

对于圆管导体，日照的热量可按式（2-2）计算

$$Q_s = E_s A_s D (\text{W/m}) \qquad (2-2)$$

式中　E_s——太阳照射功率密度，W/m^2，我国取 $E_s =$ 1000W/m^2；

　　　　A_s——导体的吸收率，对铝管取 $A_s = 0.6$。

（二）散热量计算

就物理本质而言，导体的散热有对流、辐射、导热三种形式。

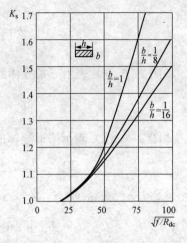

图 2-5　矩形导体的集肤效应系数

1. 对流

由气体各部分相对位移将热量带走的过程，称为对流。对流换热所传递的热量，与温差及换热面积成正比，对流换热量为

$$Q_C = \alpha_c (\theta_w - \theta_0) F_c (\text{W/m}) \qquad (2-3)$$

式中　α_c——对流换热系数，$\text{W/(m}^2 \cdot ℃)$；

　　　　θ_w——导体温度，℃；

　　　　θ_0——周围空气温度，℃；

　　　　F_c——单位长度换热面积，m^2/m。

屋内自然通风或屋外风速小于 0.2m/s，便属于自然对流换热。空气自然对流换热系数可按大空间湍流（又称紊流）状态来考虑，一般取

$$\alpha_c = 1.5 (\theta_w - \theta_0)^{0.35} [\text{w/(m}^2 \cdot ℃)]$$

而单位长度导体的换热面积 F_c，与导体尺寸、布置方式等因素有关。导体条间距离越近，散热条件就越差，故有效面积便相应减小。常用导体对流散热表面积如图 2-6 所示。

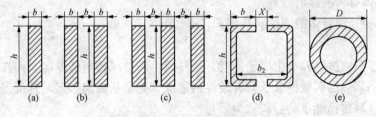

图 2-6　常用导体对流散热表面积

（a）矩形导体；（b）二条导体；（c）三条导体；（d）槽形导体；（e）圆管导体

图 2-6（a）表示单条导体的对流换热面积，即

$$F_c = 2(A_1 + A_2)$$

A_1 为单位长度导体在高度方向的面积，当导体截面用毫米（mm）表示时，则

$$A_1 = \frac{h}{1000} (\text{m}^2/\text{m})$$

同理

$$A_2 = \frac{b}{1000} \ (\text{m}^2/\text{m})$$

图 2-6（b）表示两条导体的对流换热面积，即

$$b = \begin{cases} 6\text{mm} \\ 8\text{mm} \\ 10\text{mm} \end{cases}, F_c = \begin{cases} 2A_1 + 4A_2 \\ 2.5A_1 + 4A_2 \\ 3A_1 + 4A_2 \end{cases}$$

图 2-6（c）表示三条导体的对流换热面积，即

$$b = \begin{cases} 8\text{mm} \\ 10\text{mm} \end{cases}, F_c = \begin{cases} 3A_1 + 4A_2 \\ 4(A_1 + A_2) \end{cases}$$

图 2-6（d）表示槽形导体的对流换热面积，当 $100\text{mm} < h < 200\text{mm}$ 时为

$$F_c = 2A_1 + B = 2\left(\frac{h}{1000}\right) + \frac{b}{1000}(\text{m}^2/\text{m})$$

当 $h > 200\text{mm}$ 时为

$$F_c = 2A_1 + 2B = 2\left(\frac{h}{1000}\right) + 2\left(\frac{b}{1000}\right)(\text{m}^2/\text{m})$$

当 $\frac{b_2}{x} \approx 9$ 时，因内部热量不易从缝隙散出，平面位置不产生对流，故

$$F_c = 2A_1 = 2\left(\frac{h}{1000}\right)(\text{m}^2/\text{m})$$

图 2-6（e）表示圆管导体的对流换热面积，即

$$F_c = \pi D(\text{m}^2/\text{m})$$

2. 辐射

热量从高温物体以热射线方式传至低温物体的传播过程，称为辐射。根据斯蒂芬·波尔兹曼定律，导体向周围空气辐射的热量，与导体和周围空气绝对温度四次方之差成正比，辐射换热量为

$$Q_t = 5.7\varepsilon\left[\left(\frac{273 + \theta_w}{100}\right)^4 - \left(\frac{273 + \theta_0}{100}\right)^4\right]F_t(\text{W/m}) \qquad (2-4)$$

式中　ε——导体材料的辐射系数；

　　　F_t——单位长度导体的辐射换热面积，m^2/m。

3. 导热

固体中由于晶格振动和自由电子运动，使热量由高温区传至低温区。而在气体中，气体分子不停地运动，高温区域的分子具有较高的速度，分子从高温区运动到低温区，便将热量带至低温区，这种传递能量的过程称为导热。

根据传热学可知，导热量 Q_d 为

$$Q_d = \lambda F_d \frac{\theta_1 - \theta_2}{\delta}(\text{W}) \qquad (2-5)$$

式中　λ——导热系数，$\text{W}/(\text{m} \cdot \text{℃})$；

　　　F_d——导热面积，m^2；

　　　δ——物体厚度，m；

　θ_1、θ_2——高温区和低温区的温度，℃。

（三）长期发热的温升过程

导体散失到周围环境的热量，为对流换热量 Q_c 与辐射换热量 Q_t 之和（一般导热量很小，可以忽略不计），这是一种复合换热。工程上为了便于分析与计算，常把导体散热量表

示为

$$Q_c + Q_t = \alpha(\theta_w - \theta_0)F(\text{W/m})$$

在导体升温的过程中，导体产生的热量 Q_R 一部分用于本身温度升高所需的热量 Q_w，另一部分散失到周围介质中，此过程中热量平衡关系可描述为

$$Q_R = Q_w + Q_c + Q_t(\text{W/m}) \tag{2-6}$$

电流 I 流过导体时，导体的温度由初始温度开始上升，经过时间 t，温升为 $\tau = \theta - \theta_0$。在时间 dt 内，由式（2-6）热平衡方程可得导体的温升过程为

$$I^2Rdt = mcd\tau + \alpha F\tau dt(\text{J/m}) \tag{2-7}$$

式中　I——流过导体的电流，A；

R——导体的电阻，Ω；

m——导体的质量，kg；

c——导体的比热容，J/（kg·℃）；

α——导体的总换热系数，W/（m^2·C）；

F——单位长度导体的换热面积，m^2/m。

导体通过正常工作电流时，其温度变化范围不大，因此电阻 R、比热容 c 及换热系数 α 均可视为常数。

式（2-7）经整理后，得

$$dt = -\frac{mc}{\alpha f} \times \frac{1}{I^2R - \alpha F\tau}d[I^2R - \alpha F\tau]$$

当时间由 $0 \to t$ 时，温升从初始 τ_0 上升至 τ_t。

$$\int_0^t dt = -\frac{mc}{\alpha F}\int_{\tau_0}^{\tau_t}\frac{1}{I^2R - \alpha F\tau}d[I^2R - \alpha F\tau]$$

解之得

$$\tau_t = \frac{I^2R}{\alpha F}(1 - e^{-\frac{\alpha f}{mc}t}) + \tau_0 e^{-\frac{\alpha f}{mc}t}$$

设导体的热时间常数 $T_r = \frac{mc}{\alpha_w F}$，则

$$\tau_t = \tau_w(1 - e^{-\frac{t}{T_r}}) + \tau_0 e^{-\frac{t}{T_r}}$$

可见温升过程是按如图 2-7 所示指数曲线变化，初始阶段温升很快，随时间延长其上升速度逐渐变慢，经过一段时间后达到稳定温度。当 $t \to \infty$ 后，导体的温升也趋于稳定值 τ_w，稳定温升值为

$$\tau_w = \frac{I^2R}{\alpha_w F} \tag{2-8}$$

从理论上讲，当时间达到无穷大时，温度趋于稳定，实际上大约经过 $t = （3\sim4）T_r$ 后便趋近稳定温升 τ_w。

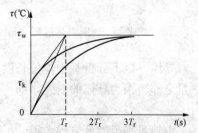

图 2-7　导体的温升曲线

（四）导体的载流量

上面已推导出，导体长期通过电流 I 时，稳定温升见式（2-8），由此可知，导体的稳定温升与电流的二次方成正比。对于同一导体，流过不

同的电流，发热量不同，稳定温升也不同。

将稳定温升 τ_w 取为正常最高允许温升 $\theta_{al}-\theta_0$，即令导体的稳定温度 θ_w 正好等于长期发热的最高允许温度 θ_{al}，可计算额定环境温度 θ_0 下该导体的载流量（又称长期允许电流）。对于屋内导体，可得到导体的载流量 I_{al} 为

$$I_{al} = \sqrt{\frac{Q_c + Q_t}{R}} = \sqrt{\frac{\alpha F(\theta_{al} - \theta_0)}{R}} \tag{2-9}$$

对屋外导体的载流量为

$$I_{al} = \sqrt{\frac{Q_c + Q_t - Q_s}{R}}$$

可见，导体的载流量与总换热系数 α 和换热面积 F 成正比，而与导体材料的电阻 R 成反比。一般可以采用以下措施提高导体载流量：

（1）增大导体的表面积。在相同截面下，矩形、槽形比圆形导体的表面积大。

（2）选择低电阻率的导体。可用铜导体代替铝导体，或采用铝合金材料，以减小导体电阻。

（3）提高散热系数。矩形导体竖放散热效果好，导体表面涂漆可以提高辐射散热量并用以识别相序。

（4）提高长期发热最高允许温度。在导体接触面镀（搪）锡等。

三、短时发热和热稳定

短时发热计算的目的是要确定此过程中的最高温度，以校验导体和电器的热稳定是否满足要求。

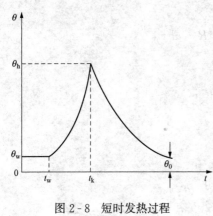

图 2-8 短时发热过程

（一）短时发热过程

电力设备的短时发热是指短路开始时间（t_w）至短路被切除时间（t_k）为止很短一段时间内导体发热的过程，如图 2-8 所示。此时，导体产生的热量比正常发热要大得多，导体温升又快又高。

载流导体短时发热的特点是发热时间很短，发出的热量来不及向周围介质散出，因此散失的热量可以不计，基本上是一个绝热过程，即导体产生的热量全都用于使导体温度升高。又因载流导体短路前后温度变化很大，电阻和比热容也随温度而变，故不能作为常数对待。

导体（以下分析基于单位长度导体）短时发热过程中的热量平衡关系是电阻损耗产生的热量全部转换为导体的内能，即

$$Q_R = Q_w \tag{2-10}$$

由热量平衡微分方程，得

$$i_{kt}^2 R_\theta dt = mc_\theta d\theta \tag{2-11}$$

式中　i_{kt}——短路电流瞬时值，A；

　　　　R_θ——温度为 θ 时导体的电阻，Ω；

　　　　c_θ——温度为 θ 时导体的比热容，J/（kg·℃）；

m——单位长度导体的质量，kg。

其中 R_θ、c_θ、m 的表达式分别为

$$R_\theta = \rho_\theta (1+\alpha\theta) \frac{1}{S} (\Omega)$$

$$c_\theta = c_0 (1+\beta\theta) [J/(kg \cdot ℃)]$$

$$m = \rho_w S$$

式中　ρ_0——0℃时导体的电阻率，$\Omega \cdot m$；

　　　α——ρ_0 的温度系数，$℃^{-1}$；

　　　c_0——0℃时导体的比热容，$J/(kg \cdot ℃)$；

　　　β——c_0 的温度系数，$℃^{-1}$；

　　　S——导体的截面积，m^2；

　　　ρ_w——导体材料的密度，kg/m^2。

将导体的 R、c、m 代入式（2-11）得

$$i_{kt}^2 \rho_0 (1+\alpha\theta) \frac{1}{S} dt = \rho_w S c_0 (1+\beta\theta) d\theta$$

整理得

$$\frac{1}{S^2} i_{kt}^2 dt = \frac{c_0 \rho_w}{\rho_0} \left(\frac{1+\beta\theta}{1+\alpha\theta} \right) d\theta$$

为方便起见，重设短路起始时刻 t_w 为积分时间起点 0，对上式两边积分，时间从 0 到 t_k，温度对应从 θ_w 升到 θ_h，得

$$\frac{1}{S^2} \int_0^{t_k} i_{kt}^2 dt = \frac{c_0 \rho_w}{\rho_0} \int_{\theta_w}^{\theta_h} \frac{1+\beta\theta}{1+\alpha\theta} d\theta = \frac{c_0 \rho_w}{\rho_0} \left[\frac{\alpha-\beta}{\alpha^2} \ln(1+\alpha\theta_h) + \frac{\beta}{\alpha}\theta_h \right] - \frac{c_0 \rho_w}{\rho_0} \left[\frac{\alpha-\beta}{\alpha^2} \ln(1+\alpha\theta_w) + \frac{\beta}{\alpha}\theta_w \right]$$

令 $Q_k = \int_0^{t_k} i_{kt}^2 dt$；$A_h = \frac{c_0 \rho_w}{\rho_0} \left[\frac{\alpha-\beta}{\alpha^2} \ln(1+\alpha\theta_h) + \frac{\beta}{\alpha}\theta_h \right]$；$A_w = \frac{c_0 \rho_w}{\rho_0} \left[\frac{\alpha-\beta}{\alpha^2} \ln(1+\alpha\theta_w) + \frac{\beta}{\alpha}\theta_w \right]$，

则有

$$\frac{1}{S^2} Q_k = A_h - A_w \tag{2-12}$$

式中　Q_k——短路电流热效应，它是在 $0 \sim t_k$ 时间内，电阻为 1Ω 的导体中所放出的热量，$A^2 \cdot s$，等式右边反映导体吸热后温度的变化。

到短路结束时

$$A_h = A_w + \frac{1}{S^2} Q_k \tag{2-13}$$

为简化计算，绘出导体的 A 与温度 θ 的关系 $\theta = f(A)$ 曲线，即短路电流的热效应如图 2-9 所示。由初始 θ_w 查出 A_w，根据计算出来的 A_h，可反查出短路切除时的温度 θ_h。如果 $\theta_h < \theta_{al}$，则导体不会因短时发热而损坏，即满足热稳定要求。

根据 $\theta = f(A)$ 曲线计算短时发热最高温度的方法：

（1）由短路开始温度 θ_w（短路前导体的工作温度），查曲线得出对应的值 A_w；

（2）计算短路电流热效应 Q_k；

（3）按式（2-13）计算出短路终了的 A_h；

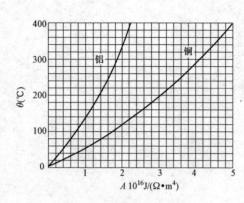

图 2-9　短路电流的热效应

（4）再由 A_h 反查曲线得出短路终了温度 θ_h，即短时发热最高温度。

（二）短路电流热效应的计算

短路全电流瞬时值的表达式为

$$i_{kt} = \sqrt{2}I_{pt}\cos\omega t + i_{np0}e^{-\frac{t}{T_a}}$$

其中，短路电流非周期分量起始值为

$$i_{np0} = -\sqrt{2}I''\ (kA)$$

式中　I_{pt}——t 时刻的短路电流周期分量有效值，kA；

　　　I''——次暂态电流；

　　　T_a——非周期分量衰减时间常数。

代入短路电流热效应 Q_k 的定义式，则

$$Q_k = \int_0^{t_k} i_{kt}^2 \mathrm{d}t \approx \int_0^{t_k} (\sqrt{2}I_{pt}\cos\omega t)^2 \mathrm{d}t + \int_0^{t_k} i_{np0}^2 e^{-\frac{2t}{T_a}}\mathrm{d}t = Q_p + Q_{np} \qquad (2\text{-}14)$$

即短路电流热效应 Q_k 为周期分量热效应 Q_p 与非周期分量热效应 Q_{np} 之和。

1. 周期分量热效应的计算

周期分量热效应可表述为

$$Q_p = \int_0^{t_k} (\sqrt{2}I_{pt}\cos\omega t)^2 \mathrm{d}t$$

求解周期分量热效应，即是求解 0 到 t_k 区间内，曲线下方的面积，下面采用数值积分法近似计算。对应将积分区间分成 2 等分，对任意函数 $y = f(x)$ 的定积分，根据辛普生法

$$\int_a^b f(x)\mathrm{d}x = \frac{b-a}{3\times 2}(y_0 + 4y_1 + y_2) = \frac{b-a}{6}(y_0 + 4y_1 + y_2)$$

如果把整个区间 n（偶数）等分，y_i 为函数值（$i = 0, 1, 2, \cdots, n$），对每两个等分用辛普生公式，累加后得到复化辛普生公式为

$$\int_a^b f(x)\mathrm{d}x = \frac{b-a}{3n}[y_0 + y_n + 2(y_2 + y_4 + \cdots + y_{n-2}) + 4(y_1 + y_3 + \cdots + y_{n-1})]$$

取 $n = 4$，令

$$\frac{y_1 + y_3}{2} = y_2$$

得到

$$\int_a^b f(x)\mathrm{d}x = \frac{b-a}{3\times 4}[y_0 + y_4 + 2y_2 + 4(y_1 + y_3)] = \frac{b-a}{12}(y_0 + 10y_2 + y_4)$$

将 $y_0 = I''^2$、$y_2 = I_{t_k/2}^2$、$y_4 = I_{t_k}^2$ 和 $b - a = t_k$ 带入，得

$$Q_p = \int_0^{t_k} I_{pt}^2 \mathrm{d}t = \frac{t_k}{12}(I''^2 + 10I_{t_k/2}^2 + I_{t_k}^2) \qquad (2\text{-}15)$$

2. 非周期分量热效应的计算

根据短路电流计算的基本原理，可知 $i_{np0} = -\sqrt{2}I''$，因而有

$$Q_{np} = \int_0^{t_k} i_{np0}^2 e^{-\frac{2t}{T_a}}\mathrm{d}t = \frac{T_a}{2}(1 - e^{-\frac{2t_k}{T_a}})i_{np0}^2 = T_a(1 - e^{-\frac{2t_k}{T_a}})I''^2 = TI''^2 \qquad (2\text{-}16)$$

式中　T——非周期分量等效时间，s。

大小取决于非周期分量的衰减时间常数 T_a 和短路持续时间 t_k，其值可由表 2-1 查得。

表 2-1 非周期分量等效时间 T

短路点	$T/$（s）	
	≤0.1s	>0.1s
发电机出口及母线	0.15	0.2
发电机升高电压母线及出线	0.08	0.1
发电机电压电抗器后		
变电站各级电压母线及出线	0.05	

注 当 $t_k>1s$ 时，导体的发热主要由周期分量热效应来决定，非周期分量热效应可忽略不计。

【**例 2-1**】 某变电站汇流母线，采用矩形铝导体，截面为 63mm×8mm，集肤系数为 1.03，导体的正常工作温度为 50℃，短路切除时间为 2.6s，短路电流 $I''=15.8kA$，$I_{1.3}=13.9kA$，$I_{2.6}=12.5kA$。试计算导体的短路电流热效应和短时发热最高温度。

解 （1）短路电流热效应为

$$Q_p = \int_0^{t_k} I_{pt}^2 dt = \frac{t_k}{12}(I''^2 + 10I_{t_k/2}^2 + I_{t_k}^2) = \frac{2.6}{12}(15.8^2 + 10 \times 13.9^2 + 12.5^2) = 506.56[(kA)^2 \cdot s]$$

$$Q_{np} = TI''^2 = 0.05 \times 15.8^2 = 12.482[(kA)^2 \cdot s]$$

$$Q_k = Q_p + Q_{np} = (506.56 + 12.482)(kA)^2 \cdot s = 519.042[(kA)^2 \cdot s]$$

可见，因短路切除时间大于 1s，非周期分量热效应可以略去不计。

（2）短时发热最高温度。由导体的正常工作温度为 50℃，查图 2-9 的曲线可得

$$A_w = 0.4 \times 10^{16}[J/(\Omega \cdot m^4)]。$$

$$A_h = A_w + \frac{1}{S^2}Q_k K_s = \left[0.4 \times 10^{16} + \frac{519.042 \times 10^6 \times 1.03}{(0.063 \times 0.008)^2}\right] = 0.61 \times 10^{16}[J/(\Omega \cdot m^4)]$$

查图 2-9 的曲线可得 $\theta_h = 80℃ < 200℃$，导体不会因短时发热而损坏，满足热稳定要求。

第四节 电流流过导体的电动力

处在磁场中载流导体受到的电磁作用力称为电动力。此磁场可能是邻近的另一载流导体产生的，也可能是曲折形状的载流导体本身的其他部分产生的，所以在配电装置中，许多地方都存在着电动力。

一旦导体中对抗电动力的应力超过允许值，将导致导体变形或损坏。因短路电流数值很大，短路时导体将受到比正常工作时大得多的电动力，它可能导致导体应力过大而变形或损坏，因此在选择电力设备时必须要校验导体的最大应力是否超标，即进行动稳定校验。根据国标，硬导体的最大允许应力：硬铝一般取 $70 \times 10^6 Pa$，硬铜一般取 $140 \times 10^6 Pa$。

一、两平行导体间的电动力

图 2-10 所示磁场中的导体受到的电动力满足毕奥·沙瓦定律，在一根长度为 L 的导体中，流过电流 i，在磁感应强度为 B 处的元线段 dL 上所受电动力 dF 为

$$dF = iB\sin\beta dL$$

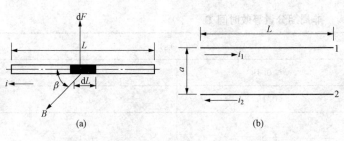

图 2-10　电动力计算模型

（a）磁场中的导体；（b）流过电流的平行导体

电动力的方向由左手定则确定，电动力与电流成正比，正常运行时，电动力相对较小，在短路时，电流急剧增加，导致电动力加大，当导体的机械强度不够时，容易产生变形或损坏。

（一）两平行无限长导体的电动力

在图 2-10 平行导体间的电动力模型中，两个细长平行导体分别通以电流 i_1、i_2。若导体长度 L 远大于导体间距 a，可看成无限长直导线。

第一根导线在第二根导线处产生的磁感应强度 B_1 为

$$B_1 = \mu_0 H_1 = \mu_0 \frac{i_1}{2\pi a}$$

式中　μ_0——真空磁导率，$\mu_0 = 4\pi \times 10^{-7}\,\mathrm{H/m}$。

可以得到载流导体 2 在 dl 上的电动力为

$$dF_2 = i_2 B_1 \sin\alpha dl = \mu_0 \frac{i_1 i_2}{2\pi a}\sin\alpha dl$$

两根导线相互平行，$\alpha = 90°$，则 $\sin\alpha = 1$，有

$$F_2 = \int_0^L i_2 B_1 dl = \mu_0 \frac{i_1 i_2}{2\pi a} L\,(\mathrm{N})$$

两根带电导线电动力大小相等，方向取决于两根导体的电流流向。当电流流向相同时，相互吸引；当电流流向相反时，相互排斥。

电动力在导体上是均匀受力的，因此单位长度的电动力可表示为

$$F = \mu_0 \frac{i_1 i_2}{2\pi a}\,(\mathrm{N/m}) \tag{2-17}$$

（二）电流分布对电动力的影响

式（2-17）是假设电流集中在导体的轴线上得到的，实际电流在导体截面上的分布并不一定完全集中在轴线上。导体的截面形状和尺寸将影响实际电流的分布，为反应电流分布对电动力的影响，引入一个形状系数 K_f 来进行修正，修正后的电动力为

$$F = 2 \times 10^{-7} K_f \frac{i_1 i_2}{a} L \tag{2-18}$$

对于常用矩形截面的导体，其形状系数已制成曲线，如图 2-11 中。当导体净距大于导体截面半周长的 2 倍，即 $a-b>2(h+b)$ 时，$K_f=1$；对于圆形、管形导体，不考虑截面的影响，取 $K_f=1$；对于槽形导体 K_f，在计算相间和同相条间的电动力时，一般均取形状系数 $K_f \approx 1$。

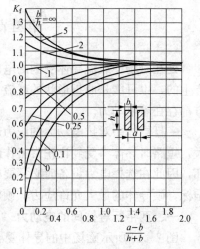

图 2-11　矩形截面导体的形状系数

二、导体短路的电动力

(一)短路电动力计算

当三相交流系统发生三相短路时,若不计周期分量的衰减,则短路电流为

$$\begin{cases} i_A = I_m\big[\sin(\omega t + \varphi_A) - e^{-\frac{t}{T_a}}\sin\varphi_A\big] \\ i_B = I_m\big[\sin(\omega t + \varphi_A - \frac{2}{3}\pi) - e^{-\frac{t}{T_a}}\sin(\varphi_A - \frac{2}{3}\pi)\big] \\ i_C = I_m\big[\sin(\omega t + \varphi_A + \frac{2}{3}\pi) - e^{-\frac{t}{T_a}}\sin(\varphi_A + \frac{2}{3}\pi)\big] \end{cases} \quad (2-19)$$

式中 I_m——短路电流周期分量的最大值 $I_m = \sqrt{2}I''$;

  φ_A——短路电流 A 相的初相角;

  T_a——非周期分量衰减时间常数,s。

在计算导体电动力时,可以利用两平行导体的电动力来合成计算布置在同一平面的三相导体的短路电动力。

如图 2-12 所示,中间相 B 相导体的受力是 B 相与 A 相电动力 F_{AB} 和 B 相与 C 相电动力 F_{CB} 的合力,外边相(A 相或 C 相)受力情况相同,A(C)导体的受力 F_A 相受到 A(C)与 C(A)相电动力 F_{CA}(F_{AC})和 A(C)与 B 相电动力 F_{BA}(F_{BC})的合力。

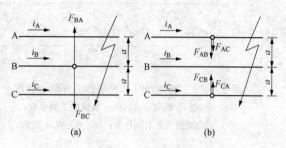

图 2-12 流过电流的三相导体间的电动力
(a) 中间相受力分析;(b) 边相受力分析

$$F_B = F_{AB} - F_{CB} = 2 \times 10^{-7} \frac{L}{a}(i_B i_A - i_B i_C) \quad (2-20)$$

$$F_A = F_{BA} + F_{CA} = 2 \times 10^{-7} \frac{L}{a}(i_A i_B + \frac{1}{2}i_A i_C) \quad (2-21)$$

将三相短路电流代入式(2-20)和式(2-21),经三角公式进行变换,得

$$F_B = 2 \times 10^{-7} \frac{L}{a}I_m^2$$
$$\times \Big[\frac{\sqrt{3}}{2}e^{-\frac{2t}{T_a}}\sin(2\varphi_A - \frac{\pi}{3}) - \sqrt{3}e^{-\frac{t}{T_a}}\sin(\omega t + 2\varphi_A - \frac{\pi}{3}) + \frac{\sqrt{3}}{2}\sin(2\omega t + 2\varphi_A - \frac{\pi}{3})\Big]$$
$$(2-22)$$

$$F_A = F_C = 2 \times 10^{-7}\frac{L}{a}I_m^2 \times \Big\{\frac{3}{8} + \Big[\frac{3}{8} - \frac{\sqrt{3}}{4}\cos(2\varphi_A + \frac{\pi}{6})\Big]e^{-\frac{2t}{T_a}}$$
$$- \Big[\frac{3}{4}\cos\omega t - \frac{\sqrt{3}}{2}\cos(\omega t + 2\varphi_A + \frac{\pi}{6})\Big]e^{-\frac{t}{T_a}} - \frac{\sqrt{3}}{4}\cos(2\omega t + 2\varphi_A + \frac{\pi}{6})\Big\}$$
$$(2-23)$$

由式(2-22)可见,当三相短路时,F_B 包括三个分量:

(1)$\frac{\sqrt{3}}{2}e^{-\frac{2t}{T_a}}\sin(2\varphi_A - \frac{\pi}{3})$ 是按 $T_a/2$ 衰减的非周期分量,如图 2-13(a)所示;

(2)$\sqrt{3}e^{-\frac{t}{T_a}}\sin(\omega t + 2\varphi_A - \frac{\pi}{3})$ 是按 T_a 衰减的工频分量,如图 2-13(b)所示;

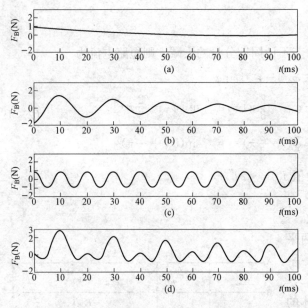

图 2-13　三相短路时 B 相电动力分解与合成
（a）衰减的非周期分量；（b）衰减的工频分量；
（c）不衰减的两倍工频分量；（d）B 相的电动力

（3）$\frac{\sqrt{3}}{2}\sin(2\omega t+2\varphi_{\mathrm{A}}-\frac{\pi}{3})$ 是不衰减的两倍工频分量，如图 2-13（c）所示；

同一时刻波形叠加的结果就是三相短路时 B 相电动力的合力，如图 2-13（d）所示。

两边相［见式（2-23）］的电动力由 4 个分量组成，比中间相 F_{B} 多一个固定分量。

（二）电动力的最大值

短路电动力能否达到最大值，与短路发生瞬间的短路电流初相角有关，使电动力为最大的短路电流初相角称为临界初相角。临界初相角可根据短路电动力中的非周期分量确定。

1. 三相短路的最大电动力

计算出在发生三相短路的情况下，比较不同相承受的最大电动力，其中最大者即为三相短路电动力的最大值。

满足临界初相角条件下，在 $t=0.01\mathrm{s}$ 时，电动力中衰减的工频分量和两倍工频分量出现最大值，且都与非周期分量同向，此时 F_{B} 和 F_{A} 出现最大值。

令 $t=0.01\mathrm{s}$，$I_{\mathrm{m}}=i_{\mathrm{sh}}/1.82$，可得

$$\text{B 相最大电动力}: F_{\mathrm{Bmax}}=1.73\times10^{-7}\frac{L}{a}i_{\mathrm{sh}}^2$$

$$\text{A 相最大电动力}: F_{\mathrm{Amax}}=1.616\times10^{-7}\frac{L}{a}i_{\mathrm{sh}}^2$$

式中　i_{sh}——三相短路时的冲击电流。

可见，三相短路时，B 相受力大于 A 相受力。

2. 两相短路电动力的最大值

三相交流电路中发生两相短路时，仅有两相母线流过短路电流，第三相无短路电流流过，可以直接用两平行导体电动力计算公式。

两相短路次暂态电流 $I''^{(2)}$ 为 $I''^{(2)}=\frac{\sqrt{3}}{2}I''$，冲击电流 $i_{\mathrm{sh}}^{(2)}$ 为 $i_{\mathrm{sh}}^{(2)}=\frac{\sqrt{3}}{2}i_{\mathrm{sh}}$

得到 $F_{\max}^{(2)}=2\times10^{-7}\frac{L}{a}[i_{\mathrm{sh}}^{(2)}]^2=2\times10^{-7}\frac{L}{a}(\frac{\sqrt{3}}{2}i_{\mathrm{sh}})^2=1.5\times10^{-7}\frac{L}{a}i_{\mathrm{sh}}^2$

显然，对于三相交流系统，最大电动力出现的时刻是发生三相短路后出现冲击电流的瞬间。

$$F_{\mathrm{Bmax}}=1.73\times10^{-7}\frac{L}{a}i_{\mathrm{sh}}^2 \tag{2-24}$$

在进行设计时，所有电力设备必须以此为条件检验机械强度。

（三）导体振动时的动态应力

在配电装置中，硬导体、支柱绝缘子及固定绝缘子的支架组成了一个弹性振动系统。这个弹性系统，受到外力作用时，按一定的频率在平衡位置周围形成自由振动，其频率称为固有频率。当持续受到周期性的作用力时，该系统会发生强迫振动，当该作用力的频率与固有频率相等或接近时，会产生机械共振。

在短路持续时间内，电动力中含有工频和 2 倍频分量，短路电动力将周期性地作用于导体。如果弹性系统的固有频率接近这两个频率之一时，就会出现共振，导致应力增加，当应力超过材料的允许范围时，会使导体及支柱绝缘子损坏。

因此在设计时要避免这种情况的出现。一般对于大电流回路，如发电机、主变压器回路及配电装置中的硬导体等，需要考虑共振的影响。

（1）计算硬导体系统的一阶固有频率。支柱绝缘子一般弹性很小，可认为支柱绝缘子不参加振动。有质量和弹性的硬导体可看成多跨的连续梁，一阶固有频率由导体的结构和材料决定，可表示为

$$f_1 = \frac{N_f}{L^2}\sqrt{\frac{EJ}{m}} \qquad (2-25)$$

式中　L——绝缘子跨距，m；

$\quad\;\; N_f$——频率系数；

$\quad\;\; E$——材料的弹性模量，铝 $E=7\times10^{10}\,\text{Pa}$，铜 $E=11.28\times10^{10}\,\text{Pa}$；

$\quad\;\; J$——截面惯性矩，矩形导体，$J=\dfrac{bh^3}{12}$（m^4）；

$\quad\;\; m$——导体单位质量，kg/m；

$\quad\;\; N_f$——频率系数，N_f 根据导体连续跨数和支撑方式而异，当单跨、两端简支时，N_f 取 1.57；当单跨，一端固定、一端简支时，或两等跨、简支时，N_f 取 2.45；当单跨、两端固定，或多等跨简支时，N_f 取 3.56；当单跨，一端固定、一端活动时，N_f 取 0.56。

（2）当导体的自振频率无法避开共振频率范围时，导体会发生共振，此时导体的应力会增加。此时引入动态应力系数 β 来放大最大应力，来考虑共振的影响，即

$$F_{\max} = 1.73\times10^{-7}\frac{L}{a}i_{sh}^2\beta \qquad (2-26)$$

式中　β——动态应力系数，表示动态应力与静态应力的比值，可根据固有频率，从图 2-14 中查得。

为避免导体产生共振，对于重要的导体，应采取措施使固有频率在 30～160Hz 以外。此时，可不考虑共振的影响，取 $\beta=1$。

【例 2-2】　某变电站变压器 10kV 引出线，每相单条铝导体尺寸为 $100\text{mm}\times10\text{mm}$，三相水平布置平放，支柱绝缘子距离为 $L=1.2\text{m}$，相间距离 $a=0.7\text{m}$，三相短路冲击电流 $i_{sh}=39\text{kA}$，试求导体的固有频率、动态应力系数 β

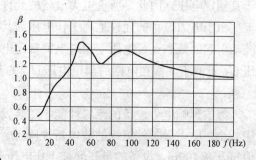

图 2-14　动态应力系数曲线

和最大电动力。

　　解　导体断面二次矩

$$J_x = \frac{bh^3}{12} = \frac{0.01 \times 0.1^3}{12} = 8.33 \times 10^{-7}(\text{m}^4)$$

对于多等跨简支，查得 $N_f = 3.56$，导体的固有频率为

$$f_1 = \frac{N_f}{L^2}\sqrt{\frac{EJ}{m}} = \frac{3.56}{1.2^2} \times \sqrt{\frac{7 \times 10^{10} \times 8.33 \times 10^{-7}}{0.1 \times 0.01 \times 2700}} = 363(\text{Hz})$$

固有频率在 $30 \sim 160\text{Hz}$ 以外，故 $\beta = 1$，最大电动力为

$$F_{\max} = 1.73 \times 10^{-7}\frac{L}{a}i_{sh}^2\beta = 1.73 \times 10^{-7} \times \frac{1.2}{0.7} \times 39\,000^2 \times 1 = 451.1(\text{N})$$

第五节　电力设备选择原理

　　电力设备的选择是电气主系统设计的重要组成部分，正确地选择电力设备是电气主接线和配电装置安全、可靠运行的基础。

　　电力设备要能可靠地工作，一方面，其基本要求是相同的；另一方面，电力系统中的各种设备的功能、用途和工作条件各不相同，不同设备的选型应有区别。因此电力设备的选择包括一般技术条件和特殊条件，即对于多数电力设备共有的选择校验项目称为一般技术条件；个别电力设备具有的选择校验项目称为特殊条件。

　　电力设备选择的基本原理是：按正常工作条件选择设备的型号，按最大短路电流校验其动稳定及热稳定，按照采取过电压保护措施后可能出现的最高过电压确定设备的绝缘水平。

一、按正常工作条件选择电力设备

　　正常工作条件通常用作用在设备上的最高工作电压、流过设备的最大工作电流、作用在设备上的最大机械荷载、极端环境条件等指标来表示。

（一）额定电压

　　从保证设备绝缘角度，对设备的基本要求是：额定电压必须和长期工作电压相适应。当工作电压超越额定电压的允许范围时，轻者会损害设备绝缘，降低设备的使用寿命，重者会绝缘击穿毁坏设备。

　　电力系统在正常运行时，各点的工作电压是不同的，如输电线路送端设备上的电压要高于受端设备上的电压。在实际的运行中，电网调压或负荷变化均能使电网的实际运行电压高于其额定电压。因此，所选电力设备的允许工作电压应不低于所在电网的最高运行电压。

　　由于电力设备的允许最高工作电压为其额定电压 U_N 的 $1.1 \sim 1.15$ 倍，而电网电压正常波动引起的最高运行电压不超过电网额定电压 U_{NS} 的 1.1 倍。因此一般按电力设备的额定电压 U_N 不低于其所在电网的额定电压 U_{NS} 的条件来选择设备，即

$$U_N \geqslant U_{NS} \tag{2-27}$$

　　海拔影响电力设备的绝缘性能，随装设地点海拔的增加，大气压力、空气密度和湿度相应减小，电力设备外绝缘的放电特性降低。在 $1000 \sim 3500\text{m}$ 海拔地区内，海拔比厂家规定值每升高 100m，设备的最高允许工作电压要下降 1%。对于现有 110kV 及以下大多数电力设备，由于外绝缘有一定裕度，可在海拔 2000m 以下地区使用。

（二）额定电流

为了满足长期发热的要求，在规定的周围介质最高温度下，电力设备的额定电流 I_N（或载流量 I_{al}）不得小于所在回路最大持续工作电流 I_{max}，即

$$I_N \geqslant I_{max} \qquad (2-28)$$

确定回路的最大持续工作电流，应考虑检修时和事故时转移过来的负荷，可不计及在切换过程中短时可能增加的负荷电流。回路最大持续工作电流 I_{max} 的计算可见表 2-2。实际的额定电流 I_N 从额定电流序列中选取。

表 2-2　　　　　　　　　　回路最大持续工作电流 I_{max}

回路名称	回路最大持续工作电流 I_{max}	说明
发电机回路	1.05 倍发电机、调相机额定电流	发电机和变压器在电压降低到 0.95 额定电压运行时，出力可以保持不变，故电流可增大 5%
变压器回路	1.05 倍变压器额定电流	
	1.3~2.0 倍变压器额定电流	要求承担另一台变压器事故或检修时转移的负荷
出线回路	1.05 倍线路最大负荷电流	考虑 5% 的线损，还应考虑事故时转移过来的负荷
母联回路	母线上最大一台发电机或变压器的最大持续工作电流	
分段回路	最大一台发电机额定电流的 50%~80%	
	应满足一级负荷和大部分二级负荷	
汇流母线	按实际潮流分布确定	
电容器回路	1.35 倍电容器组额定电流	考虑过电压和谐波的共同作用

电气设备的额定电流与周围环境温度有密切关系。若周围环境温度不等于基准温度，设备的额定电流会发生相应的变化，温度高于基准环境温度时，额定电流降低，反之，则升高。因此，实际工程中，一般要考虑温度修正系数进行修正。

我国采用的基准环境温度规定如下：①电力变压器和大部分电器（如断路器、隔离开关、互感器等）的周围空气温度取为 40℃；②发电机的冷却空气温度为 35~40℃；③裸导线、绝缘导线和裸母线周围空气温度为 25℃；④电力电缆在空气中敷设温度为 30℃，直埋敷设的泥土温度为 25℃。

对于裸导体和电缆，当实际环境温度 θ 不同于导体的基准环境温度 θ_0 时，其长期允许电流应该用式（2-29）进行修正

$$I_{al\theta} = KI_{al} \geqslant I_{max} \qquad (2-29)$$

不计日照时，裸导体和电缆的综合修正系数 K 为

$$K = \sqrt{\frac{\theta_{al} - \theta}{\theta_{al} - \theta_0}}$$

式中　θ_{al}——导体的长期发热允许最高温度，裸导体一般为 70℃；

　　　θ_0——导体的基准环境温度，裸导体一般为 25℃。

（三）机械荷载

所选电器端子的允许荷载应大于电器引线在正常运行和短路时的最大作用力。各种电器的允许荷载选择可参考相关设计手册。

二、按短路条件校验

（一）热稳定

当短路电流通过所选择的电力设备时，设备的最高发热温度不应超过其短时发热的最高允许温度。选择导体时，通常按最小截面法校验热稳定。

电力设备的热稳定是由热稳定电流及其通过时间来决定的，满足热稳定的条件为

$$I_t^2 t \geqslant Q_k \tag{2-30}$$

式中　Q_k——短路电流热效应；

　　　I_t——所选用电器 t（s）内允许通过的热稳定电流。

（二）动稳定

动稳定指电力设备承受最大电动力不被破坏的能力。一般电器满足动稳定的条件为

$$i_{es} \geqslant i_{sh} = \sqrt{2}K_{sh}I'' \tag{2-31}$$

或

$$I_{es} \geqslant I_{sh} \tag{2-32}$$

式中　i_{sh}、I_{sh}——短路冲击电流的幅值及其有效值；

　　　i_{es}、I_{es}——电器允许通过的动稳定电流的幅值及其有效值；

　　　I''——次暂态电流；

　　　K_{sh}——冲击系数，发电机机端取 1.9，发电厂高压母线及发电机电压电抗器后取 1.85，远离发电机时取 1.8。

（三）短路电流的计算条件

校验电力设备热稳定和动稳定时，应采用短路电流可能出现的最大值。

（1）容量按工程设计的规划容量（5～10 年）计算；所选用的接线方式，考虑可能发生最大短路电流的正常接线方式（最大运行方式），但不考虑在切换过程中可能短时并列的接线方式。

（2）短路类型一般按三相短路考虑。若其他类型短路比三相短路严重时，应按更严重的情况进行验算。

（3）计算短路点应选择在正常接线方式下，通过电力设备的短路电流为最大的地点。

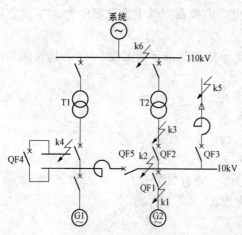

图 2-15　短路计算点的选择

1）两侧均有电源的电力设备，应比较电力设备前、后短路时的短路电流，选通过电力设备短路电流较大的地点作为短路计算点。如图 2-15 所示，对发电机出口断路器 QF1，可分别计算 k1、k2 点短路，流过 QF1 的短路电流的大小，取其大者作为短路计算点。

2）母联断路器应当选择 k4 作为短路计算点，考虑当母联断路器 QF4 向备用母线充电，备用母线短路，全部短路电流通过 QF4。

3）带电抗器的出线回路选择 QF3 时，可选电抗器后 k5 点为短路点，这样可以选择轻型断路器。

短路电流的实用计算方法：在进行电力设备的热稳定验算时，需要用短路后不同时刻的短路电流，即计及暂态过程，通常采用运算曲线法，查曲线或表得到不同时刻的短路电流值。

（4）短路计算时间。

在校验热稳定时，计算短路电流热效应所用的短路切除时间 t_k 等于继电保护动作时间 t_{pr} 与相应断路器的全开断时间 t_{br} 之和，即

$$t_k = t_{pr} + t_{br}$$

而断路器的全开断时间 t_{br} 等于断路器的固有分闸时间与燃弧时间两部分时间之和。

校验导体的热稳定时，t_{pr} 宜采用主保护动作时间，如主保护有死区时，则采用能对该死区起保护作用的后备保护动作时间；校验电器的热稳定时，采用后备保护的动作时间。

三、按过电压选择绝缘水平

电力设备绝缘除承受长期的工作电压外，还应能承受雷击、操作、谐振等短时过电压。虽然过电压的作用时间很短，但过电压的数值却大大超过正常工作电压。电力设备在各种内部及外部的过电压作用下，都不能发生绝缘损坏。

设备绝缘耐受过电压的能力通常称为绝缘水平，可用操作冲击耐受电压、雷电冲击耐受电压、短时工频耐受电压来表示。电力设备在不同工作电压下的绝缘水平已标准化。表2-3列出了系列Ⅰ的标准绝缘水平，表2-4列出了范围Ⅱ的标准绝缘水平。表中同一横栏中的一组绝缘水平才能构成标准绝缘水平，对应大多数工作电压都有几个额定绝缘水平，以便应用于不同的过电压场合。

表2-3　　　　　　　　　范围Ⅰ（1kV<U_m≤252kV）的标准绝缘水平　　　　　　　　　kV

系统标称电压U_s（有效值）	设备最高电压U_m（有效值）	额定雷电冲击耐受电压（峰值）		额定短时工频耐受电压（有效值）
		系列Ⅰ	系列Ⅱ	
3	3.6	20	40	18
6	7.2	40	60	25
10	12	60	75 95	30/42；35
20	24	95	125	50；55
35	40.5	185/200		80/95；85
110	126	450/480		185；200
220	252	750（不推荐）		325（不推荐）
		850		360
		950		395
		1050（不推荐）		460（不推荐）

注　该表"/"下，及"；"后之数据仅用于变压器类设备的内绝缘。

额定绝缘水平的选择是在满足全部过电压的要求下，选取最经济的一组标准耐受电压——绝缘水平。电力系统中一般都会采取专用设备和装置以限制过电压，考虑采用的过电压保护措施后，根据快波前和缓波前过电压作用的程度、系统中性点接地方式、工作环境条件修正后，确定设备上可能的最高过电压，这个过电压是选择绝缘水平的依据。

表2-4　　　　　　　　　　范围Ⅱ（U_m>252kV）的标准绝缘水平　　　　　　　　　　　　　　　kV

系统标称电压U_s（有效值）	设备最高电压U_m（有效值）	额定操作冲击耐受电压（峰值）					额定雷电冲击耐受电压（峰值）		额定短时工频耐受电压（有效值）
		相对地	相间	相间与相对地之比	纵绝缘		相对地	纵绝缘	相对地
1	2	3	4	5	6	7	8	9	10
330	363	850	1300	1.5	950	850（+295）	1050	在相关设备标准中规定	10
		950	1425	1.5			1175		（460）
500	550	1050	1675	1.6	1175	1050（+450）	1425		（510）
		1175	1800	1.5			1550		（630）
		1300	1950	1.5			1675		（680）
750	800	1425	—	—	1550	1425（+650）	1950		（740）
		1550	—	—			2100		（900）
1000	1100				1800	1675（+900）	2250	2400	（960）
		1800					2400	2400（+900）	（1100）

注　栏7和栏9中括号中之数值是加在同一极对应相端子上的反极性工频电压的峰值。纵绝缘的操作冲击耐受电压选取栏6或栏7之数值，决定于设备的工作条件。在有关设备标准中规定。栏10括号内之短时工频耐受电压值，仅供参考。

　　包括高压断路器、隔离开关、敞开式组合电器、负荷开关、熔断器、电压互感器、电流互感器、限流电抗器、电力电容器、消弧线圈、避雷器、封闭电器、穿墙套管、绝缘子在内的所有高压电力设备都应选择绝缘水平。

　　选择电力设备的一般技术条件，即选择和校验的项目，见附录B表B1。

第六节　常用导体和绝缘子选择

一、导体选择

　　导体选择原理和电力设备选择原理类似，下面以硬导体为例说明导体的选择方法。电力电缆的选择方法类同，但电力电缆的动稳定有厂家保证，故不必校验。此外，用于远距离传送电能的导线和电缆，都应该校验允许的电压降落。

　　（一）材料、类型和布置方式

　　按照具体工作环境条件来选择导体的材料、类型和布置方式。

　　一般采用铝、铝合金、铜和钢作为导体材料。常用的软导线有钢芯铝绞线、组合导线、分裂导线和扩径导线，后者多用于330kV及以上的配电装置。导体的布置方式应根据载流量的大小、短路电流水平和配电装置的具体情况而定。

　　（二）额定电压选择

　　裸导体不需选择额定电压，而绝缘导体和电缆等需要选择额定电压，单相电缆需选择额定相电压，三相电缆需选择额定相电压和线电压。

（三）导体截面选择

导体截面可按导体的长期发热允许电流或经济电流密度选择。

（1）按导体的长期发热允许电流选择导体截面。配电装置的汇流母线及长度在 20m 以下的导体等，在正常运行方式下电流不大，一般应按式（2-28）确定的长期发热允许电流选择其截面。

（2）按经济电流密度选择导体截面。除汇流母线、厂用电动机的电缆外，年最大负荷利用时数 $T_{max} > 5000$ h，长度在 20m 以上的导体，如发电机和变压器引出线、电力电缆等，其截面一般按经济电流密度选择。按经济电流密度选择导体截面可以使年计算费用最小。

不同种类的导体在不同的最大负荷利用小时数 T_{max} 下有一个年计算费用最小的电流密度，被称为经济电流密度 J。各种铝导体的经济电流密度曲线如图 2-16 所示。利用这个经济电流密度可以计算导体的经济截面 S_J 为

$$S_J = \frac{I_{max}}{J} \tag{2-33}$$

式中　I_{max}——正常运行方式下导体的最大持续工作电流；

　　　J——经济电流密度，常用导体的 J 值，可根据最大负荷利用时数 T_{max} 由图 2-16 查得。

按经济电流选择截面的时候，应尽量选择接近式（2-33）计算的标准截面，为节约投资允许选择小于经济截面的导体。选择的导体截面的允许电流还必须满足长期发热的要求。

（四）电晕电压校验

不平滑的导体产生不均匀的电场，当导体电压升高到一定值时，在不均匀的电场周围曲率半径小的电极附近，由于空气游离就会发生放电，形成电晕。

导体的电晕放电会产生电能损耗、噪声、无线电干扰和金属腐蚀等不良影响。为了防止发生全面电晕，要求110kV 及以上裸导体的电晕临界电压 U_{cr} 应大于其最高工作电压 U_{max}，即

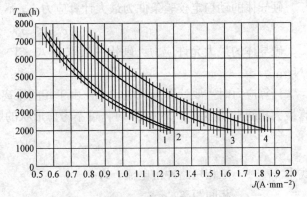

图 2-16　各种铝导体的经济电流密度曲线
1—变电站所用、工矿和电缆线路的铝纸绝缘铅包、铝包、塑料护套及各种铠装电缆；2—铝矩形、槽形及组合导线；
3—火电厂厂用的铝纸绝缘铅包、铝包、塑料护套及各种铠装电缆；
4—35～220kV 线路的 LGJ、LGJQ 型钢芯铝绞线。

$$U_{cr} > U_{max} \tag{2-34}$$

（五）热稳定校验

在校验导体热稳定时，若计及集肤效应系数 K_s 的影响，由短路时发热的计算公式可得到短路热稳定决定的导体最小截面为 S_{min}。

取短时最高允许温度 θ_{al} 计算短路终了时的 A 值为 A_h，取短路前导体的工作温度 θ_w 计算短路开始时的 A 值得 A_w，根据短路电流热效应

$$\frac{K_s}{S^2} Q_k = A_h - A_w$$

令 $C = \sqrt{A_h - A_w}$ ，则

$$S_{min} = \frac{1}{\sqrt{A_h - A_w}}\sqrt{Q_k K_s} = \frac{1}{C}\sqrt{Q_k K_s} \tag{2-35}$$

式中 C——热稳定系数，裸导体的 C 值可通过表 2-5 查出，电缆的 C 值有专门公式计算。

表 2-5 不同工作温度下裸导体的 C 值

工作温度（℃）	40	45	50	55	60	65	70	75	80	85	90
硬铝	99	97	95	93	91	89	87	85	83	82	81
硬铜	186	183	181	179	176	174	171	169	166	164	161

当所选导体截面 $S \geqslant S_{min}$ 时，满足要求。由于短路电流热效应 Q_k 保持不变，短路终了时的 $A < A_h$，导体短路时的温升不会超过短时最高允许温度。

（六）硬导体的动稳定校验

发电厂、变电站中各种形状的硬导体通常都安装在支柱绝缘子上，短路冲击电流产生的电动力将使导体发生弯曲，因此导体应按弯曲情况进行应力计算。而包括电缆在内的软导体则不必进行动稳定校验。

硬导体的动稳定校验条件为最大计算应力 σ_{max} 不大于导体的最大允许应力 σ_{al}，即

$$\sigma_{max} \leqslant \sigma_{al} \tag{2-36}$$

硬导体的最大允许应力：硬铝一般取为 $70 \times 10^6 \text{Pa}$，硬铜一般取为 $140 \times 10^6 \text{Pa}$，$1\text{Pa} = 1\text{N/m}^2$。

计算应力时需要计算最大电动力。由于相间距离较大，无论什么形状的导体和组合，计算最大相间电动力 F_{ph}（N/m）时，可不考虑形状的影响，均按下式计算

$$F_{ph} = 1.73 \times 10^{-7} \frac{1}{a} i_{sh}^2 \beta$$

式中 i_{sh}——三相短路冲击电流，A；

a——相间距离，m；

β——动态应力系数。

（1）单条导体应力计算。三相交流系统的最大相间电动力用 F_{ph} 表示，当矩形导体母线系统视为均匀荷载作用的多跨连续梁，则导体所受到的最大弯矩 M（N·m）可表示为

$$M = \frac{F_{ph} L^2}{10}$$

当跨距数等于 2 时，导体所受到的最大弯矩 M（N·m）可表示为

$$M = \frac{F_{ph} L^2}{8}$$

则单条导体的相间最大应力 σ_{ph} 可表示为

$$\sigma_{ph} = \frac{M}{W} = \frac{F_{ph} L^2}{10W} \tag{2-37}$$

式中 W——导体的截面系数，m^3，即导体对垂直于电动力作用方向轴的抗弯矩，与导体尺寸和布置方式有关；

L——导体支柱绝缘子的跨距，m，在三相系统中，长边为 h，短边为 b，则导体水

平布置时，单条导体 $W = \dfrac{bh^2}{6}$，导体竖直布置时，单条导体 $W = \dfrac{b^2 h}{6}$。

满足动稳定的条件为

$$\sigma_{\max} = \sigma_{\mathrm{ph}} \leqslant \sigma_{\mathrm{al}}$$

根据材料的最大应力，可以得到满足动稳定的最大跨距 $L_{\max}$ 为

$$L_{\max} = \sqrt{\frac{10\sigma_{\mathrm{al}}W}{F_{\mathrm{ph}}}} \qquad (2-38)$$

即只要支柱绝缘子跨距 $L \leqslant L_{\max}$，即可满足动稳定要求。当矩形导体平放时，为避免导体因自重而过分弯曲，所选跨距一般不超过 $1.5 \sim 2\mathrm{m}$，三相水平布置的汇流母线常取绝缘子跨距等于配电装置间隔宽度，以便于绝缘子安装。

（2）多条矩形导体构成的母线应力计算。在三相系统中，当同相母线由多条矩形导体组成时，单根导体同时受到相间作用力和同相中条间作用力的影响。因三相导体的最大相间电动力出现在 B 相，因此母线中最大机械应力由相间应力 σ_{ph} 和同相条间应力 σ_{b} 叠加而成，母线满足动稳定的条件为

$$\sigma_{\max} = \sigma_{\mathrm{ph}} + \sigma_{\mathrm{b}} \leqslant \sigma_{\mathrm{al}} \qquad (2-39)$$

1）多条矩形导体的相间应力计算。应力 σ_{ph} 与单条矩形导体时的相同，其中截面系数应按多条导体的截面系数计算。在三相系统中，长边为 h，短边为 b，则

导体水平放置时，双条导体 $W = \dfrac{bh^2}{3}$，三条导体 $W = \dfrac{bh^2}{2}$；

导体竖直放置时，双条导体 $W = 1.44b^2 h$，三条导体 $W = 3.3b^2 h$。

2）多条矩形导体的条间应力计算。多条导体的相邻导体条间距离一般为矩形导体短边 b 的 2 倍。由于条间距离很小，故条间应力 σ_{b} 比相间应力大得多。因此为了减小条间计算应力，一般在同相导体的条间每隔 $30 \sim 50\mathrm{cm}$ 装设一金属衬垫，如图 2-17 所示。边条导体所受的最大弯矩 M_{b}（单位为 $\mathrm{N \cdot m}$）和条间计算应力 σ_{b}（Pa）为

$$M_{\mathrm{b}} = \frac{F_{\mathrm{b}}L_{\mathrm{b}}^2}{12}$$

$$\sigma_{\mathrm{b}} = \frac{M_{\mathrm{b}}}{W} = \frac{F_{\mathrm{b}}L_{\mathrm{b}}^2}{12W} = \frac{F_{\mathrm{b}}L_{\mathrm{b}}^2}{2b^2 h}$$

式中　F_{b}——条间最大电动力；

　　　W——截面系数，不论导体是平放还是竖放，每相多条导体所受条间电动力的方向与每相单条竖放时所受相间电动力方向相同，故边条导体的截面系数为 $W = b^2 h/6$。

当每相为多条导体时，在同相多条矩形导体中，电流的方向相同，边条受的电动力最大。根据两平行导体电动力计算公式，并考虑导体形状对电动力的影响，每相为两条且各通过 50% 的电流时，单位长度条间最大电动力 F_{b}（N/m）为

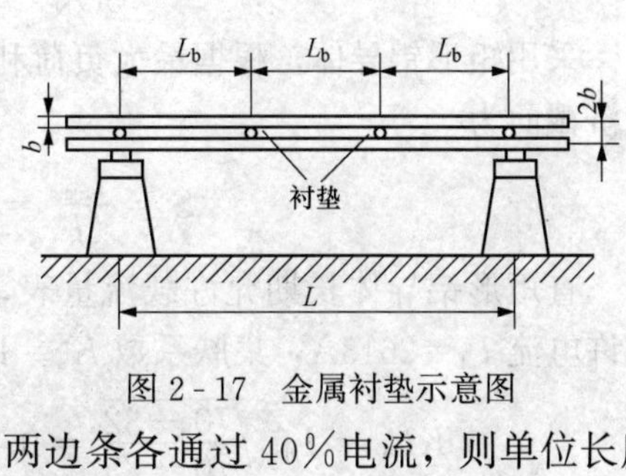

图 2-17　金属衬垫示意图

$$F_{\mathrm{b}} = 2K_{12}(0.5 i_{\mathrm{sh}})^2 \frac{1}{2b} \times 10^{-7} = 2.5K_{12} i_{\mathrm{sh}}^2 \frac{1}{b} \times 10^{-8}$$

每相为三条时，可以认为中间条通过 20% 电流，两边条各通过 40% 电流，则单位长度

条间最大电动力 f_b（N/m）为

$$F_b = 2K_{12}(0.4i_{sh})(0.2i_{sh})\frac{1}{2b} \times 10^{-7} + 2K_{13}(0.4i_{sh})^2\frac{1}{4b} \times 10^{-7} = 8(K_{12} + K_{13})i_{sh}^2\frac{1}{b} \times 10^{-9}$$

式中　K_{12}、K_{13}——第 1、2 条导体和第 1、3 条导体之间的形状系数。

根据动稳定校验，令

$$\sigma_{max} = \sigma_{ph} + \sigma_b = \sigma$$

可以得到最大允许衬垫跨距 L_{bmax}（m）为

$$L_{bmax} = \sqrt{\frac{12\sigma_{bal}W}{F_b}} = b\sqrt{\frac{2h\sigma_{bal}}{F_b}} \tag{2-40}$$

为防止因 L_{bmax} 太大，同相各条导体在条间电动力作用下弯曲接触，计算衬垫临界跨距 L_{cr}（m），即

$$L_{cr} = \lambda b \sqrt[4]{h/F_b} \tag{2-41}$$

式中　λ——系数，导体为铝时，双条为 1003，三条为 1197；导体为铜时，双条为 1774，
　　　　三条为 1335。

只要 $L_b = L/(n+1) \leqslant \min\{L_{bmax}, L_{cr}\}$，就能满足动稳定又避免同相各条导体在条间电动力作用下弯曲接触，其中 n 即为满足动稳定的衬垫个数。由于衬垫使用过多会导致导体的散热条件变坏，一般每隔 30～50cm 设一衬垫。

槽形导体应力的计算方法与矩形导体基本相同。

（七）硬导体共振校验

对于重要回路（如发电机、变压器及汇流母线等）的导体应进行共振校验。当已知导体材料、形状、布置方式和应避开的自振频率（一般为 30～120Hz）时，导体不发生共振的最大绝缘子跨距 L_{max} 为

$$L_{max} = \sqrt{\frac{N_f}{f_1}\sqrt{\frac{EJ}{m}}}\text{（m）} \tag{2-42}$$

【例 2-3】　某降压变电站，两台 31500kVA 自然油循环冷却主变压器并列运行，电压为 110/10.5kV。已知：最大负荷利用小时为 4100h，环境温度为 32℃，主保护动作时间为 0.1s，后备保护动作时间为 2.5s，断路器全开断时间为 0.1s，引出线导体三相水平布置，导体平放，相间距离 $a = 0.7$m，支柱绝缘子跨距 $L = 1.2$m，短路电流 $I'' = 25.3$kA，$I_{0.1} = 23.8$kA，$I_{0.2} = 21.6$kA。试选择变压器低压侧引出线导体。

解　（1）按经济电流密度选择导体截面

$$I_{max} = \frac{1.05S_N}{\sqrt{3}U_N} = \frac{1.05 \times 31\,500}{\sqrt{3} \times 10.5} = 1818.65\text{（A）}$$

采用矩形铝导体，根据最大负荷利用小时 4100h，由图 2-16 可以查得 $J = 0.9$A·mm²，经济截面为

$$S = \frac{I_{max}}{J} = \frac{1818.65}{0.9} = 2020.7\text{（mm}^2\text{）}$$

查矩形铝导体长期允许载流量表，每相选用 2 条 100mm×10mm 矩形铝导体，平放时允许电流 $I_{al} = 2613$A，集肤系数 $K_s = 1.42$。环境温度为 32℃时的允许电流为

$$KI_{al} = I_{al}\sqrt{\frac{70-32}{70-25}} = 0.92 \times 2613 = 2403.96\text{（A）} > 1818.65\text{（A）}$$

满足长期发热条件要求。

（2）热稳定校验为

$$Q_p = \frac{0.2}{12} \times (25.3^2 + 10 \times 23.8^2 + 21.6^2) = 112.85[(kA)^2 \cdot s]$$

$$Q_{np} = TI''^2 = 0.05 \times 25.3^2 = 32[(kA)^2 \cdot s]$$

短路电流热效应为

$$Q_k = Q_p + Q_{np} = (112.85 + 32) = 144.85[(kA)^2 \cdot s]$$

短路前导体的工作温度为

$$\theta_w = \theta + (\theta_{al} - \theta)\frac{I_{max}^2}{I_{al\theta}^2} = 32 + (70 - 32) \times \frac{1818.65^2}{2403.96^2} = 53.75(℃)$$

查表 2-5 后，利用线性插值可得

$$C = C_2 + \frac{\theta_2 - \theta_w}{\theta_2 - \theta_1}(C_1 - C_2) = 93 + \frac{55 - 53.75}{55 - 50}(95 - 93) = 93.5$$

$$S_{min} = \frac{1}{C}\sqrt{Q_k K_s} = \frac{1}{93.5} \times \sqrt{144.85 \times 1.42 \times 10^6} = 153.388(mm^2)$$

所选截面 $S = 2000mm^2 > S_{min} = 153.388mm^2$，能满足热稳定要求。

（3）共振校验

$$m = h \times b \times \rho_w = 0.1 \times 0.01 \times 2700 = 2.7(kg/m)$$

$$J = bh^3/6 = 0.01 \times 0.1^3/6 = 1.667 \times 10^{-6}(m^4)$$

$$F_1 = \frac{N_f}{L^2}\sqrt{\frac{EJ}{m}} = \frac{3.56}{1.2^2} \times \sqrt{\frac{7 \times 10^{10} \times 1.667 \times 10^{-6}}{2.7}} = 513.96(Hz) > 155(Hz)$$

取 $\beta = 1$，即不考虑共振影响。

（4）动稳定校验为

$$i_{sh} = 2.55 \times 25.3 = 64.5(kA)$$

相间电动力为

$$F_{ph} = 1.73 \times 10^{-7}\frac{1}{a}i_{sh}^2 = 1.73 \times 10^{-7} \times \frac{1}{0.7} \times (64\,500)^2 = 1028.17(N/m)$$

$$W = bh^2/3 = 0.01 \times 0.1^2/3 = 33.3 \times 10^{-6}(m^3)$$

相间应力为

$$\sigma_{ph} = \frac{F_{ph}L^2}{10W} = \frac{1028.17 \times 1.2^2}{10 \times 33.3 \times 10^{-6}} = 4.4461 \times 10^6(Pa)$$

根据 $\frac{b}{h} = 0.1$，$\frac{a-b}{h+b} = \frac{20-10}{100+10} = 0.091$ 可以查得形状系数 $K_{12} \approx 0.43$，条间电动力
为

$$F_b = 2.5K_{12}i_{sh}^2\frac{1}{b} \times 10^{-8} = 2.5 \times 0.43 \times (64\,500)^2\frac{10^{-8}}{0.01} = 4472.27(N/m)$$

最大允许衬垫跨距为

$$L_{bmax} = b\sqrt{\frac{2h\sigma_b}{F_b}} = 0.01 \times \sqrt{\frac{2 \times 0.1 \times (70 - 4.4461) \times 10^6}{4472.27}} = 0.54(m)$$

衬垫临界跨距为

$$L_{cr} = \lambda b\sqrt[4]{h/F_b} = 1003 \times 0.01 \times \sqrt[4]{0.1/4472.27} = 0.69(m)$$

每跨选取 2 个衬垫时

$$L_b = \frac{L}{n+1} = \frac{1.2}{2+1} = 0.4(\text{m}) < L_{b\text{max}} < L_{cr}$$

可以满足动稳定要求。

二、支柱绝缘子和穿墙套管的选择

支柱绝缘子只承受导体的电压、电动力和正常机械荷载，不载流，没有发热问题，因此不需进行动、热稳定校验。

（一）额定电压选择

产品额定电压 U_N 应大于等于所在电网的额定电压 U_{NS}。

$$U_N \geqslant U_{NS}$$

对于 3～20kV 屋外支柱绝缘子宜选用高一电压等级的产品；对于 3～6kV 者，因其价格的影响甚微，必要时也可采用高两级电压的产品，以提高运行过电压的安全性。在屋外有空气污秽或冰雪的地区，应选用高一级电压的产品。

（二）穿墙套管的额定电流选择与窗口尺寸配合

具有导体的穿墙套管额定电流 I_N 应大于或等于回路中最大持续工作电流 I_{max}，当环境温度 $\theta = 40～60℃$ 时，导体的 θ_{al} 取 85℃，I_N 应按式（2-43）修正，即

$$\sqrt{\frac{85-\theta}{45}} I_N \gtreqless I_{max} \qquad (2-43)$$

母线型穿墙套管无需按持续工作电流选择，只需保证套管的形式与穿过母线的窗口尺寸配合。

（三）动、热稳定校验

（1）穿墙套管的热稳定校验。具有导体的套管应对导体校验热稳定，其套管的热稳定能力大于或等于短路电流通过套管所产生的热效应，即

$$I_t^2 t \geqslant Q_k$$

母线型穿墙套管无需校验热稳定。

（2）动稳定校验。当三相导体水平布置时，如图 2-18 所示，支柱绝缘子所受电动力应为两侧相邻跨导体受力总和的一半，即

$$F_{max} = \frac{F_1 + F_2}{2} = 1.73 \frac{L_1 + L_2}{2a} i_{sh}^2 \times 10^{-7}$$

式中 L_1、L_2——与绝缘子相邻的跨距，m。

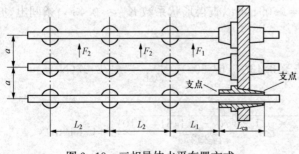

图 2-18 三相导体水平布置方式

校验支柱绝缘子机械强度时，应将作用在母线截面重心上的短路电动力换算到绝缘子顶部，即支柱绝缘子的抗弯破坏强度 F_{de} 是按作用在绝缘子高度 H 处给定的。而电动力是作用在导体截面中心线 H_1 上，换算系数为 H_1/H 应满足

$$\frac{H_1}{H} F_{max} \leqslant 0.6 F_{de} \qquad (2-44)$$

式中：0.6 是计及绝缘材料性能的分散性的裕度系数；H_1 为绝缘子底部至导体水平中心线的高度，mm，$H_1 = H + b + h/2$ 为导体支持器下片厚度，一般竖放矩形导体 $b = 18$mm，平放矩形导体及槽形导体 $b = 12$mm。

此外，屋内 35kV 及以上水平安装的支柱绝缘子应考虑导体和绝缘子的自重，屋外支柱绝缘子应计及风和冰雪的附加作用。

【例 2 - 4】 选择[例 2 - 3]中变压器低压侧引出线中的支柱绝缘子和穿墙套管。已知 $I_{1.3} = 19.7$kA，$I_{2.6} = 16.2$kA。

解 (1) 支柱绝缘子的选择。根据装设地点及工作电压，位于屋内部分选择 ZB - 10Y 型屋内支柱绝缘子，其高度 $H = 215$mm，抗弯破坏负荷 $F_{de} = 7350$N。

$$F_{max} = 1.73 \times 10^{-7} \frac{L_1 + L_2}{2a} i_{sh}^2 = 1.73 \times 10^{-7} \times \frac{1.2}{0.7} \times (64500)^2 = 1235.24 (\text{N})$$

$$H_1 = H + b + \frac{h}{2} = (215 + 12 + \frac{30}{2}) = 242 (\text{mm})$$

$$F_c = F_{max} \frac{H_1}{H} = 1235.24 \times \frac{242}{215} = 1390.36 < 0.6 F_{de} = 0.6 \times 7350 = 4410 (\text{N})$$

可以满足动稳定要求。屋外部分选高一级电压的 ZS - 20/8 型支柱绝缘子。

(2) 穿墙套管的选择。根据装设地点、工作电压及最大长期工作电流，选择 CWLC2 - 10/2000 型屋外铝导体穿墙套管，其 $U_N = 10$kV，$I_N = 2000$A，$F_{de} = 12250$N，套管长度 $L_{ca} = 0.435$m，5s 热稳定电流为 40kA。

$$Q_k \approx Q_p = \frac{1.6}{12} \times (25.3^2 + 10 \times 19.7^2 + 16.2^2) = 637.8 < I_t^2 t = 40^2 \times 5 [(\text{kA})^2 \cdot \text{s}]$$

满足热稳定要求。

$$F_{max} = 1.73 \times 10^{-7} \frac{L_1 + L_2}{2a} i_{sh}^2 = 1.73 \times 10^{-7} \frac{1.2 + 0.435}{2 \times 0.7} \times (64\,500)^2 = 841.5 < 0.6 F_{de} = 7350 (\text{N})$$

满足动稳定要求。

三、悬式绝缘子串片数选择

线路绝缘子串一般按工频电压下爬电距离要求确定每串绝缘子的片数，还需分别按照耐受操作过电压和雷电过电压来选择绝缘水平。

(1) 按照系统最高工作电压和爬电比距选择。绝缘子片数应符合式（2 - 45）要求，即

$$m \geqslant \frac{\lambda U_m}{L_0} \tag{2 - 45}$$

式中 m——每串绝缘子片数；

$\quad\lambda$——爬电比距；

$\quad U_m$——系统最高工作电压，kV；

$\quad L_0$——每片悬式绝缘子的爬电距离，cm，由试验确定。

(2) 按操作冲击过电压选择。

1) 220kV 及以下线路，在选择操作冲击电压下的绝缘水平时，绝缘子串应扣除零值绝缘子，直线杆扣除 1 片，耐张杆扣除 2 片，扣除零值绝缘子后，其操作冲击波 50％湿闪电压应符合式（2 - 46）要求，即

$$U_{sh} \geqslant k_1 k_0 \sqrt{2} U_{xg} \tag{2 - 46}$$

式中　U_{sh}——操作波湿闪电压峰值，kV；

　　　k_o——操作过电压倍数；

　　　U_{xg}——最高运行相电压，kV；

　　　k_1——操作过电压湿闪配合系数，在海拔 1000m 及以下，$k_1=1.1$。

　　2）330kV 及以上线路，绝缘子串正极性操作冲击电压波 50％放电电压 U_1 应符合式（2-47）的要求，即

$$U_1 \geqslant k_2 U_t \qquad\qquad (2-47)$$

式中　U_t——线路末端相对地统计操作过电压，kV；

　　　k_2——线路绝缘子串操作电压统计配合系数，$k_2=1.25$。

　　（3）按照雷电过电压选择。雷电过电压要求的绝缘子串正极性雷电冲击电压波 50％放电电压 U_1 应符合式（2-48）的要求，即

$$U_1 \geqslant k_6 U_{ch} \qquad\qquad (2-48)$$

式中　U_{ch}——避雷器在配合标称电流下的残压值，kV，220kV 及以下取 5kA 雷电流下的残压，330kV 及以上取 10kA 雷电流下的残压；

　　　k_6——绝缘子串雷电过电压配合系数，$K_6=1.45$。

　　此外，对于输电线路绝缘子串，还应考虑风偏对线路导线间空气间隙绝缘水平的影响。

　　选择悬式绝缘子除以上条件外，尚应考虑绝缘子的老化，每串绝缘子要预留的零值绝缘子为 35～220kV 耐张串 2 片，悬垂串 1 片；330kV 及以上耐张串 2～3 片，悬垂串 1～2 片。

思 考 题

　　2-1　选择电力设备时，短路计算点应如何选择？试说明选择母线分段断路器时其最大持续工作电流和短路计算点应如何确定？

　　2-2　何谓经济电流密度？按经济电流密度选择导体截面后，为何还必须按长期发热允许电流进行校验？配电装置的汇流母线为何不按经济电流密度选择导线截面？

　　2-3　为什么要研究导体和电器的发热问题？长期发热和短时发热各有何特点？

　　2-4　为什么要规定导体和电器的发热最高允许温度？为什么短时发热最高允许温度和长期发热最高允许温度有所不同？

　　2-5　导体长期允许电流如何确定？提高长期允许电流的措施有哪些？试举一些实例。

　　2-6　为什么要计算导体短时发热最高温度？怎样计算？

　　2-7　等值时间的意义是什么？如何计算它？

　　2-8　影响短路电流周期分量和非周期分量等值时间的因素各有哪些？当短路电流周期分量无变化时，周期分量等值时间是否还需查等值时间曲线求得？

　　2-9　为什么要研究电动力问题？电动力对载流导体和电器的运行有何影响？

　　2-10　什么叫短路动稳定？在校验三相导体的动稳定时，应以哪种短路形式、哪相导体所受的电动力作为计算的依据？为什么？

　　2-11　导体的动态应力系数的含义是什么？在什么情况下需要考虑动态应力？

　　2-12　大电流母线为什么常采用分相封闭母线？外壳的作用如何？

2-13　绝缘子有什么作用？为什么选择普通绝缘子时不校验热稳定和动稳定而选择穿墙套管时却要校验？

2-14　发电机额定电压为 10.5kV，额定电流为 1500A，装有 2 条 $100 \times 8mm^2$ 的矩形母线，三相短路时起始暂态电流为 28kA，0.15s 时的短路电流为 25.5kA，0.3s 时的短路电流为 22.3kA，稳态短路电流 20kA，保护动作时间为 0.1s，断路器全开断时间 0.2s，正常负荷运行时，母线温度为 46℃，试计算短路电流的热效应和最高温度。

2-15　某电厂配电装置中装有 10kV 单片矩形铝导体，尺寸为 $60 \times 6mm^2$。支柱绝缘子之间的距离 $L = 1.2m$，相间距离 $a = 0.35m$，三相短路冲击电流 $i_{sh} = 45kA$。导体弹性模量 $E = 7 \times 10^{10} Pa$，单位长度的质量 $m = 0.972kg/m$。试求导体的固有频率及最大电动力。

2-16　某屋内配电装载汇流母线最大负荷电流为 1800A，三相导体垂直布置，相间距离 0.75m，绝缘子跨距 1.2m，母线次暂态短路电流 51kA，短路热效应为 1003 $(kA)^2 \cdot s$，环境温度为 35°，铝导体弹性模量为 $7 \times 10^{10} Pa$，母线频率系数取 3.56。初步选定母线为单条 125mm $\times$ 10mm 的矩形硬铝导体，已知导体竖放允许电流为 2243A，请对选择的导体进行校验（集肤效应系数为 1.8，35℃时温度修正系数为 0.88，铝导体密度为 2700kg/m³）。

第三章　电路的关合、开断与开关电器

扫一扫　观看全景演示

隔离开关与断路器

发电机、变压器、互感器等设备或线路，在正常运行或检修时，可能需要投入与退出；在出现短路时则须迅速开断故障电流，切除故障设备或线路。

在正常及故障时，直接用于开断与关合电路的一次设备称为开关电器。开关电器在电网中占有极其重要的地位，其投资占配电设备总投资的一半左右。本章主要讲述开关电器中的电接触理论、电弧理论、高压开关电器的原理及选择方法。

第一节　电　接　触

电接触是开关电器和电气连接的重要内容，接触部分出问题可能会造成断线、停电或设备烧毁等严重后果。

一、电接触现象

电器设备的导电回路总是由若干元件构成，其中，两个元件通过机械连接方式互相接触而实现导电的现象称为电接触。接触中出现的有关物理、化学和电气的现象称为电接触现象。

电接触常指接触导体的具体结构或接触导体本身，至于接触导体本身，常称之为接触元件。在工程应用中，形成开关电器电接触的接触元件称为电触头，简称触头或触点，电触头一般由动触头和静触头联合构成。

按工作方式不同，电接触一般可分为 3 类：

（1）固定接触。用紧固件如螺钉、铆钉等压紧的电接触称为固定接触。固定接触一般通过专用的连接件实现几段导体之间的电气连接，在工作过程中导体间没有相对运动。

（2）可分接触。在工作过程中可以分离的电接触称为可分接触，构成可分接触的基本元件是电触头，通过动、静触头间的相对运动实现电路的开断与关合。

（3）滑动及滚动接触。在工作过程中，触头间可以互相滑动或滚动，但不能分离的电接触称为滑动及滚动接触。

电接触的目的是为了导电，电接触的基本任务是传导电流。任何电系统都必须将电的信号或能量从一个导体传向另一个导体，而导体与导体的连接处——电接触——常常是造成电信号或能量传递的主要障碍。

二、接触电阻

如图 3-1 所示，一段导体，当通入电流 I 时，用电压表可测出导体上一小段的电压降为 U_b。将此导体切成两段，对接一起，加力 F，形成电接触，仍通电流 I，同一位置测电接触后导

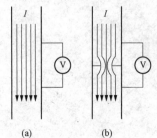

图 3-1　接触电阻
(a) 导体电阻；(b) 接触电阻

体的电压降 U，就会发现 $U \gg U_b$，无论表面怎样处理，U 仍然会比 U_b 大得多。说明当有接触时，电阻 R 增大了，增大部分称为接触电阻 R_c。

（一）产生接触电阻的原因

接触电阻值的大小是衡量触头和连接件质量的关键指标，因为触头在正常工作和通过短路电流时的发热都与接触电阻有关。

（1）接触面及电流收缩如图 3-2 所示。接触处的表面不可能是理想的平面，尽管经过精加工，多少总有些微观不平，波纹起伏。实际上，两个接触面只是几个小块面积相接触，在每块小面积内，又只有几个小的突起部分相接触。这些互相接触的小突起部分称为接触点。电流流经接触表面时，从截面尺寸较大的导体转入面积较小的接触点，在此情况下，

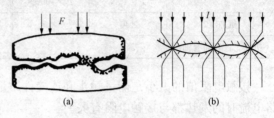

图 3-2　接触面及电流收缩
(a) 接触面放大图；(b) 电流收缩现象

电流线会发生剧烈收缩，流过接触点附近的电流路径增长，有效导电截面减小，因而电阻值相应增大。实际接触面积减小，电流线在接触面附近发生了收缩，引起电阻值的增大称为收缩电阻。

（2）接触表面可能被一些导电性能很差的物质（如氧化物）覆盖引起表面膜电阻。

1）灰尘。若压力足够大，能把灰尘压扁，可使金属良好接触。

2）非导电气体、液体形成的吸附膜会使接触变坏。若稍加力，膜会变得很薄，当达到 1~2 分子层，$(5 \sim 10) \times 10^{-8}$ cm 时，自由电子就可通过（隧道效应）。

3）金属的氧化物、硫化物等形成的无机膜。对于断路器来说，金属的氧化物是主要的无机膜。金属氧化物多数是半导体，电阻率很大，使接触电阻显著增加。

4）有机膜。如漆、蒸汽，也可能来自电器本身。

因此，接触电阻包括收缩电阻和膜电阻两部分，在工程实际应用中，由于膜电阻比收缩电阻小得多，可将膜电阻忽略。

实际上，电接触时，接触面并非完全接触，而仅仅是部分区域甚至几点接触，这就是产生接触电阻的根本原因。此外，触头表面的加工状况、表面氧化程度、接触压力及接触情况都会影响接触电阻的阻值。

（二）影响接触电阻的主要因素

影响接触电阻的因素有接触压力、接触表面的光滑程度、接触形式引起的触点个数和触头材料的电阻率等。

1. 接触压力

接触压力对接触电阻有重要影响。没有足够的压力只靠加大接触面的外形尺寸并不能使接触电阻显著减小。接触电阻随接触压力的变化是一条简单的下降曲线，但合理的最大接触压力有一范围，接触压力过大对减小接触电阻无明显效果。利用触头本身的弹性不能保证一定的压力，因而也不能保证规定的接触电阻值，一般采用在触头上附加弹簧的方法，增加并保持触头间的接触压力，这样接触电阻较小而且稳定。

2. 接触表面的光滑度

接触表面可以是粗加工，也可以是精加工，它表现在接触点数的数目不同。接触压力、加工精度对接触电阻的影响见表 3-1。

实践表明，过于精细的表面加工对于降低接触电阻未必是有利的，表 3-1 可以说明这一点，表中的数据是 $1.6cm^2$ 面接触在不同表面加工精度下的接触电阻值。

表 3-1　　　　　　　　　　　　接触压力、加工精度对接触电阻的影响

加工方式	接触电阻（$\mu\Omega$）		加工方式	接触电阻（$\mu\Omega$）	
	$F=10N$	$F=1000N$		$F=10N$	$F=1000N$
机加工	430	4	研磨加工	1900	1
机加工，表面有油	340	3	研磨加工，表面有油	2800	6

接触电阻值的大小是衡量触头和连接件质量的关键指标，因为触头在正常工作和通过短路电流时的发热都与接触电阻有关。

三、触头在长期工作中的问题

（一）发热

在长期通过电流时，触头接触电阻的存在将引起接触发热问题。

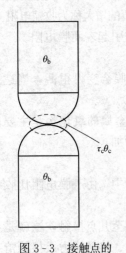

图 3-3　接触点的
温度和温升

如图 3-3 所示，当电流 I 流经触头时，温度都会不同程度地升高。触头的本体温度 θ_b 几乎相同，但在接触处，由 R_c 产生的热损耗集中在很小范围内。这些热量只能通过传导向触头本体传热，因此接触点处的温度 $\theta_c > \theta_b$。

接触点温升为

$$\tau_c = \theta_c - \theta_b$$

或

$$\theta_c = \theta_b + \tau_c$$

经理论推导，发现

$$\tau_c = \frac{I^2 R_c^2}{8LT} = \frac{U_c^2}{8LT}$$

式中　U_c——接触电阻上的电压降，V；

L——劳仑兹（Lorenz）常数，$L=2.4\times10^{-8} V^2/K^2$；

T——θ_b 的绝对温度。

可见，触头接触电阻的存在，将引起接触点的温升。接触点温度的升高，又会反作用于接触电阻，使接触电阻进一步地增加。实际上，由于接触电阻极小，在长期通过额定电流时，温升并不明显，接触点温度与触头本体温度相差无几。

如果通过导体接触处的电流增大，或者接触电阻增高，则接触压降必然相应增大，接触点温升也会相应增高，严重时接触点的温度可达接触元件材料的软化点、熔化点，甚至沸腾点。当温度达到触头材料的软化点和熔化点时，接触点及其附近的金属就会发生软化或熔化。由于热胀冷缩，软化后的接头在温度降低后，可能出现电气接触不良现象。

（二）磨损

对于固定接触而言，主要是接触点发热问题。而对于可分接触和滑动接触而言，除了接触点发热外，还有磨损问题，磨损的直接后果就是接触发热、电路接触不良或断路。

触头合分过程中，由于伴随着机械、化学、热、电等一系列的破坏作用，使触头材料消耗及转移，这种现象称为触头的磨损。其后果是使触头表面凹凸不平，以致变形，从而引起

触头接触压力、接触电阻和开距等参数的改变。

触头的磨损有机械、化学和电磨损 3 种类型。

（1）机械磨损。在空载操作时，动、静触头间发生碰撞和摩擦，会造成触头的变形和触头材料的损耗，这一现象称为机械磨损。触头接触压力 F 越大，机械磨损越快。

一般动作频繁的控制电器，机械磨损所占比例很小，约为总磨损的 $1\% \sim 3\%$。

（2）化学磨损。触头金属材料氧化及有害气体的作用会引起化学腐蚀。

造成化学磨损的第一个原因是化学腐蚀。新加工的触头表面氧化膜很薄，接触电阻较小。经长期工作后，触头表面与周围介质起化学反应，接触电阻会不断增加，引起触头的接触不良现象，甚至完全破坏触头的导电性能。

化学腐蚀的程度与金属种类、周围介质及温度 θ_c 有关。触头温度 θ_c 愈高，化学腐蚀、氧化作用越强，接触电阻的稳定性就越差，如图 3 - 4 所示的 $R_c - t$ 曲线。

造成化学磨损的第二个原因是电化学腐蚀，就是不同金属触头间形成了化学电池，其后果是造成电接触的严重破坏。

为了使接触电阻保持长期稳定，必须保证接触点在长期工作情况下的温度不应过高，因为温度越高，化学反应越强，磨损就越快。

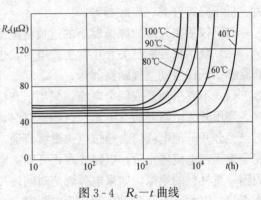

图 3 - 4　$R_c - t$ 曲线

另一个有效措施就是在容易腐蚀的金属上覆盖银、锡等不易发生化学反应的金属。

（3）电磨损。在分合电路时，触头间要产生电弧，电弧的高温作用会使触头表面烧损、变形和金属材料流失，造成触头的电磨损，这一现象在开关电器开断短路电流时尤为严重。

触头在开断不同电流值时，电磨损的情况差别很大。电磨损的形式可分为 2 种：

（1）短弧、弱弧和火花放电。一般发生在继电器等弱电电器中，触头间隙较小，金属汽化与重新沉积互相作用，对触头产生磨损。

（2）大功率电弧的烧损。当开断电路时，产生电弧的温度极高，可能熔化金属触头，加上断路器的吹弧作用，可吹走液态金属，形成严重磨损。

电磨损是可分触头磨损的主要形式，决定了触头的电寿命。减少大功率电弧电磨损的措施是选择耐高温的铜钨、银钨等合金触头材料；减小燃弧时间；加引弧装置使弧根移动；分断速度不易太低。

此外，对于开关电器来说，触头在关合过程中，特别是关合短路电流时，可能产生触头熔焊现象。关合过程中的电弧，使接触部分强烈发热，在几秒的时间内，触头可能因过热而出现局部熔化，金属喷溅甚至相互焊接等情况。当开关发生金属性熔焊后，动、静触头直接焊接在一起，再也无法打开，开关便失去它的职能。

四、对电接触的基本要求

对电接触的基本要求是：接触元件接触时为良好的导电体，接触元件分离后为良好的绝缘体。为保证电接触可靠工作，对电接触的技术要求是：

（1）在长期通过额定电流时，电接触的温升不应超过一定数值。

（2）在通过短时短路电流时，电接触不发生熔焊或触头材料的喷溅。

（3）在关合过程中，触头不应发生熔焊或严重损坏。

（4）在开断过程中，触头的电磨损尽可能小。

对于固定接触、滑动或滚动接触，它们的工作性质决定了只有前两项要求。

第二节　电路开断与电弧

开关电器主要用来开断与关合正常电路和故障电路或用来隔离高压电源，根据开关电器在电路中担负的任务，可以分为下列几类：

（1）仅用来在正常工作情况下，开断与关合正常工作电流的开关电器，如高压负荷开关、低压隔离开关、接触器等；

（2）仅用来开断故障情况下的过负荷电流或短路电流的开关电器，如高、低压熔断器；

（3）既用来开断与关合正常工作电流，也用来开断与关合短路电流的开关电器，如高压断路器、低压自动空气断路器等；

（4）不要求断开或闭合电流，只用来在检修时隔离电压的开关电器，如隔离开关等。

当用开关电器开断有电流通过的电路时，在开关触头间就会产生电弧，尽管触头在机械上已经分开，但电流仍会通过电弧继续流通，即电气上仍然是连通的。只有当触头间的电弧完全熄灭，电流停止后，电路才真正开断。电弧的温度很高，很容易烧毁触头，或破坏触头周围介质材料的绝缘，如果电弧燃烧时间过长，开关内部压力过高，还有可能使电器发生爆炸事故。因此，当开关触头间出现电弧时，必须尽快予以熄灭。

一、电弧

开关电器在开断电流通路时，只要电源电压大于 $10\sim20\mathrm{V}$，电流大于 $20\sim1000\mathrm{mA}$，在触头间就会出现电弧。电弧一旦产生，很低的电压就能维持稳定的燃烧而不熄灭。

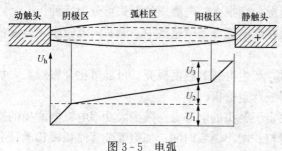

图 3-5　电弧

当电子流从阴极（带负极性的触头）穿过击穿的气隙运动到阳极（带正极性的触头）时，形成击穿放电，并发出强烈的白色弧光，这就是电弧。如图 3-5 所示，电弧由阴极区、阳极区和弧柱区 3 部分组成。

电弧是一种能量高度集中、温度极高、亮度很大的气体放电现象。弧柱区中心温度可达 10000℃ 以上，表面温度也有 3000～4000℃。

二、电弧的形成和熄灭

正常时，动、静触头周围是绝缘介质。一般来说，当温度升高到 5000℃ 以上，物质就会由气态转化为第四态，即等离子体态，等离子体态的物质都是以离子状态存在的，具有导电的特性。电弧的产生使得介质发生了物态的转化，断口间的绝缘介质变成导电体，电弧的形成过程实际上就是绝缘介质向等离子体态的转化过程。

（一）电弧的产生与维持

电弧之所以能形成导电通道，是因为电弧弧柱中出现大量自由电子。电弧的产生是触头间中性质点（分子和原子）被游离出大量自由电子的结果，游离就是中性质点转化为带电质点的过程。

（1）自由电子的产生。自由电子的产生是热电子发射和场致发射的共同结果。

在触头分离的最初瞬间，由于触头间的分离间隙极小，即使电压不高，在间隙上也能形成很高的电场强度，当电场强度超过 $3 \times 10^6 \, V/m$ 时，阴极触头周围气体分子中的外层电子就可能在强电场的作用下被拉出而成为自由电子，触头的金属原子也可能被拉出而成为自由金属粒子，这个现象称为场致发射。

触头分离的瞬间，触头间的接触压力和接触面积快速减小，接触电阻迅速增大而产生的高温，使阴极表面出现强烈的炽热点，进一步使阴极的金属材料内大量电子不断溢出金属表面，形成自由电子，这个现象称为热电子发射。特别是电弧形成后，弧隙间的高温使阴极表面受热会出现强烈的炽热点，不断地发射出电子，在电场力作用下，向阳极做加速运动。

（2）自由电子碰撞游离形成电弧。阴极表面发射的自由电子，在电场力作用下加速运动，不断与触头间隙内中性介质质点（原子或分子）发生撞击，如果电场足够强，自由电子获得的动能足够大，碰撞时就能将中性原子外层轨道上的电子撞击出来，形成新的自由电子和正离子，这个现象称为碰撞游离。新的自由电子一起向阳极加速运动，又去碰撞更多的中性质。碰撞游离的连续进行，形成电子崩，当电子崩到达阳极时，导致在触头间充满电子和离子，从而介质被击穿，由绝缘体变为导体，在外加电压的作用下，通过触头间隙的电流急剧增大，发出强烈的光和热而形成了电弧。

（3）热游离维持电弧。电弧形成后，维持电弧燃烧所需的游离过程主要是热游离。由于在电弧燃烧过程中，弧柱中电导很大，电位梯度很小，电子不能获得必需的势能，于是碰撞游离已不可能。然而，电弧产生之后，弧隙的温度很高，气体中粒子热运动加剧，具有足够动能的中性质点相互碰撞后，游离出新的自由电子和正离子，这种现象称为热游离。气体温度越高，粒子运动速度越快，热游离的可能性也越大。一般气体开始发生热游离的温度为 $9000 \sim 10000℃$；金属蒸气的游离能较小，其热游离温度为 $4000 \sim 5000℃$。因为开关电器的电弧中总有一些金属蒸气，而弧心温度总大于 $4000 \sim 5000℃$，所以热游离的强度足够维持电弧的稳定燃烧。

（二）去游离

电弧中发生游离的同时，还进行着使带电质点减少的去游离过程，去游离形式主要包括复合去游离和扩散去游离。

（1）复合去游离。复合是指正离子和自由电子或负离子互相吸引，结合在一起，电荷互相中和形成中性质子的过程。两异号电荷要在一定时间内，处在很近的范围内才能完成复合过程，两者相对速度值越大，复合的可能性越小。因电子质量小，易于加速，其运动速度约为正离子的 1000 倍，所以电子和正离子直接复合几率很小。通常，电子在碰撞时，先附在中性质点上形成负离子，速度大大减慢，而负离子与正离子的复合比电子与正离子间的复合容易得多。

（2）扩散去游离。扩散是指带电质点从电弧内部逸出而进入周围介质中的现象。弧隙内的扩散去游离有以下几种形式：

1）浓度扩散。由于弧道中带电质点浓度高，而弧道周围介质中带电质点浓度低，基于存在着浓度上的差别，带电质点会由浓度高的地方向浓度低的地方扩散，使弧道中的带电质点数目减少。

2）温度扩散。由于弧道中温度高，而弧道周围温度低，存在温度差，这样弧道中的高温带电质点将向温度低的周围介质中扩散，减少了弧道中的带电质点数目。

游离和去游离是电弧燃烧过程中两个相反的过程，游离过程使弧道中的带电粒子增加，有助于电弧的燃烧；去游离过程能使弧道中的带电粒子减少，有利于电弧的熄灭。当这两个过程达到动态平衡时，电弧稳定燃烧；若游离过程大于去游离过程，将使电弧越加剧烈地燃烧；若去游离过程大于游离过程，将使电弧燃烧减弱，以致最终电弧熄灭。

三、电弧的主要危害

从电弧形成过程可以看出，电弧的本质就是高温电子流。电弧一旦形成，即使触头开断，只要断口间的电弧还没有熄灭，电路就没有真正被开断；同时产生的高温会使触头金属熔化，甚至会使整个电器烧坏，或引起电器的爆炸和发生火灾。

（1）电弧的高温可能烧坏开关触头和触头周围的其他部件；对充油设备还可能引起着火甚至爆炸等危险。

（2）在开关电器中，触头间只要有电弧的存在，电路就没有断开，电流仍然流通，电弧的存在延长了开关电器断开故障电路的时间，加重了电力系统短路故障的危害。

（3）容易造成飞弧短路、伤人或引起事故扩大。

因此对于开关电器来说，要了解电弧的规律，以便找到措施来迅速灭弧。交、直流电源产生的电弧特性不同，需要针对不同的情况分别讨论。

四、交流电弧及灭弧

（一）交流电弧的动态特性

交流电弧电压与电流的波形如图3-6所示。图中 A 点是电弧产生时的电压，称为燃弧

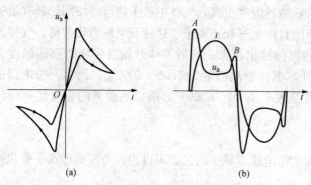

电压，B 点为电弧熄灭时电压，称为熄弧电压。由于热惯性，电弧温度的变化总是滞后于电流的变化，因此最高温度点总是滞后于电流峰值点。同时由于电流下降段的温度总是要高于对应于相同电流瞬时值处，因此熄弧电压总是小于燃弧电压。由于外电路的阻抗远大于电弧电阻，稳定燃烧的电弧电流波形近似为正弦波形，而电弧电阻的非线性致使电弧电压为马鞍形。

图 3-6　交流电弧电压与电流的波形

（a）交流电弧的伏安特性；（b）电弧的时间特性

在电弧燃烧过程中起关键作用的是电场，在电场作用下，场致发射和碰撞游离中产生的自由电子才会定向运动，形成电流。当外部电源是交流电时，在电弧电流自然过零附近，维持电弧稳定燃烧的热游离过程弱于去游离过程，过零点时电弧将自然熄灭。电弧电流到零后，加在断口两端的电压逐步回升，电场回升过程中，若仍有自由电子出现，又会出现前述的电弧的产生过程，则介质再被击穿，电弧就会重燃；反之，电弧就熄灭。

如果在电流过零时，采取有效措施加强弧隙的冷却，使弧隙介质的绝缘能力达到不会被弧隙外施电压击穿的程度，则在下半周电弧就不会重燃而最终熄灭。高压断路器的灭弧装置正是利用这一原理进行灭弧：依据交流电弧电流过零时自然熄灭这一有利条件，加强去游离，使电弧不再复燃，从而可以实现灭弧和开断电路。

（二）交流电弧的熄灭条件

交流电弧熄灭的关键取决于弧隙介电强度和弧隙恢复电压。

（1）弧隙介电强度的恢复过程。弧隙介电强度恢复过程指电弧电流过零后，电弧熄灭，弧隙介质的介电强度是一个逐步恢复的过程，恢复到正常绝缘状态需要一定的时间。

恢复过程中的介电强度可以用耐受电压 $U_d(t)$ 表示。常用的灭弧介质有油（变压器油或断路器油）、空气、真空、SF_6。图 3-7 表示了不同介质的介电强度恢复过程的典型曲线。

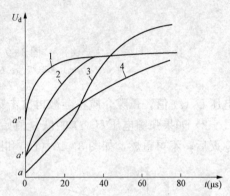

图 3-7　介电强度恢复过程曲线
1—真空；2—SF_6；3—空气；4—油

由图 3-7 可见，在电流过零后的 0.1～1μs 的短暂时间内，阴极附近出现 150～250V 的起始介电强度（a，a'，a''），这种在电流过零后瞬间，介电强度突然出现升高的现象称为近阴极效应。这是因为在电流过零的瞬间，弧隙电压的极性发生变化，弧隙中的自由电子立即向新阳极运动，正离子质量大，其基本未动，在新阴极附近就形成了只有正电荷的不导电薄层，阻碍阴极发射电子，从而呈现出一定的介电强度，近阴极效应如图 3-8 所示。

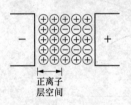

图 3-8　近阴极效应

这种近阴极效应对开关电器的熄弧特别有利。近阴极效应的存在为熄灭交流电弧提供了可能性：交流电弧每半周期自然熄灭的时刻是熄灭交流电弧的最佳时机。

起始介电强度出现后，介电强度的恢复速度与电弧电流的大小、弧隙的温度、介质特性、灭弧介质的压力和触头的分离速度有关，是一个复杂的过程。电弧电流越大，电弧温度越高，介电强度恢复越慢，反之介电强度恢复就越快。

（2）弧隙电压的恢复过程。电弧熄灭后，弧隙电压不可能立刻由熄弧时刻的电压直接变到电源电压，而是一个过渡性的恢复过程。也就是说，外电路施加于弧隙的电压，将从较小的电压逐渐增大，逐步恢复到电源电压。这一过程中的弧隙电压称为恢复电压，恢复电压一般由两部分组成：瞬态恢复电压，它存在的时间很短，一般只有几十微秒至几毫秒，持续时间和幅值决定于外电路的等值 L、C；稳态恢复电压，即弧隙两端的工频电源电压。从灭弧角度来看，在开断短路故障时，瞬态恢复电压具有决定性的意义，因此是分析研究的主要方面，而且许多场合下提到的恢复电压往往就是指瞬态恢复电压。

弧隙恢复电压用 $U_r(t)$ 表示，这一电压恢复过程可能是图 3-9（a）、3-9（b）所示周期性过程，也可能是图 3-9（c）所示非周期性的恢复过程，一般是周期性的恢复过程。

瞬态恢复电压的波形随着实际回路的变化而不同。电压恢复过程 $U_r(t)$ 的影响因素有：①电路中 L、C 和 R 的数值以及它们的分布情况，实际电网中，这些参数的差别很大，因此 $U_r(t)$ 的波形也会有很大的差别。②断路器的电弧特性，交流电流过零时，弧隙有一定的弧阻，开断性能不同断路器的弧阻值差别很大，弧阻值的大小对电压恢复过程有很大影响。

（3）交流电弧熄灭的条件。电流自然过零后，电弧是否重燃取决于介电强度恢复和弧隙电压恢复两个过程竞争的结果：

1）如果弧隙电压 $U_r(t)$ 恢复速度较快，幅值较大，致使某一瞬间，大于弧隙介质耐受

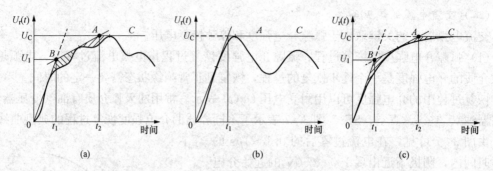

图 3-9　弧隙电压的恢复过程

(a) 多频振荡；(b) 单频振荡；(c) 非周期性恢复

电压 $U_d(t)$ 值，弧隙介质将会被再次击穿，电弧重燃，如图 3-10 (a) 所示。

2）如果弧隙电压 $U_r(t)$ 的恢复值始终小于弧隙介质耐受电压 $U_d(t)$ 的恢复值，则电弧熄灭后，不再重燃，如图 3-10 (b) 和图 3-10 (c) 所示。

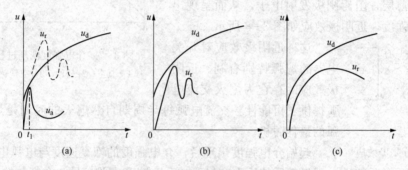

图 3-10　交流电弧熄灭的条件

(a) $U_d(t) < U_r(t)$；(b) $U_d(t) > U_r(t)$；(c) $U_d(t) > U_r(t)$

可见，断路器开断交流电路时，电弧熄灭的条件是

$$U_d(t) > U_r(t)$$

如果能够采取措施，防止弧隙恢复电压 $U_r(t)$ 发生振荡，即将图 3-10 (a)、3-10 (b) 中的周期性振荡恢复电压转变为图 3-10 (c) 中的非周期性恢复过程，电弧就更容易熄灭。

（4）熄灭交流电弧的基本方法及措施。由电弧的形成过程及熄灭条件可以得出熄灭电弧的基本方法是采取措施，削弱游离过程，加强去游离过程；增大弧隙介电强度的恢复速度，减小弧隙电压的恢复速度。熄灭交流电弧的主要措施有：

1）利用灭弧介质。电弧中的去游离强度，在很大程度上取决于电弧周围介质的特性，如介质的传热能力、介电强度、热游离温度和热容量。这些参数的数值越大，则去游离作用越强，电弧就越容易熄灭。常用的介质有油、压缩空气、SF_6 气体、真空。

2）采用特殊金属材料触头。用熔解点高、导热系数和热容量大的耐高温金属制作触头，可以减少热电子发射和电弧中的金属蒸气，减弱游离过程，利于电弧熄灭。常用的触头材料包括铜钨合金和银钨合金。

3）利用气体或油吹动电弧。利用气体或油吹动电弧可使电弧在气流或油流中被强烈地冷却，也有利于带电粒子的扩散。气体或油的流速越大，其作用越强。

4）多断口灭弧。在高压断路器中，每相采用两个或更多的断口串联。在熄弧时，断口把电弧分割成多个小电弧段，在相等的触头行程下，多断口比单断口的电弧拉长了，从而增大了弧隙电阻，而且电弧被拉长的速度，即触头分离的速度也增加，加速了弧隙电阻的增大，同时也增大了介电强度的恢复速度。由于加在每个断口的电压降低，孤隙恢复电压降低，有利于熄灭电弧。在低压开关电器中，采用一个金属灭弧栅，将电弧分为多个短弧，利用近阴极效应的方法灭弧。

5）增加触头的分离速度。迅速拉长电弧，有利于迅速减小弧柱内的电位梯度，增加电弧与周围介质的接触面积，加强冷却和扩散作用，使热游离减弱，使复合去游离加强，从而加速电弧的熄灭，如采用强力分闸弹簧。

6）利用固体介质的狭缝灭弧装置灭弧，广泛应用于低压开关。

第三节　高压断路器及其选择

额定电压为 3kV 及以上，能够关合、承载和开断运行状态的正常电流，并能在规定时间内开断规定的异常电流（如短路电流、过负荷电流）的开关电器称为高压断路器。

高压断路器的主要功能包括：在正常运行时，将一部分电气设备及线路接入电路或退出运行，起控制作用；在电气设备或线路发生短路时，将短路部分从电网中迅速切除，防止事故扩大，保证电网的无故障部分得以正常运行，起保护作用；另外在实际工作中，高压断路器触头闭合时应能良好地导电，保持可靠的接通状态，起导电作用。

高压断路器是开关电器中最为完善的一种设备，其最大特点是能开断电路中的短路电流，因此开断能力是标志其性能的基本指标。所谓开断能力就是指断路器在开断短路电流时熄灭电弧的能力。

高压断路器是电力系统中担负任务最繁重、地位最重要、结构也最复杂的开关电器。对断路器的基本要求是在各种情况下应具有足够的开断能力、尽可能短的动作时间和高度的工作可靠性。

一、高压断路器的基本类型及结构

（一）高压断路器的基本类型

高压断路器按照相数可分为三相式断路器和单相式断路器，按照用途它可分为用于快速重合闸断路器和不用于快速重合闸断路器，按照灭弧介质它可分为油断路器、压缩空气断路器、SF_6 断路器、真空断路器等。

（1）油断路器。油断路器可分为多油式断路器和少油式断路器。多油式断路器的触头和灭弧系统放置在装有大量绝缘油的油箱中，其绝缘油既是灭弧介质，又是主要的绝缘介质，承受不同导体之间及导体与地之间的绝缘，耗油量大，现已淘汰。少油式断路器只在触头间和灭弧室装有少量绝缘油，主要作为灭弧介质，并承受触头断开时断口上的绝缘，但因其很难实现多断口上的电压均衡，还存在漏油后难处理的问题，现也逐步被淘汰。

（2）压缩空气断路器。压缩空气断路器是采用压缩空气作灭弧介质及操动机构能源的断路器。它具有开断能力强和开断时间短的特点，但有结构复杂、需配置压缩空气装置、价格较贵、合闸时排气噪声大的缺点。

（3）SF_6 断路器。SF_6 断路器采用六氟化硫气体作为绝缘和灭弧介质。在均匀电场中，

SF₆ 气体的绝缘强度为空气的 2.5～3 倍；其灭弧能力为空气的 100 倍，开断能力大约为空气的 2～3 倍；同时，SF₆ 气体还具有独特的热特性和电特性，电流过零前的截流小，能避免产生较高的操作过电压。SF₆ 断路器运行可靠性高、维护工作量小，适合用于各电压等级，特别是在 110kV 以上电压等级得到广泛应用。

（4）真空断路器。真空断路器是在真空中开断电流、利用真空的高介电强度来实现绝缘和灭弧的断路器。真空电弧中生成的带电粒子和金属蒸汽具有高速扩散性，在电弧电流过零时，触头间隙介电强度能很快恢复而实现灭弧。真空断路器电流过零前较大的截流，会产生较高的操作过电压。真空断路器具有灭弧时间短、低噪声、高寿命及可频繁操作的优点，在 35kV 及以下配电装置中获得最广泛的应用。

（二）高压断路器的基本结构

高压断路器的结构各式各样，一般由图 3-11 所示的几个部分构成。

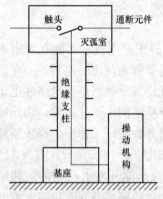

图 3-11　高压断路器的结构

图中通断元件是断路器用来进行关合、开断电路的执行元件，它包括触头、导电部分及灭弧室等。触头的分合动作是靠操动机构来带动的。通断元件放在绝缘支柱上，使处于高电位的触头及导电部分与地电位部分绝缘。绝缘支柱则安装在基座上。

1. 通断元件

通断元件的核心是电触头和灭弧装置。

触头包括一个静触头和一个动触头，由动触头执行关合或开断电路的任务。开关电器触头本身的弹性不能保证一定的压力，因而也不能保证规定的接触电阻值，当多次接通或断开后，弹性触头可能变形，造成接触不良。

触头间灭弧装置灭弧能力的大小决定了断路器的开断能力。断路器最重要的任务就是熄灭电弧，所以各种断路器都有不同结构的灭弧装置，它在很大程度上影响断路器的性能。高压断路器通常利用各种结构形式的灭弧室，使气体或油产生巨大的压力并有力地吹向弧隙，使电弧熄灭。

真空灭弧室是真空断路器的通断元件，真空断路器的合、分操作，是通过位于真空灭弧室外的操动机构使真空灭弧室内的一对动、静触头闭合或分离来完成的。下面以真空灭弧室为例，来说明通断元件的结构及工作原理。

真空灭弧室如图 3-12 所示，其外壳由陶瓷或玻璃等无机绝缘材料制成，两端用金属盖板封接形成一个密闭容器；内部有一对触头，静触头固定在静导电杆上，动触头固定在动导电杆上。由于动导电杆和金属盖板之间密封有波纹管，所以动导电杆可以沿轴向运动从而带动触头完成合、分动作。为使内部电场均匀分布，在触头和波纹管周围都设有屏蔽罩。真空灭弧室内部由波纹管保持高真空（$P \leqslant 1 \times 10^{-3}$ Pa）。当动触头在操动机构作用下合闸时，动、静触头闭合，电源与负载接通，电流流

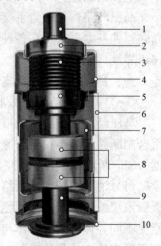

图 3-12　真空灭弧室
1—动导电杆；2—导向套；
3—波纹管；4—动盖板；
5—波纹管屏蔽罩；6—磁壳；
7—屏蔽筒；8—触头系统；
9—静导电杆；10—静盖板

过负载。反之当动触头在操动机构作用下带电分闸时，触头间产生真空电弧，真空电弧依靠触头上蒸发出来的金属蒸气维持。当工频电流过零时，金属蒸气将停止蒸发，同时由于真空电弧的等离子体快速向四周扩散，电弧就被熄灭，触头间隙很快地变为绝缘体，于是电流就被分断。

2. 操动机构

断路器的全部使命，归根结底是体现在触头的分、合动作上，而分、合动作又是通过操动机构来实现的。操动机构的主要作用是向通断元件提供分、合闸操作的能量，在合闸后，维持开关的合闸状态。

断路器的操动逻辑如图 3-13 所示。操动机构一般做成独立产品，一种型号的操动机构可以操动几种型号的断路器，而一种型号的断路器也可配装不同型号的操动机构。但压缩空气断路器中的操动机构常与断路器结为一体，不作为一个独立产品出现。

在合闸操作前，必须先为操动机构储能，未储能时，开关处于起始分闸状态，此时，开关是无法操作的。一般 10kV 断路器需要的操作功约为几十千克米，而 110kV 断路器则需要几百千克米。操动机构的合闸和分闸能源从根本上讲是来自人力或电力，这两种能源可以通过手动或电动储能操作，转变为其他的能量形式，如电磁能、弹簧势能、气体或液体的压缩能等。在实际工作中，需注意保证操动机构的电压、气压和液压值在规定的范围之内，否则将不能正常开、关电路，甚至损坏断路器。

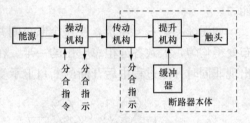

图 3-13　断路器的操动逻辑

操动机构有关合断路器的能力。在电网正常工作时，用操动机构使断路器关合，这时电路中流过的是工作电流，关合比较容易。但在断路器关合到有预伏短路故障的电路上时，短路电动力可达几千牛顿以上，电动力的方向又常常是妨碍断路器关合的。此时，断路器可能不能可靠关合，如触头合不到底，则会引起触头严重烧伤，甚至断路器爆炸等严重事故。因此，操动机构必须克服短路电动力的阻碍，也就是具有关合短路故障的能力。

操动机构有保持合闸能力。由于在合闸过程中，合闸命令的持续时间很短，而且操动机构的操作功也只在短时间内提供，因此操动机构中有保持合闸的部分，以保证在合闸命令和操作功消失后使断路器保持在合闸位置。

操动机构要能够进行电动或手动分闸。为满足灭弧性能的要求，断路器还应具有一定的分断速度。使分断时间尽可能缩短，以减少短路故障存在的时间。

操动机构一般要有自由脱扣与防跳跃的能力。自由脱扣的含义是：在断路器合闸过程中如操动机构又接到分闸命令，则操动机构不应继续执行合闸命令而应立即分闸。当断路器关合有预伏短路故障的电路时，若操动机构没有自由脱扣能力，则必须等到断路器的触头关合到底后才能分闸。这样有可能使断路器连续多次合、分短路电流，这一现象称为"跳跃"。出现"跳跃"现象时，会造成触头严重烧伤乃至爆炸事故。可以采用机械或电气的方式防止跳跃，有时为了可靠，两种方法都采用。机构中的自由脱扣就是机械防跳装置的一种。

3. 传动和提升机构

传动机构是连接操动机构和断路器提升机构的中间环节，通常由连杆组成。操动机构与提升机构之间常常相隔一定距离，而且它们的运动方向往往也不一致，因此需要增设传动机构，但在有些情况下也不一定需要传动机构。

提升机构是带动断路器动触头运动的机构。它能使动触头按照一定的轨迹运动，通常为直线运动或近似直线运动。

断路器在操作过程中运动部分的速度很高。为了减少撞击，避免零部件的损坏，需要装置分、合闸缓冲器。缓冲器大多装在提升机构的近旁。

二、高压断路器的开断问题

（一）多断口灭弧的电压分配不均衡的问题

某些电压等级较高的断路器采用多个灭弧室串联的多断口灭弧方式。

（1）多断口将电弧分割成多段，在相同触头行程下，增加了电弧的总长度，弧隙电阻迅速增大，介电强度恢复速度加快。

（2）使每个断口上的恢复电压减小，降低了恢复电压的上升速度和幅值，提高了灭弧能力。

如图 3-14（a）所示，在每个断口间并联相同大小的均压电容 C_Q 后，断口上的电压分布变得均匀，大致各分担总电压的一半。在 i 过零后，两断口上的电弧可以同时熄灭，避免出现非同时开断过程中后开断的断口上承受过电压，电弧难以熄灭问题。

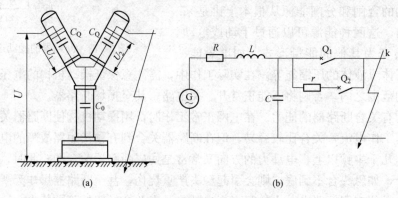

图 3-14　断路器开断措施
(a) 断口并联均压电容；(b) 触头并联低值电阻

（二）弧隙电压的恢复速度和幅值问题

为了改善断路器的灭弧条件，一般会在断路器主触头两端加装低值并联电阻 r（几欧至几十欧），如图 3-14（b）所示。在断路器触头间并联低值电阻后，可以改变弧隙电压恢复过程的上升速度和幅值，使弧隙恢复电压由周期振荡性转变为非周期性恢复电压，并联电阻 r 越小，恢复电压的上升速度越慢。

并联低值电阻后：

（1）主触头 Q_1 先断开，产生电弧。合上辅助触头 Q_2 后，因有并联电阻，恢复电压为非周期性，降低了恢复电压的上升速度和幅值，主触头上的电弧很快熄灭。

（2）接着断开的辅助触头 Q_2，由于 r 的限流和阻尼作用，辅助触头上的电弧也容易熄灭。

三、高压断路器的主要技术参数及选择

（1）断路器种类和形式。根据电压等级、安装地点、安装方式、结构类型和价格因素等选择断路器的类型。

（2）额定电压和额定电流。高压断路器的额定电压和额定电流的选择见第二章电力设备选择原理。

（3）额定开断电流选择。断路器的额定开断电流 I_{Nbr} 是指在稳定电压下，断路器能可靠开断的最大短路电流有效值，其大小取决于灭弧装置的性能。高压断路器在低于额定电压下工作时，开断电流可以提高，但由于灭弧装置机械强度的限制，开断电流应有一极限值，该值称为极限开断电流，即高压断路器开断电流不能超过该值。因短路电流包含了周期分量和非周期分量，因此高压断路器的 I_{Nbr} 包含了周期分量和 20% 的非周期分量。

为保证断路器能开断最严重情况下的短路电流，开断计算时间等于主保护动作时间 t_{pr1} 与断路器固有分闸时间 t_{in} 之和，即

$$t_{br} = t_{pr1} + t_{in}$$

对于非快速动作断路器（$t_{br} \geq 0.1s$），可略去短路电流非周期分量的影响，简化用短路电流周期分量 0s 有效值 I'' 校验断路器的开断能力，即

$$I_{Nbr} \geq I''$$

对于快速动作断路器（$t_{br} < 0.1s$），开断短路电流中非周期分量可能超过周期分量的 20%，需要用 t_{br} 时刻的短路全电流有效值校验断路器的开断能力，即

$$I_k = \sqrt{I_{pt}^2 + (\sqrt{2} I'' e^{-t_{br}/T_a})^2}$$

式中　　T_a——短路电流非周期分量衰减时间常数，$T_a = \dfrac{X_\Sigma}{R_\Sigma}$；

　X_Σ、R_Σ——电源至短路点的等效电抗和等效电阻。

（4）额定关合电流选择。断路器合闸时也会产生电弧，在关合有预伏短路故障的电路时，由于电动力过大，断路器有可能出现不能可靠关合，如触头合不到位，从而引起触头严重烧伤；油断路器可能出现严重喷油、喷气，甚至断路器爆炸等严重事故。为了保证关合短路时断路器的安全，要求断路器额定关合电流 i_{Ncl} 不应小于短路电流最大冲击值 i_{sh}，即

$$i_{Ncl} \geq i_{sh}$$

（5）热稳定校验和动稳定校验。触头流过短路电流时，可能出现熔焊现象。接触部分强烈发热，在几秒的时间内，触头可能因过热而出现局部熔化，金属喷溅甚至相互焊接等情况。

触头承受短路电流热作用的能力称为触头的热稳定性，热稳定性用额定短时耐受电流 I_{sw} 及额定短路持续时间 t_{sw} 两个参数来表示。高压断路器满足热稳定的条件为

$$I_{sw}^2 t_{sw} \geq Q_k$$

式中　　Q_k——短路电流热效应；

　I_{sw}——所选用断路器在额定短路持续时间 t_{sw}（单位为 s）内允许通过的热稳定电流。
　　　　　一般定义断路器热稳定电流所取的时间 t_{sw} 有 1、4、5、10s 等 4 种，进行校验
　　　　　时计算时间应尽量接近实际短路持续时间。

触头流过短路电流时，还会受到收缩电动力 F 的作用。电动力的方向总是朝着推开触头的方向，大小与 i^2 成正比。虽然短路电流 i 的通流时间很短（如几十毫秒），但当 $F > F_c$（触头压力）时，触头就被推开，产生电弧，导致触头损坏或焊接。

触头能承受短路电流产生的电动力，而不致发生焊接的能力称为触头的动稳定性。动稳

定性以电流峰值 i_{es} 表示，称为峰值耐受电流，它与时间无关。满足动稳定的条件为

$$i_{es} \geqslant i_{sh}$$

（6）分闸时间。分闸时间是反映断路器开断过程动作快慢的参数，指开关的跳闸控制回路从接受跳闸信号开始到触头分离之后电弧完全熄灭为止所经过的时间，由断路器的固有分闸时间与燃弧时间组成。前者取决于操动机构的性能，后者与灭弧能力有关。

当电力网发生短路故障时，要求断路器迅速切断故障电路，这样可以缩短电力网的故障时间和减轻短路电流对电气设备的损害。在超高压电网中，迅速切断故障电路还可以提高电力系统的稳定性。因此分闸时间是高压断路器的一个重要参数。

（7）合闸时间。断路器从接到合闸命令（合闸回路通电）起到断路器触头刚接触时所经过的时间间隔，称为合闸时间。

（8）断路器的操作顺序。断路器的额定特性与断路器的额定操作顺序有关。有以下两种可供选择的额定操作顺序：

1) $O-t-CO-t'-CO$。除非另有规定，一般 $t = 3\text{min}$ 不用于快速自动重合闸的断路器；$t = 0.3\text{s}$ 用于快速自动重合闸的断路器（无电流时间）；$t' = 3\text{min}$。取代 $t' = 3\text{min}$ 的其他值：$t' = 15\text{s}$ 和 $t' = 1\text{min}$ 也可用于快速自动重合闸的断路器。

2) $CO-t''-CO$。$t'' = 15\text{s}$ 不用于快速自动重合闸的断路器。

其中，O 表示一次分闸操作；CO 表示一次合闸操作后立即（即无任何故意的时延）进行分闸操作；t、t' 和 t'' 是连续操作之间的时间间隔；t 和 t' 应始终以 min 或 s 表示；t'' 应始终以 s 表示。

（9）绝缘水平选择。对于断路器，应选择对地和断口间的绝缘水平。额定绝缘水平的选择是在满足全部过电压的要求下，选取最经济的。

第四节　隔离开关和负荷开关

一、隔离开关

隔离开关又名隔离刀闸，隔离开关的结构与断路器相似，明显区别是隔离开关的通断元件没有专门的灭弧装置，此外隔离开关触头间的断口较大，分闸后，有明显可见的断开点。

在合闸后隔离开关能可靠地流通正常工作电流和短路电流。但由于没有专门的灭弧装置，它不能用来分、合负荷电流和短路电流，而只能分、合一些小电感电流和小电容电流。

（一）隔离开关的主要作用

（1）隔离电源。在进行电力设备检修时，用隔离开关将需要检修的电力设备与带电电源隔离，形成明显可见的断开点，以确保检修安全。

（2）倒闸操作。在进行母线的切换时，可用隔离开关配合断路器来完成工作。

（3）关合小电流。分合电压互感器、避雷器电路和空载母线；分合励磁电流不超过 2A 的空载变压器；分合电容电流不超过 5A 的空载线路。

（二）隔离开关的选择

（1）种类和形式。隔离开关类型较多，按装设地点可分为屋内式和屋外式；按绝缘支柱数目可分为单柱式、双柱式和三柱式；按相数可分为单相和三相；按有无接地开关可分为带

接地开关式和不带接地开关式。隔离开关的类型对配电装置的布置和占地面积影响较大，选型时应根据配电装置的特点、使用要求和技术经济条件来确定。

（2）由于隔离开关没有灭弧装置，故没有开断电流和关合电流的校验，隔离开关的额定电压、额定电流选择和热稳定、动稳定校验项目与断路器相同。

【例 3-1】　发电机容量为 25MW、$\cos\varphi=0.8$，$U_N=10.5$kV，试选择出口断路器及隔离开关，已知出口短路电流 $I''=26.4$kA、$I_{(2.01)}=26.4$kA、$I_{(4.02)}=29.5$kA，主保护的时间 $t_{pr1}=0.05$s，后备保护的时间 $t_{pr2}=3.9$s，配电装置最高室温 43℃。

解　求发电机最大持续工作电流为

$$I_{max}=\frac{1.05P_N}{\sqrt{3}U_N\cos\varphi}=1804\text{A}$$

高压断路器、隔离开关参数与计算数据的比较见表 3-2，选择 SN10-10Ⅲ/2000 型断路器，固有分闸时间 $t_{in}=0.06$ 和燃弧时间 $t_a=0.06$，选择 GN2-10/2000 型隔离开关。

表 3-2　　　　　　　　高压断路器、隔离开关参数与计算数据的比较

选校项目	计算值	SN10-10Ⅲ/2000 型额定值	GN2-10/2000 型额定值
额定电压（kV）	10	10	10
额定电流（A）	1804	2000	2000
额定开断电流（kA）	26.4	40	—
额定关合电流（kA）	71.0	130	—
热稳定校验 [(kA)² · s]	2859.83	40²×4	40²×2
动稳定校验（kA）	71	130	100

热稳定计算时间为

$$t_k=t_{pr2}+t_{in}+t_a=3.9+0.06+0.06=4.02(\text{s})$$

$t_k>1$s，不记非周期分量，周期分量热效应为

$$Q_p=\int_0^{t_k}I_{pt}^2\mathrm{d}t=\frac{t_k}{12}(I''^2+10I_{t_k/2}^2+I_{t_k}^2)=340[(\text{kA})^2\cdot\text{s}]$$

短路开断时间为

$$t'_k=t_{pr1}+t_{in}=0.05+0.06=0.11>0.1(\text{s})$$

可以用 I'' 检验 I_{Nbr}

冲击电流为

$$i_{sh}=1.9\sqrt{2}I''=71(\text{kA})$$

按最高室温 43℃修正后长期发热允许电流

$$I=(1-3\times0.018)\times2000=1892>1804$$

因此，所选的高压断路器和隔离开关满足要求。

二、负荷开关

负荷开关带有简单灭弧装置，有一定的灭弧能力，能开断和关合额定负荷电流和小于一

定倍数（通常为 3～4 倍）的过负荷电流；也可以用来开断和关合比隔离开关允许容量更大的空载变压器，更长的空载线路，有时也用来开断和关合大容量的电容器组，但不能开断短路电流。

1. 负荷开关的类型

按灭弧方式的不同，负荷开关可分为油负荷开关、磁吹负荷开关、压气式负荷开关、产气式负荷开关、六氟化硫负荷开关和真空负荷开关。

按动作频率的不同，负荷开关可分为一般型和频繁型两种类型。负荷开关必须能够经受尽可能多的开断次数而无需检修触头和调换灭弧室装置的组成元件。一般型负荷开关的分合操作次数为 50 次，频繁型负荷开关的分合操作次数为 150 次。油负荷开关和压气式负荷开关为一般型；真空负荷开关和 SF$_6$ 负荷开关为频繁型。频繁型适用于频繁操作和大电流的场合；一般型用在中小容量范围。总体来说，一般型负荷开关用在容量为 800kVA 及以下变压器回路中，而频繁型复合开关在 1000～1600kVA 变压器回路中。

2. 负荷开关的结构特点

现代负荷开关有两个明显的特点：一是具有三工位，即合闸－分闸－接地；二是灭弧与载流分开，灭弧系统不承受动热稳定电流，而载流系统不参与灭弧。

3. 负荷开关的选择

高压负荷开关的选择与断路器的选择基本相同，必须满足额定电压、额定电流、开断电流、热稳定及动稳定 5 个条件。其中开断电流应不小于装置地点的最大负荷电流，而不是短路最大电流，与熔断器配合使用的负荷开关无需校验热稳定和动稳定。

当采用负荷开关与熔断器串联组合时，负荷开关要满足转移电流与交接电流的要求。转移电流是指熔断器与负荷开关转移开断职能时的三相对称电流值，当大于该值时，三相电流均由熔断器开断；小于该值时，首相电流由熔断器开断，后两相由于负荷开关动作较快，在熔断器熔断之前将电流分断。交接电流为熔断器不承担开断、全部由负荷开关开断的三相对称电流值，小于这一电流值时，熔断器把开断电流的任务交给负荷开关。

第五节 熔 断 器

熔断器是最简单的保护电器，串联在被保护的电路中，主要用于线路及电力变压器等电气设备的短路及过负荷保护。在正常情况下相当于一根导线，当发生短路或过负荷时，电流很大，可在规定的时间内快速开断电路，保护设备、保证正常部分免遭短路事故的破坏。

一、熔断原理

熔断器主要由熔体、安装熔体的熔管和基座 3 部分构成。熔体串联在电路中，电流流过熔体会使熔体温度上升，当电流过大（过负荷或短路）时，熔体将达到熔化温度并熔化蒸发为金属蒸气，电流越大，熔体的熔断时间越短。熔体的熔化导致电路的分断并在断点产生电弧。若电弧能量较小，会随熔断间隙的扩大而自行熄灭；若能量较大，就必须依靠熔断器的熄弧措施。为了减少熄弧时间和提高分断能力，大容量的熔断器都具备完善的灭弧措施。熄弧能力越大，电弧熄灭越快，熔断器所能分断的短路电流值也就越大。

二、高压熔断器的作用

在 10kV 高压配电系统中，可用负荷开关－熔断器组（负荷开关与限流熔断器串联构成）替代断路器，对不需频繁操作的电气设备（主要是 10/0.4kV 变压器）进行控制和保护。它是由负荷开关开断和关合小于一定倍数的过负荷电流，实现操作功能；而由限流熔断器开断较大的过负荷电流和短路电流，实现保护功能。

由于负荷开关和熔断器的制造成本比大容量断路器低得多，国内外的环网供电单元和预装式变电站，广泛使用负荷开关熔断器组的结构形式。用它保护变压器比用断路器更为有效，其切除故障时间更短（小于 0.01s），不易发生变压器爆炸事故。

此外，200～600MW 大型火电机组的厂用 6kV 高压系统，高压接触器（真空或 SF$_6$ 接触器）—熔断器组构成的 F－C 回路，常用于远距离接通和断开中、低压频繁启停的 6kV、380V 交流电动机。

三、高压熔断器选择

（一）高压熔断器的类型

在被保护电路发生短路时，熔断器会熔断，不需对热稳定和动稳定进行校验。保护电压互感器用的熔断器只需按额定电压和开断电流选择。

高压熔断器可以分为限流式和非限流式。限流式熔断器能在短路电流达到最大值前，使电弧熄灭，短路电流迅速减到零，因而开断能力较大，其额定最大开断电流为 6.3～100kA；非限流式熔断器熄弧能力较差，电弧可能要延续几个周期才能熄灭，其额定最大开断电流在 20kA 以下。高压熔断器按安装地点分屋内式和屋外式；按其结构特点高压熔断器可以分为支柱式和跌落式。

（二）额定电压和额定电流选择

1. 额定电压

对于一般的高压熔断器，其额定电压 U_N 必须大于或等于电网的额定电压 U_{NS}；但是对于充填石英砂有限流作用的熔断器，不宜使用在低于熔断器额定电压的电网中。这是因为限流式熔断器灭弧能力很强，会产生较大的截流过电压；在 $U_{NS}=U_N$ 电网中，过电压倍数为 2～2.5 倍，不会超过电网中电气设备的绝缘水平；但如在 $U_{NS}<U_N$ 的电网中，因熔体较长，过电压可达 3.5～4 倍相电压，从而损害电网中的电气设备。

2. 额定电流

高压熔断器的额定电流选择，包括熔断器熔管的额定电流 I_{Nft} 和熔体的额定电流 I_{Nfs} 的选择。

（1）熔管额定电流选择。为了保证熔断器壳不致损坏，高压熔断器的熔管额定电流 I_{Nft} 应大于或等于熔体的额定电流 I_{Nfs}，即

$$I_{Nft} \geq I_{Nfs}$$

（2）熔体额定电流选择。为了防止熔体在通过变压器励磁涌流、发生保护范围以外的短路及电动机自启动时误动作，对于保护 35kV 及以下电力变压器的高压熔断器，其熔体的额定电流应根据电力变压器回路最大工作电流 I_{max} 按下式选择

$$I_{Nfs} \geq KI_{max}$$

式中 K——可靠系数，不计电动机自启动时 K 取 1.1～1.3，考虑自启动 K 取 1.5～2.0。

当系统电压升高或波形畸变引起回路电流涌流时，保护电力电容器的高压熔断器不应熔断，其熔体的额定电流应根据电容器回路的额定电流 I_{CN} 按下式选择

$$I_{Nfs} \geq KI_{CN}$$

式中　　K——可靠系数，对限流式高压熔断器，当一台电力电容器时 K 取 $1.5\sim2.0$，当一组电力电容器 K 取 $1.3\sim1.8$。

（三）开断电流校验

按开断电流校验，要求熔断器的开断电流 I_{Nbr} 不应小于三相短路冲击电流 I_{sh} 或次暂态电流 I''，即

$$I_{Nbr} \geqslant I_{sh}(I'')$$

对于没有限流作用的熔断器，用三相短路冲击电流 I_{sh} 校验；对于有限流作用的熔断器，由于电流在通过最大值之前已经被截断，可用次暂态电流 I'' 校验。

（四）选择性校验

根据保护动作选择性的要求校验熔断器的额定电流，使其保证前后两级熔断器之间或熔断器与电源侧（或负荷侧）继电保护之间动作的选择性。各种熔体的熔断时间与通过熔体的短路电流的关系曲线，由制造厂商提供。

思 考 题

3-1　电气触头主要有哪几种接触形式？各有什么特点？

3-2　如果电气触头发生振动是什么原因造成的？有什么危害？

3-3　何为电弧？简述触头开断时断口电弧的形成过程及由此而确定的基本灭弧方法。

3-4　直流电弧稳定燃烧的条件为何？

3-5　交流电弧电流有何特点？熄灭交流电弧的条件是什么？

3-6　什么叫介电强度恢复过程？什么叫电压恢复过程？它们与哪些因素有关？

3-7　在直流电弧和交流电弧中，将长电弧分割成短电弧灭弧室利用了什么原理？

3-8　分析恢复电压对交流电弧熄灭的影响。

3-9　高压断路器的作用是什么？其常见类型有哪些？

3-10　高压断路器基本参数的含义是什么？开断电流为何用有效值？

3-11　隔离开关的作用是什么？什么是隔离开关的误操作？如何防止误操作？

3-12　熔断器的基本结构是什么？简述熔断器的熔断过程。

3-13　试选择容量为 25MW、$U_N=10.5kV$ 的发电机出口断路器及隔离开关（不用校验）。已知发电机出口短路时，发电机主保护时间为 0.05s，后备保护时间为 3.9s，配电装置内最高室温为 $+40℃$。

3-14　某降压变电站有 20MVA 主变压器两台，电压为 110/38.5/10.5kV，请选择主变压器高压侧断路器和隔离开关及主变压器低压侧引线（采用硬导体）？

第四章　电气主接线及其设计

在发电厂、变电站内部，发电机、变压器、线路、断路器和隔离开关等一次设备都会电气连接起来，形成电能流通的电路，这个电路就是电气主接线，电气主接线又称为电气主系统。

电气主接线的主要职能是实现电能的汇集、变压和分配。在发电厂中，电气主接线汇集多台发电机的电能，经升压后分配给多路电网用户；在变电站中，电气主接线汇集多个电源进线的电能，经变压后分配给多路负荷。

第一节　对电气主接线的基本要求

概括地说，电气主接线设计应满足可靠性、灵活性和经济性 3 项基本要求。

一、可靠性

安全可靠是电力生产的首要任务。电气主接线的可靠性是指在一定时间内、一定条件下无故障地执行连续供电的能力或可能性，通俗地讲，就是不停电或少停电的可能性。事故被迫中断供电的机会越少、影响范围越小、停电时间越短，主接线的可靠性就越高。

对主接线可靠性的定性评价标准有：断路器检修是否影响供电；线路、母线或断路器故障，以及母线或母线隔离开关检修时，能否不停电；如必须停电，则停运出线回路数的多少和停电时间的长短如何；发电厂变电站全部停运的可能性。

评价主接线供电可靠性的定量指标有：平均无故障工作时间、停电频率、平均停电时间等。它不仅与主接线的形式有关，还与主接线中电气设备的可靠性有关，如断路器的故障率、可用系数和平均修理小时数等可靠度指标。

二、灵活性

电气主接线应能适应各种运行状况，并能灵活地进行各种运行方式的切换。

1. 调度的灵活性

能按照调度的要求，灵活地改变运行方式（投切机组、变压器和线路，调配电源和负荷），以满足在正常、事故和检修等运行方式下的切换要求。

2. 操作的方便性

在满足可靠性的前提下，力求接线简单，可以方便地停运断路器、母线及其二次设备进行检修，而不致影响电网的运行和对其他用户的供电。应尽可能地使操作步骤少，便于运行人员掌握，不易发生误操作。

3. 扩建的方便性

能根据扩建的要求，方便地从初期接线过渡到最终接线，在不影响连续供电或停电时间最短的情况下，投入新机组、变压器或线路而不互相干扰，对一次设备和二次设备的改造为最少。

三、经济性

主接线应在满足可靠性和灵活性的前提下，从以下几个方面评价经济性。

1. 节约一次投资

主接线应力求节省断路器、隔离开关等一次电力设备；相应的节省二次设备与控制电缆；通过限制短路电流，选择轻型电器；节约搬迁、安装等费用；对大容量发电厂或变电站，可采取一次设计，分期投建。

2. 占地面积小

主接线的形式影响配电装置的布置和电气总平面的格局，主接线方案应尽量节约配电装置占地面积。

3. 年运行费用小

年运行费用包括电能损耗费、折旧费、大修费、小修费及维护费等。其中电能损耗主要由变压器引起，因此要合理选择主变压器的形式、容量和台数及避免多次变压而增加损耗。

第二节　电气主接线的基本形式

扫一扫　观看全景演示

互感器与母线出线

在发电厂变电站中，电源进线和负荷出线之间通常通过主接线进行电能的汇集、变压和分配，且经常以母线为主体。母线起汇集和分配电能的作用，又称为汇流母线。

根据是否有母线，主接线的基本形式可以分为有母线和无母线两大类。有母线的接线形式又分为单母线接线、双母线接线等不同形式；无母线的接线形式又可分为桥形接线、角形接线和单元接线等不同形式。

一、有母线的主接线形式

（一）单母线接线形式

单母线接线是有母线接线中最简单的接线形式，根据可靠性的不同，单母线接线有不同的接线形式。

1. 单母线接线

（1）接线特征。当进线和出线回路数不止一回时，为适应负荷变化和设备检修的需要，使每一回线路均能从任一电源取得电能，或者任一电源被切除时，仍能保证供电，在引出回路和电源回路之间，用母线连接。

单母线接线的接线特征是只有一组母线，所有电源及出线，均分别通过断路器和隔离开关连接在该母线上，如图 4-1 所示。

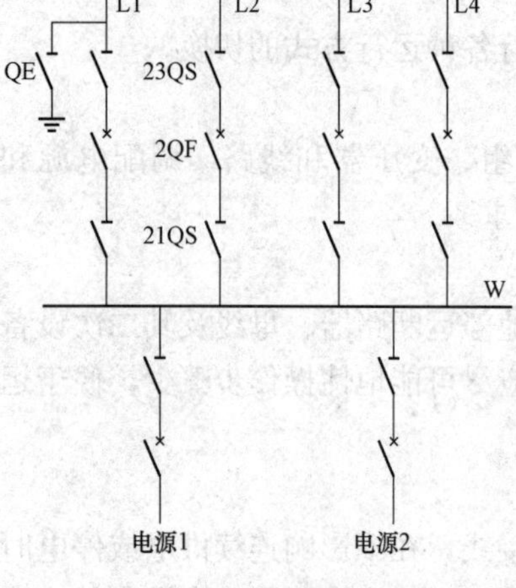

在单母线接线中，各回路（包括电源回路和出线回路）都装有 1 台断路器，断路器的两侧各装有 1 台隔离开关，出线 L2 通过断路器 2QF 和隔离开关

图 4-1　单母线接线
QF—断路器；QS—隔离开关；W—母线；L—线路

21QS、23QS 连接到母线 W 上。与母线相连接的隔离开关 21QS 称作母线隔离开关，与线路相连接的隔离开关 23QS 称作线路隔离开关。

断路器 QF 用以正常工作时接通与断开该回路，故障时开断该回路的短路电流；隔离开关 QS 用以将待检修设备 QF 与电源可靠隔离，并在断开电路后建立明显可见的断开点，以保证检修人员的安全；接地开关 QE 的作用是将待检修设备接地，保证检修人员的安全。

接地开关 QE 的作用是代替人工挂接地线（既不方便又不安全），将待检修设备或线路接地，保证检修人员的安全。接地开关的安装原则是：断路器两侧隔离开关的断路器侧、线路隔离开关的线路侧以及变压器进线隔离开关的变压器侧应配置接地开关，以保证设备和线路检修时的人身安全；母线上一般也应装设接地开关或接地器，安装的数目和位置应根据母线上电磁感应电压和平行母线的长度以及间隔距离进行计算确定。

（2）倒闸操作原则。断路器与隔离开关间的操作顺序为：保证隔离开关"先通后断"（在等电位状态下，隔离开关也可以单独操作），即接通电路时，先合隔离开关，后合断路器；开断电路时，先断开断路器，后断开隔离开关。这种断路器与隔离开关间的操作顺序必须严格遵守，绝不允许带负荷拉隔离开关，否则将造成误操作，产生电弧而导致设备烧毁或人身伤亡等严重后果。

母线隔离开关与线路隔离开关间的操作顺序为：母线隔离开关"先通后断"，即接通电路时，先合母线隔离开关，后合线路隔离开关；切断电路时，先断开线路隔离开关，后断开母线隔离开关。以避免万一断路器的实际开合状态与指示状态不一致时，误操作发生在母线隔离开关上，产生的电弧可能引起母线短路，使事故扩大。如在断路器 2QF 未断开的情况下，如果先断开母线隔离开关 21QS，则 21QS 断口产生的电弧向上延伸可能引起母线的相间短路，与母线相连接的所有电源侧断路器将被继电保护装置跳开，导致大范围停电。而线路隔离开关在空间上离母线较远，带负荷拉隔离开关 23QS 产生的电弧则不会引起母线短路。

因此，对 L2 停电时，正确的操作顺序是：先断开 2QF，再依次拉开 23QS 和 21QS。对 L2 送电时，先合上 21QS，再合上 23QS，最后合上 2QF。

（3）评价。单母线接线的优点是接线简单，设备少，操作方便，造价便宜，只要配电装置留有余地，母线可以向两端延伸，可扩性好。单母线接线的缺点是：①可靠性、灵活性差。母线故障、母线和母线隔离开关检修时，全部回路均需停运，造成全厂或全站长期停电；任一断路器检修时，其所在回路也将停运。②电源只能并列运行，不能分列运行，线路侧发生短路时，有较大的短路电流。

因此，单母线接线一般用于 6～220kV 系统中，出线回路较少，对供电可靠性要求不高的小容量发电厂和变电站中，尤其对采用开关柜等配电装置更为合适。

2. 单母线分段接线

（1）接线特征。当进出线回路数较多时，采用单母线接线已无法满足供电可靠性的要求。为了提高供电可靠性，把故障和检修造成的影响限制在一定的范围内，可采用断路器将单母线分段。如图 4-2 所示，设置分段断路器 0QF 将母线分成两段，各段母线为单母线结构，以提高可靠性和灵活性。当可靠性要求不高时，也可利用分段隔离开关 0QS 进行分段。

当分段断路器 0QF 闭合，任一段母线发生故障时，在继电保护装置的作用下，母线分段断路器 0QF 断开和连接在故障段母线上的电源回路的断路器相继断开，从而可以保证非故障段母线的不间断供电。

在正常情况下检修母线时，可通过分段断路器 0QF 将待检修母线段与另一段母线断开，

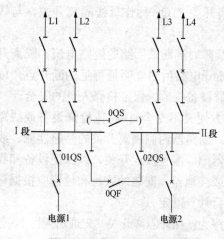

图 4-2　单母线分段接线

0QF—分段断路器；0QS—分段隔离开关

而不中断另一段母线的运行。因此采用断路器分段的单母线接线比不分段的单母线接线和采用隔离开关分段的单母线接线具有更高的可靠性。

用断路器 0QF 将母线分段后，可满足采用双回线路供电的重要用户供电可靠性要求。例如，在图 4-2 中若某电力用户采用双回路供电，每回线路可分别连接到母线的分段 I 和分段 II 上，并且每回线路的传输容量按该电力用户的满负荷设计，这样，当任一段母线故障停运，该电力用户均可从另一段母线上获得电能，从而保证了对重要电力用户的连续供电。

单母线分段接线的分段数目取决于电源的数量和容量、电网的接线及主接线的运行方式，通常以 2～3 段为宜，太多的分段数会使设备台数和占地面积快速增加，但可靠性的提高却越来越小。

（2）评价。单母线分段接线，任一段母线故障时，继电保护装置可使分段断路器跳闸，保证非故障母线段继续运行，减小了母线故障的影响范围。重要用户可从不同母线段上采用两回馈线供电，可保证负荷的不中断供电，因此具有较高供电可靠性。但在任一段母线故障或检修期间，该段母线上的所有回路均需停电，并且当任一断路器检修时，该断路器所带用户也将停电。

单母线分段接线主要应用于中、小容量发电厂变电站的 6～10kV 配电装置和出线回路数较少的 35～220kV 配电装置中。中、小容量发电厂每段母线上出线不多于 5 回。35～63kV 配电装置每段母线上出线 4～8 回。

3. 带旁路母线的单母线分段接线

单母线接线在检修进出线断路器时会造成相应回路供电中断。要实现回路的不停电检修（检修出线断路器，该出线不停电），可考虑增设旁路母线，如图 4-3 所示。

（1）接线特征。该接线方式在单母线分段的基础上增加了旁路母线 PW、旁路断路器 90QF 及旁路隔离开关 901QS 和 902QS，I、II 段主母线可以分别通过旁路隔离开关及旁路断路器接到旁路母线上。各出线回路除通过自身断路器与主母线连接外，还可以通过旁路（旁路隔离开关、旁路母线、旁路断路器）与主母线相连接。

（2）不停电检修出线断路器。正常运行时，旁路断路器 90QF 是断开的，各进出线回路的旁路隔离开关也是断开的，旁路母线 PW 不带电。

当旁路断路器两侧的隔离开关 901QS、

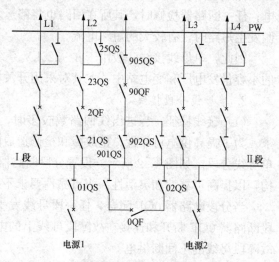

图 4-3　带旁路母线的单母线分段接线

902QS 和 905QS 合上时，不停电检修断路器 2QF 的倒闸操作顺序为：合上 90QF，给旁路母线 PW 充电，检查旁路母线 PW 是否完好，如果旁路母线有故障，90QF 在继电保护控制下自动断开，旁路母线不能使用；如果 90QF 合闸成功，旁路母线带电，且 25QS 的两端等电位，可以直接合上旁路隔离开关 25QS。此时也可以先断开 90QF，然后合上 25QS，再合上 90QF，以避免万一合上 25QS 前，发生线路故障，2QF 事故跳闸，造成 25QS 合到短路故障上。此时出线 L2 已经可以由旁路断路器 90QF 回路供电，断开出线 L2 的断路器 2QF，断开 23QS 和 21QS，在断路器两侧布置安全措施后，就可以对 2QF 进行检修了。

（3）断路器的复用。为了减少断路器的数量，节省投资，可以利用分段断路器兼作旁路断路器。在图 4-4（a）中，工作母线的分段处设分段隔离开关 01QS。分段隔离开关的作用是当分段断路器 0QF 作旁路断路器时，保持两段工作母线并列运行。Ⅰ 段母线可以经 03QS、0QF、06QS 接至旁路母线 PW 上，Ⅱ 段母线可以经 04QS、0QF、05QS 接至旁路母线 PW 上。

此外，还可以利用旁路断路器兼作分段断路器。如图 4-4（b）所示，正常运行时，01QS 断开。两段母线可以通过 901QS、90QF、905QS，旁路母线 PW 以及 03QS 构成通路，此时旁路断路器 90QF 起到了分段断路器的作用，旁路母线带电。

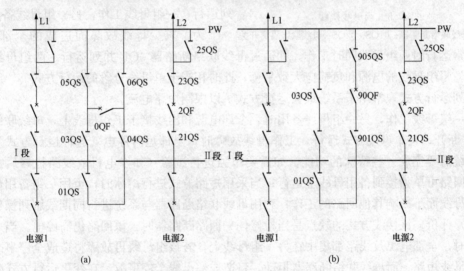

图 4-4　断路器的复用
（a）分段断路器兼旁路断路器；（b）旁路断路器兼分段断路器

和带旁路母线的单母线分段接线相比，这些接线方式少用了一台断路器。对于出线回路不多的 35～110kV 配电装置，当出线回路数不多时，旁路断路器利用率不高，为了减少占地面积和节省设备投资，断路器可以复用。

（4）评价。单母线分段接线增设旁路母线后，可以在检修任一出线断路器时不中断对该回路的供电。但配电装置占地面积增大，增加了断路器和隔离开关数量，投资增大。

单母线分段带旁路母线的接线，主要用于电压为 6～10kV 出线较多而且对重要负荷供电的装置中，35kV 及以上有重要联络线路或较多重要用户时也采用。

（二）双母线接线形式

单母线接线不论是否分段，当母线及母线隔离开关故障或检修时，连接在该段母线上的进出线在检修期间将长时间停电，双母线的接线形式可以避免这一问题。

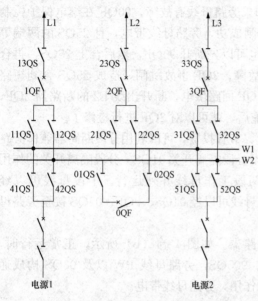

图 4 - 5　双母线接线

0QF—母线联络断路器；01QS、02QS—母线联络隔离开关

1. 双母线接线

（1）接线特征。双母线接线如图 4 - 5 所示，这种接线方式设有两组母线 W1 和 W2，两组母线之间通过母线联络断路器（简称母联）0QF 连接，每个回路都经一台断路器和两台隔离开关分别连接到两组母线上。

由于每个回路均可以换接至两组母线的任一组上运行，检修任一组母线时不中断供电。当任一组母线故障时，仅短时停电便可恢复供电，停电时间等于接于该母线上的所有回路切换至另一组母线所需时间。

（2）运行方式。双母线接线的运行方式有 3 种：母线联络断路器合闸，两组母线并列运行；母线联络断路器断开，两组母线分列运行；一组母线工作，另一组母线备用。

为了减少母线故障而造成的全部停电，通常正常运行时两组母线同时工作，并通过母线联络断路器 0QF 并列运行。两组母线并列运行时，每组母线的电源和负荷应大致平衡，此时相当于单母线分段的运行方式。

分列运行方式，常用于系统最大运行方式下以限制短路电流。

当一组母线工作，另一组母线备用时，全部电源和出线接于工作母线上，母线联络断路器 0QF 断开，按单母线方式运行。工作母线故障时，全部短时停电。这种运行方式下可以根据系统需要完成一些特殊的功能。如需要单独进行试验（如发电机或线路检修后需要试验）的回路可单独接到备用母线上运行；当采用短路方式进行熔冰时，可用一组备用母线作为熔冰母线而不影响其他回路的工作；利用母线联络断路器与系统进行同期或解列操作等。

（3）评价。该接线方式的缺点是当检修任一回路断路器时，该回路仍需停电。当一组母线检修时，全部电源及线路都集中在另一组母线上，若该组母线再故障将造成全停事故。当任一组母线短路，而母线联络断路器拒动，将造成双母线全停事故。在变更运行方式时，要用各回路母线侧的隔离开关进行倒闸操作，隔离开关作为切换操作电器，易出现误操作。

由于双母线接线具有较高的可靠性和灵活性，其广泛应用于对可靠性要求较高、出线回路数较多的 6～220kV 配电装置中。通常进出线回数较多、容量较大、出线带电抗器的 6～10kV 配电装置，35～60kV 出线数超过 8 回或连接电源较大、负荷较大的配电装置，110kV 出线数为 6 回及以上，220kV 出线数为 4 回及以上的配电装置应采用双母线接线方式。

2. 双母线分段接线

不分段的双母线接线在母线联络断路器故障或一组母线检修，而另一组运行母线故障时，可能造成全厂（站）停电事故。为了减少母线故障的停电范围，可将双母线接线中的一组母线或两组母线用断路器分段，成为双母线三分段接线或双母线四分段接线。

（1）双母线三分段接线。双母线三分段接线比双母线具有更高的可靠性，运行方式更为灵活。双母线三分段接线如图 4 - 6 所示，该接线方式兼有单母线分段接线和双母线接线的特点，将两个母线联络断路器01QF、02QF中的一个和分段断路器00QF合上，全部进出线合理地分配在三段上运行，三段母线并列运行。此种运行方式降低了全厂（站）停电事故的可能性，可以减小母线故障的停电范围，母线故障时的停电范围只有1/3，此时没有停电部分还可以按双母线或单母线分段运行。

大型电厂和变电站的220kV主接线，330～500kV出线为6回及以上的大容量配电装置可采用双母线分段接线。220kV进出线为10～14回的配电装置可采用双母线三分段接线。

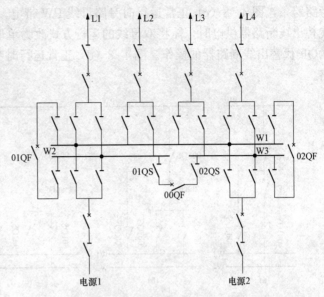

图4-6　双母线三分段接线

00QF—母线分段断路器；01QF、02QF—母线联络断路器

（2）双母线四分段接线。为进一步提高大型电厂和变电站主接线可靠性，可将两组母线均用分段断路器分为两段，就构成了双母线四分段接线。该接线母线故障时的停电范围只有1/4，可靠性得以进一步提高。

3. 带旁路母线的双母线接线

为了实现不停电检修进、出线断路器，在双母线接线方式下可考虑增设旁路母线。

（1）接线特征。带旁路母线的双母线接线如图4-7所示，在双母线的基础上，增设了一组旁路母线PW及专用旁路断路器90QF回路。各回路除通过断路器与两组汇流母线连接外，还可以通过旁路分别与两组汇流母线相连接。应该注意的是旁路母线只为检修断路器时通过旁路供电而设，它不能代替汇流母线。

（2）断路器的复用。为节省断路器和配电间隔，母线联络断路器和旁路断路器可以复用。图4-8（a）中只有W2能带旁路，正常运行时旁路母线PW不带电，用00QF代替出线断路器供电时，需将W1倒换为备用母线，W2为工作母线，然后按操作规程完成用00QF代替出线断路器的操作。图4-8（b）是两组母线带旁路方式，正常运行时旁路母线PW不带电，如果需要用00QF代替出线断路器供电时，需将双母线的运行方式改为单母线运行方式，再完成用00QF代替出线断路器的操作。图4-8（c）、4-8（d）设有

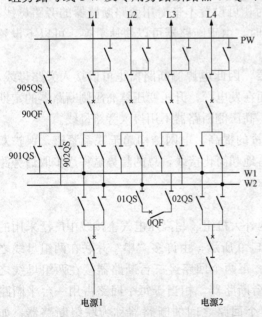

图4-7　带旁路母线的双母线接线

旁路跨条，图 4-8（c）正常运行时旁路母线 PW 带电，且 W1、W2 均能带旁路，用 90QF 代替出线断路器供电时，需将双母线的运行方式改为单母线运行方式，再按操作规程完成用 90QF 代替出线断路器的操作。图 4-8（d）正常运行时旁路母线 PW 带电，只有 W2 能带旁路。

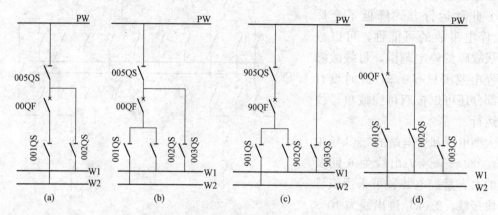

图 4-8　母线联络断路器和旁路断路器复用

（3）评价。双母线带旁路母线接线，在检修任一回路断路器时，该回路都可以不停电，大大提高了供电可靠性。但是双母线带旁路母线接线所用的电力设备数量较多，操作、接线及配电装置较复杂，占地面积较大，经济性较差。

（4）旁路母线的设置原则。当断路器开断短路电流的次数达到规定次数后（或长期运行后），就需要检修，检修一台高压断路器需要花费 5～7 天的时间，这个时间较长，当不允许停电检修时，就需要设置旁路母线。出线在 4 回及以上的 220kV 主接线、出线在 6 回及以上的 110kV 主接线，宜采用有专用旁路断路器的旁路母线接线；35～60kV 配电装置采用单母线分段接线，当出线断路器不允许停电检修时，可设置不带专用旁路断路器的旁路母线；对于 6～35kV 配电装置，当采用手车式开关柜时，由于断路器可以快速更换，可以不设置旁路母线。

在变电站，高压侧断路器有定期检修的需要，因此电源侧断路器也可以接入旁路母线，这种进出线全接入旁路的形式称全旁路方式。而在发电厂，升压变压器高压侧断路器的定期检修可以安排在发电机组检修期间，因此发电厂高压侧断路器不用接入旁路母线。

随着 GIS 设备的广泛采用和国产断路器质量的提高，电网结构趋于联系紧密，保护双重化的完善以及设备状态检修的实施，为减少占地和简化接线，总的趋势是将逐步取消旁路母线。

（三）一台半断路器接线

（1）接线特征。一台半断路器接线，是国内外大机组、超高压电气主接线中广泛采用的一种典型的接线方式。一台半断路器接线如图 4-9 所示，由许多"串"并联在两组母线之间形成一台半断路器接线，多个串构成多环路。每两个回路经三台断路器接在两组母线之间，构成一个"串"。每串中，2 个回路占用 3 台断路器，相当于每个回路占用一台半断路器，一台半断路器的名称由此而来。串中，两个回路之间的断路器称为联络断路器，如图 4-9 中的 12QF 和 22QF，靠近母线侧的断路器称为母线断路器，如 11QF、13QF、

21QF、23QF。

运行中两组母线和同一个串的三台断路器都投入运行，称为完整串运行，如图 4 - 9 中的第一串、第二串和第三串。一串中任何一台断路器退出运行或检修时，称为不完整串运行，如图 4 - 9 中的第四串。

当任一组母线故障或检修时，只断开与此母线相连的所有断路器，所有回路都不会停电。由于每个回路都通过两台断路器供电，任一断路器检修时，所有回路都不会停电。在检修时又发生事故的情况下，停电回路数也不超过两回。

（2）评价。一台半断路器接线，每一回路都通过两台断路器供电，形成了具有双重连续特性的多环形供电，供电可靠性高。一台半断路器接线灵活性高，隔离开关只作为隔离电器，在检修母线或回路断路器时减少了因倒闸操作

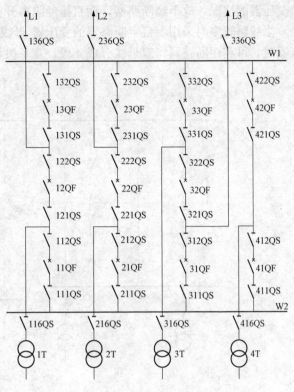

图 4 - 9　一台半断路器接线

而引起的误操作，并且方便调度和扩建。此接线方式的主要缺点是所用断路器、电流互感器等设备多、投资较大。

在 330kV 及以上电压等级，进线为 6 回及以上的配电装置中，以及在系统中地位重要的主接线宜采用一台半断路器接线。

（3）进一步提高可靠性的措施。为了进一步提高供电可靠性，避免同时失去两个电源或两回出线，串中回路的布置原则如下：

同名回路不要布置在同一串，即两个电源（或出线）应布置在不同串中。这样可以避免串中联络断路器故障时，同时失去该串的两个同名回路。

在只有两串的情况下，同名回路应分别接入不同的母线，形成交叉接线。当线路检修时，需断开两台断路器，为避免造成系统解环，回路上应装设隔离开关。

交叉接线比非交叉接线具有更高的运行可靠性，可减少特殊运行方式下事故扩大。图 4 - 9 中第一串和第二串为非交叉接线，当第二串中联络断路器 22QF 检修或停用时，第一串中的联络断路器 12QF 又发生异常跳闸时，将出现同时切除两个电源回路，造成全厂（站）停电。对于第一串和第三串交叉接线，则可有效地避免上述全厂（站）停电情况。

交叉接线的配电装置布置比较复杂，需增加一个间隔。因此，当接线的串数多于两串时，也可采用非交叉接线。

（四）变压器 - 母线组接线

（1）接线特征。变压器 - 母线组接线的各出线回路由两台断路器分别接在两组母线上；对于电源回路的变压器，考虑到其运行可靠且切换操作的次数较少，不会造成经常停母线切

换变压器的情况，故不经断路器，而直接经隔离开关接到母线上。

当线路较多时采用 1 台半断路器的变压器-母线组接线，如图 4-10 所示。当有 4 台主变压器时，可利用断路器将双母线分成 4 段，在每段母线上连接 1 台主变压器。

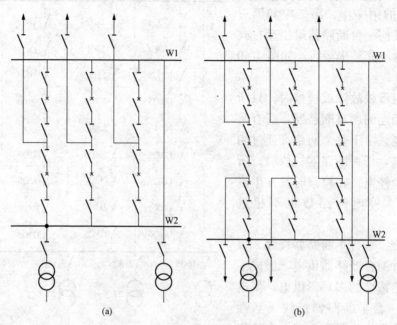

图 4-10　变压器-母线组接线
(a) 变压器-母线组接线；(b) 3/2 断路器变压器-母线组接线

（2）评价。变压器-母线组接线调度灵活，电源和负荷可自由调配，并且有利于扩建。所有变压器回路都不用断路器，从而使所用断路器的总数减少，节省了总投资。

适用于发电机台数大于线路数的大型水电厂，同时适用于远距离大容量输电系统，以及对系统稳定和供电可靠性要求较高的变电站。

二、无母线的电气主接线形式

（一）单元接线

单元接线是把发电机与变压器或线路直接串联起来，除厂用分支外，不设母线之类的横向连接。按照串联元件不同，单元接线有发电机-变压器单元接线、扩大单元接线和发电机-变压器-线路单元接线 3 种形式。

1. 发电机-变压器单元接线

（1）接线特征。如图 4-11 所示，将发电机和变压器直接连成一个单元组，再经断路器接至高压母线就是发电机-变压器单元接线。

图 4-11（a）为发电机-双绕组变压器单元接线。由于发电机和变压器不可能单独运行，故发电机出口不设断路器，只在主变压器高压侧装设断路器作为整个单元的控制和保护。当发电机或主变压器故障时，通过断开主变压器高压侧断路器和发电机的励磁回路来切除故障电流。为调试发电机方便，发电机出口装设一组隔离开关，发电机引出线采用封闭母线时，可不装隔离开关。

当高压侧需要连接两个电压等级时，主变压器采用三绕组变压器或自耦变压器，

图 4-11 (b)、4-11 (c) 分别为发电机-三绕组变压器单元接线和发电机-自耦变压器单元接线。为了在发电机或厂用分支停运时,不影响高、中压侧电网间的功率交换,在发电机出口应装设断路器,当高压侧和中压侧对侧无电源时,发电机出口可不设断路器。为保证在断路器检修时不停电,高中压侧断路器两侧均应装隔离开关。

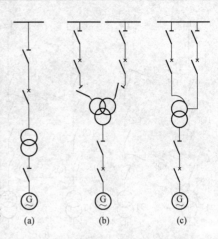

图 4-11　发电机-变压器单元接线
(a) 发电机-双绕组变压器单元接线;
(b) 发电机-三绕组变压器单元接线;
(c) 发电机-自耦变压器单元接线

(2) 评价。发电机-变压器单元接线不设机端电压母线,简单清晰,电力设备少,配电装置简单,投资少,占地面积小,可以采用封闭母线,故障的可能性小。但是任意一个元件故障或检修时全部停止运行,检修时灵活性较差。

由于 200MW 及以上机组的发电机出口断路器制造很困难,造价也很高,故 200MW 及以上机组一般都是采用发电机-双绕组变压器单元接线。没有近区负荷的发电厂,大都采用单元接线。

2. 扩大单元接线

(1) 接线特征。当发电机容量不大时,可由两台发电机与一台变压器组成扩大单元接线,如图 4-12 所示,其中变压器分别为普通双绕组变压器和分裂绕组变压器。

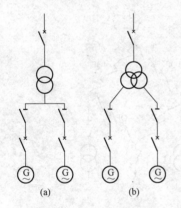

图 4-12　扩大单元接线
(a) 双绕组变压器;(b) 分裂绕组变压器

当采用扩大单元接线时,为适应机组分别开停的需要及检修安全,发电机出口均应装设断路器和隔离开关。

(2) 评价。扩大单元接线减小了主变压器和高压侧断路器的数量,减少了高压侧接线的回路数。但是当变压器发生故障或检修时,该单元的所有发电机都将无法运行,因此这种接线方式必须在电力系统允许和技术经济合理时才能采用。

扩大单元接线在中小型的水电厂和火电厂中均有应用,在系统有备用容量的大中型发电厂也可采用。

(二) 桥形接线

如图 4-13 (a) 所示,桥形接线无母线,只有两台变压器和两回线路。4 个回路使用 3 台断路器,中间的断路器 3QF 称为连接桥断路器,连同两侧的隔离开关称为连接桥。桥形接线有内桥和外桥两种接线方式,连接桥靠近变压器为内桥接线,连接桥靠近线路为外桥接线。

1. 内桥接线

内桥接线如图 4-13 (a) 所示,连接桥断路器 3QF 设在靠近变压器一侧,另外两台断路器 1QF、2QF 接在线路上,这时线路的投入和退除比较方便。当线路发生故障时,与故障线路相连的断路器断开,不影响其他回路运行。但是当投入和退除主变压器时,需要动作 2 台断路器,造成其中一回出线暂时停运。

如变压器 1T 要停电检修,操作步骤为:断开 1QF、3QF 以及变压器 1T 的低压侧断路

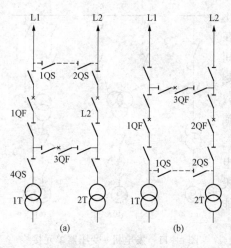

图 4 - 13 　桥形接线

(a) 内桥接线；(b) 外桥接线

器，变压器 1T 停电；为恢复线路 L1 供电，断开隔离开关 4QS，然后合上断路器 1QF 和 3QF。可见，在主变压器 1T 的投入与切除的过程中，未故障线路 L1 将暂时停运。

内桥接线适用于输电线路较长，故障机会较多、而变压器不需要经常切换的中小容量的发电厂和变电站中，以及电力系统穿越功率较少的场合。

2. 外桥接线

外桥接线如图 4 - 13 (b) 所示，连接桥断路器 3QF 设在靠近线路的一侧，另外两台断路器 1QF、2QF 接在主变压器回路中，这样变压器的正常投入和退除非常方便，不会影响线路的正常运行。但是当线路发生故障或进行投入和退除时，需要动作与之相连的两台断路器，造成其中一台变压器暂时停运。

外桥接线适用于出线较短，因经济运行的需要主变压器需经常投切，以及电力系统有较大的穿越功率通过连接桥回路的场合。

在图 4 - 13 中，虚线部分为跨条，当连接桥断路器 3QF 检修时，穿越功率可从"跨条"中通过，减少了系统的开环机会。桥形接线中的跨条用两组隔离开关串联，以便于进行不停电检修。

在所有主接线中，桥形接线所用断路器数量最少，经济性好；易于过渡为单母线分段或双母线接线。桥形接线的缺点是可靠性和调度的灵活性不够高。

桥形接线一般可用于两台主变压器配两回出线的小容量发电厂或变电站，或作为最终接线为单母线分段或双母线接线的工程初期接线方式。

(三) 多角形接线

多角形接线也称多边形接线，如图 4 - 14 (a) 所示。多角形接线的断路器数目与回路数相同，平均每一回路装设 1 台断路器。这种接线把各个断路器互相连接起来，

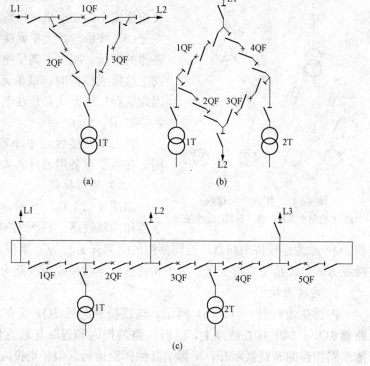

图 4 - 14 　多角形接线

(a) 三角形接线；(b) 四角形接线；(c) 五角形接线

形成闭合的单环形接线。每个回路都经过两台断路器接入电路中，从而达到了双重连接的目的。多角形接线中的进出线上装有隔离开关，以便在进出线检修时，保证闭环运行。

在闭环运行时，每个回路由两台断路器供电，检修任一断路器都不中断供电。即使当闭环上任一台断路器故障或线路故障而断路器拒动时，最多只切除两个元件，极少造成全停。

但在开环运行时，可靠性将显著降低。如当检修任一断路器时，多角形接线将变成开环运行，若再发生故障，可能造成两个以上回路停电。

多角形接线的"边数"不能太多，即进出回路数要受到限制，一般不超过六角形为宜。在闭环和开环两种情况下，流过各开关电器的工作电流差别较大，"边数"太多的话，不仅给选择电器带来困难，而且使继电保护的整定和控制回路复杂化，此外，进出线在空中交叉现象严重。设计时应将电源回路与出线回路按对角对称原则配置，以减少开环运行合并回路故障时的影响范围。

采用多角形接线时，配电装置不易扩建，这种接线方式适用于不需扩建，并且最终进出线为 3～5 回的 110kV 及以上配电装置。

第三节　主变压器的选择

扫一扫　观看全景演示

主变压器与避雷器

在发电厂和变电站中，用来向电力系统或用户输送功率的变压器，称为主变压器。用于两个电压等级之间交换功率的变压器，称为联络变压器。只用于本厂（站）用电的变压器，称为厂（站）用变压器，也称自用变压器。

一、主变压器额定电压选择

对于一次侧额定电压，升压变压器高出所在电力网额定电压 5%；降压变压器等于所接电力网的额定电压。对于二次侧额定电压，当电压等级较高时比所接电力网的额定电压高出 10%；对 35kV 及以下电压等级，视所接线路的长短及变压器阻抗、电压大小分别高出所接电力网额定电压的 10%、5%。

二、主变压器容量和台数的确定原则

发电厂主变压器容量的选择应满足长时间连续输出最大功率不过负荷的原则来选定，避免出现功率的"瓶颈现象"。如果变压器选择的台数过多、容量过大，会增加投资、增大占地和电能损耗，并且不能充分发挥设备的效益，增加运行和检修的工作量，而且还会加大有功和无功的损耗，增加运行费用；相反如果变压器选择的台数过少、容量过小，则可能封锁发电厂剩余功率的输送，或限制变电站负荷的需要，对系统不同电压等级之间的功率交换及运行的可靠性等有着一定的影响。

由于变压器有较高的可靠性，一般情况下不考虑主变压器的事故备有容量。

（一）发电厂主变压器容量和台数的选择

单元接线时每个单元配一台变压器。扩大单元接线时应尽量采用低压侧分裂绕组变压器，两台发电机配一台变压器。为保证供电可靠性，接在发电机电压母线上的主变压器一般不少于两台，但对于主要由发电机电压向地方供电的电厂、系统电源主要作备用时，可以只装设一台。

1. 具有发电机电压母线的主变压器容量选择

按下述 4 条计算，根据计算结果的最大值选择容量。

（1）发电机全部投入运行时，在满足发电机电压母线上的日最小负荷，扣除厂负荷后，主变压器能将最大剩余功率送入电力系统（不考虑稀有的最小负荷情况），即

$$S_N \approx \frac{\sum_{i=1}^{m} S_{GNi}(1-K_{Pi}) - S_{min}}{n} \quad (MVA) \qquad (4-1)$$

式中　S_N——主变压器的容量；

　　S_{GNi}——第 i 台发电机的额定视在功率；

　　K_{Pi}——第 i 台发电机的厂用电率；

　　S_{min}——发电机电压母线上最小负荷的视在功率；

　　n、m——发电机电压母线上的主变压器台数和发电机台数。

（2）发电机电压母线上的最大一台发电机检修停机或因供热机组热负荷变动而需限制本厂输出功率时，主变压器应能从电力系统倒送功率，满足发电机电压母线上的最大负荷和厂用电的需要，即

$$S_N \approx \frac{S_{max} - \left[\sum_{i=1}^{m} S_{GNi}(1-K_{Pi}) - S_{GNmax}\right]}{n} \quad (MVA) \qquad (4-2)$$

式中　S_{GNmax}、S_{max}——最大一台发电机的额定视在功率和最大负荷的视在功率。

（3）若发电机电压母线上接有两台及以上主变压器时，当地方负荷最小且其中容量最大的 1 台主变压器退出运行时，剩余的主变压器应该能将母线最大剩余功率的 70% 以上输送至系统，即

$$S_N \approx \frac{\sum_{i=1}^{m} S_{GNi}(1-K_{Pi}) - S_{min}}{(n-1)} \times 70\% \quad (MVA) \qquad (4-3)$$

式中　S_{min}——发电机电压母线上最小负荷的视在功率。

（4）中小型火电厂在电力市场环境下面临"竞价上网"的约束，中小型热电厂在夏季热力负荷减少的情况下，可能停用火电厂的部分或全部机组，主变压器应具有从系统倒送功率的能力，以满足发电机母线上最大负荷的要求。

$$S_N \approx \frac{S_{max} - \left[\sum_{i=1}^{m} S_{GNi}(1-K_{Pi}) - S'_{GN}\right]}{n} \quad (MVA) \qquad (4-4)$$

式中　S'_{GN}——发电机电压母线上停用的所有机组的容量和。

2. 单元接线的主变压器容量选择

按下述两条计算，根据最大的计算结果选择主变压器容量。

主变压器容量应与发电机容量配套，按发电机的额定容量 $P_N/\cos\varphi_N$ 扣除本机组的厂用负荷 $K_p P_N/\cos\varphi_N$ 后，留 10% 的裕度选择，即

$$S_N \approx (1+10\%) P_{GN}(1-K_P)/\cos\varphi_{GN} \quad (MVA) \qquad (4-5)$$

式中　P_{GN}——发电机的额定功率；

　　$\cos\varphi_{GN}$——额定功率因数；

　　K_p——厂用电率。

（二）变电站变压器容量和台数的选择

变电站中一般装设两台主变压器，以免 1 台主变压器故障或检修时中断供电。对于大型超高压枢纽变电站，为减小单台容量，可装设 2～4 台主变压器。对于大城市郊区的一次变电站，如果中、低压侧是环网，变电站装设两台变压器为宜。对于地区性孤立的一次变电站或大型工业专用变电站，可设 3 台主变压器以提高供电可靠性。

变电站主变压器容量的选择，一般按变电站建成后 5～10 年规划负荷考虑，根据城市规划、负荷性质、电网结构等综合考虑并确定其容量。如果设计时，只按照当前符合计算变压器容量，而投产时，实际符合小了，就等于积压资金；否则，电源不足，就影响其他工业的发展。负荷在一定阶段的自然增长率是按照指数规律变化的，即

$$P = P_0 e^{mx} \tag{4-6}$$

式中　P_0——初期负荷，MW；

　　　x——年负荷增长率，有概率统计确定；

　　　m——年数，一般按 5～10 年规划负荷考虑。

装有两台及以上主变压器的变电站，考虑当 1 台主变压器停运时，其余主变压器容量一般应满足 60%（220kV 及以上电压等级的变电站应满足 70%）的全部负荷；所选择的 n 台主变压器的容量和，应该不小于变电站的最大规划容量。

采用自耦变压器时，当其第三绕组接有无功补偿设备时，应根据无功潮流校核公共绕组的容量。

（三）联络变压器的容量和台数选择

联络变压器一般只设置 1 台，最多不超过两台。在中性点接地方式允许的条件下，以选择自耦变压器为宜。联络变压器容量的选择考虑以下因素。

（1）联络变压器的容量应能满足两种电压网络在各种不同运行方式下有功功率和无功功率交换。

（2）联络变压器容量一般不应小于所联络的两种电压母线上最大 1 台发电机的容量，以保证最大 1 台发电机停运时，通过联络变压器来满足本侧负荷的需要。同时也可在线路检修或故障时，通过联络变压器将剩余功率送入另一侧系统。

三、主变压器形式和结构的选择

（一）相数选择

（1）三相变压器。与同容量的 3 台单相变压器相比，三相变压器造价低、占地小、损耗小，配电装置结构较简单且运行维护较方便，应优先选用。三相变压器适用于机组容量为 300MW 及以下的单元接线，以及系统电压为 330kV 及以下的发电厂和变电站中。

但三相变压器制造、运输不易，如果实际条件限制，可选用两台容量较小的三相变压器，在技术经济合理时，也可选用单相变压器组。

（2）单相变压器组。单相变压器组投资多，占地大，但是运输方便，适用于超高压大容量的场合。单相变压器组适用于机组容量为 600MW 的单元接线，以及 500kV 及以上的电力系统。

采用单相变压器组时，应根据系统要求、设备质量以及变压器故障率引起的停电损失费用等因素，考虑是否装设备用相，如需装设备用相，应按地区（运输条件允许）或同一电厂 3～4 组的单相变压器组（容量、变比与阻抗相同），合设 1 台备用相。

（二）绕组数选择

变压器按每相的绕组数分为双绕组、三绕组或更多绕组等形式；按电磁结构分为普通双绕组、三绕组、自耦式或分裂绕组式等形式。

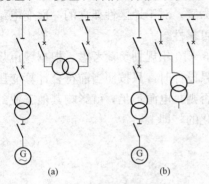

图 4 - 15　有两种升高电压的发电厂及有
三种电压的变电站的连接方式
（a）双绕组变联络；（b）自耦变联络

（1）只有一种升高电压向用户供电或与系统连接的发电厂，以及只有两种电压等级的变电站，采用双绕组变压器。

（2）有两种升高电压向用户供电或与系统连接的发电厂，以及有三种电压等级的变电站，可采用双绕组变压器或三绕组变压器（包括自耦变压器）。具体内容如下：

当机组容量在 125MW 及以下，若变压器某侧绕组通过的容量小于变压器额定容量的 15％时，可采用发电机-双绕组变压器单元和双绕组联络变压器，如图 4 - 15（a）所示；若变压器各侧绕组通过的容量均达到变压器额定容量的 15％及以上时（否则绕组的利用率很低），应优先采用三绕组变压器。因为此时如果采用两台双绕组变压器联系 3 个电压级，与采用 1 台三绕组变压器相比，价格、所用的控制电器及辅助设备增多，维护也不方便。需要注意在一个电厂中三绕组变压器一般不超过两台。当送电方向主要由低压侧送向中、高压侧，或由低、中压侧送向高压侧，优先采用自耦变压器。

机组容量超过 200MW 以上时，采用发电机 - 双绕组变压器单元接线形式。若有两个升高电压，加装联络变压器，宜选择三绕组变压器（或自耦变压器），低压绕组作为厂用启动备用电源，也可用来连接无功补偿装置，如图 4 - 15（b）所示。

采用扩大单元接线时，应优先选择分裂绕组变压器，以限制短路电流。

220kV 及以上电压等级的变压器可以选择自耦变压器。110kV 及以上的两个中性点直接接地系统相连接时，可优先选用自耦变压器。

多绕组（四绕组）变压器一般用作 600MW 级大型机组启动兼备用变压器（YNyn0yn0d11）。d 绕组不接负荷，提供 3 次谐波电流通路以改善电动势波形。

（三）绕组联结方式选择

变压器绕组的联结方式选择应考虑必须与多电压级闭环电网的电压相位一致，并列运行的变压器联结组别必须相同，否则不能并列运行。还应考虑消除三次谐波对电压波形的影响（三角形联结的绕组可以消除三次谐波的影响）。

在绕组联结中常用大写字母 A、B、C 表示高压绕组首端，用 X、Y、Z 表示其末端；用小写字母 a、b、c 表示低压绕组首端，x、y、z 表示其末端，用 o 表示中性点。

变压器三相绕组有星形联结、三角形联结与曲折形联结等 3 种联结法，用 Y（或 y）表示星形接线；D（或 d）表示三角形接线；Z（或 z）表示曲折形接线；N（或 n）表示带中性线；自耦变压器有公共部分的两绕组中额定电压低的一个用符号 a 表示。对高压绕组分别用大写字母 Y、D、Z 表示；对中压和低压绕组分别用小写字母 y、d、z 表示。常用数字时钟表示法表示一、二次侧线电压的相位关系：一次侧线电压相量作为分针，固定指在时钟 12 点的位置，二次侧的线电压相量作为时针。

110kV 及以上的高压侧为星形联结且中性点引出并直接接地，用"YN"表示，35kV（60kV）作为高（中）压侧且中性点不接地或经消弧线圈接地可采用"Y（y）"。35kV（60kV）作为低压侧可以采用"y"或"d"。35kV 以下（不含 0.4kV 及以下）的电压侧可采用为三角形联结，也可采用星形联结。如常用 YN、yn0、d11 接线组别，分别表示高中压侧均为星形联结且中性点都引出，高、中压间为 0 点接线，高、低压间为 11 点接线。

不同变压器绕组联结方式的一般情况是：

（1）6～500kV 均有双绕组变压器，其绕组联结方式为 Yd11 或 YNd11、YNy0 或 Yyn0。Ⅱ0 表示单相双绕组变压器，用于 500kV 系统。

（2）110～500kV 均有三绕组变压器，其绕组联结方式为 YNy0d11、YNyn0d11、YNyn0y0、YNd11d11（有两个三角形连接的低压分裂绕组）和 YNa0d11（高、中压侧为自耦方式）等。

（四）结构形式选择

三绕组变压器分升压型和降压型两种类型变压器，如图 4-16 所示。

升压型变压器的绕组排列为铁芯—中压绕组—低压绕组—高压绕组，变压器的高、中压绕组间距离远、阻抗大、传输功率时损耗大。降压型变压器的绕组排列为铁芯—低压绕组—中压绕组—高压绕组，变压器的高、低压绕组间距离远、阻抗大、传输功率时损耗大。从电力系统稳定和供电电压质量及减小传输功率时的损耗考虑，变压器的阻抗越小越好，但阻抗偏小又会使短路电流增大，低压侧电器设备选择遇到困难。

图 4-16　三绕组变压器的结构形式
（a）升压型变压器；（b）降压型变压器

接发电机的三绕组变压器，为低压侧向高中压侧输送功率，应选升压型；变电站的三绕组变压器，如果以高压侧向中压侧输送功率为主，则选用降压型；如果以高压侧向低压侧输送功率为主，则可选用升压型，但如果需要限制 6～10kV 系统的短路电流，可以优先考虑采用降压结构变压器。

（五）调压方式选择

调压方式分为带负荷切换的有载（有励磁）调压方式和不带电切换的无载（无励磁）调压方式。无载调压变压器的分接头挡位较少，电压调整范围一般在±2×2.5% 以内，而有载调压变压器的电压调整范围大，能达到额定电压的 30%，但其结构比无载调压变压器复杂，造价高。在能满足电压正常波动情况下，一般采用无载调压方式。发电厂可以通过发电机的励磁调节来调压，其主变压器一般选择无载调压方式。

有载调压适用的场合有：

（1）接于输出功率变化大的发电厂的主变压器，特别是潮流方向不固定，且要求主变压器二次电压维持在一定水平时。

（2）接于时而为送端，时而为受端，具有可逆工作特点的联络变压器，为保证电能质量，要求母线电压恒定。

（3）220kV 及以上的降压变压器仅在电网电压有较大变化时使用有载调压，一般均采用无载调压。

（4）变配电综合自动化系统要求分接头实现遥调的有载调压变压器。

（5）电力潮流变化大和电压偏移大的 110kV 变电站的主变压器采用有载调压。

（六）冷却方式选择

油浸式电力变压器的冷却方式，随其形式和容量的不同而不同，有以下几种冷却方式：

（1）自然风冷却。该冷却方式无风扇，借助片状或管形辐射式冷却器（又称散热器）热辐射和空气自然对流冷却。适用于 7500kVA 以下的小容量变压器。

（2）强迫空气冷却。简称风冷式，在冷却器之间加装数台风扇，使油迅速冷却。适用于容量为 8000kVA 及以上的变压器。

（3）强迫油循环风冷却。该冷却方式利用潜油泵强迫油循环，用风扇对油管进行冷却。容量为 31.5MVA 的大容量变压器采用该冷却方式。

（4）强迫油循环水冷却。该冷却方式利用潜油泵强迫油循环，用水对油管进行冷却，散热效率高，节省材料，减小变压器本体尺寸，但要具备一套水冷却系统和对冷却器的密封性能要求较高。一般水力发电厂的升压变压器电压为 220kV 及以上、容量为 60MVA 及以上变压器采用该冷却方式。

（5）强迫油循环导向风冷却或水冷却。利用潜油泵将油压入线圈之间、线饼之间和铁芯预先设计好的油道中，经过风冷却和水冷却器进行冷却。容量为 350MVA 及以上的大容量变压器采用该冷却方式。

（6）水内冷。将纯水注入空心绕组中，借助水的不断循环，将变压器的热量带走，但水系统比较复杂且变压器价格较高。

第四节　限制短路电流的方法

现代电力系统的短路电流因为各种原因在不断增加。首先发电机单机容量及发电厂总装机容量在不断增大，其次电力系统总容量不断扩大，再次为加强系统之间联系电网之间增设联络线路导致系统阻抗降低，以及自耦变压器的广泛采用增加了系统中直接接地的中性点数目，引起系统零序电抗减小。

短路电流的增加，将使电力设备的动、热稳定难以承受短路电流的发热和电动力，因此需要提高断路器、母线和其他电力设备的动、热稳定电流值。如当发电厂 6～10kV 母线上发生短路时，短路电流的数值可能很大，致使电力设备的选择发生困难，或使所选择的设备容量升级，投资增加。

限制短路电流可使发电机电压和变电站的 6～10kV 出线回路中能采用容量不升级的轻型电器及截面较小的电力电缆，以节约投资。

一、采用合适的电气主接线形式和运行方式

选择合适的电气主接线形式或运行方式，可以增大电源至短路点之间的等效电抗，进而可以限制短路电流。但这些措施的采用应综合评估对主接线供电可靠性、运行灵活性、经济性和对电力系统稳定性的影响。

1. 采用单元接线

对于具有发电机电压母线的接线方式应限制接入发电机电压母线的发电机台数和容量。对于具有大容量机组的发电厂尽可能不设发电机电压母线，而采用单元接线。

2. 母线分段运行

母线分段运行是指某些大容量变压器低压侧母线分列运行。

3. 环网开环运行

高、中压电网采用环形接线能提高供电可靠性，但是随着变电容量的不断扩大，短路容量也不断增大。因此正常时可在环网中穿越功率最小处开环运行，故障后再闭环运行。对于双电源供电的系统，正常运行时两侧电源不并列，联络断路器只有在失去一个电源时才投入，从而起到降低短路电流的目的。

4. 双回线单回运行

具有双回线路的用户，采用线路分开运行方式，在负荷允许时，采用单回线路运行。

二、装设限流电抗器

加装限流电抗器用以限制短路电流，常用于发电厂和变电站的 $6 \sim 10kV$ 配电装置，具体内容参见本书第六章第四节。

三、采用分裂绕组变压器

如图 4-17（a）所示，分裂绕组变压器是一种将低压绕组分裂成为相同容量的两个支路的变压器，这两个支路间没有电气联系，只有弱的磁联系，其容量相同，都是高压绕组容量的一半。

分裂绕组变压器的绕组在铁芯上的布置有两个特点：其一是两个低压分裂绕组之间有较大的短路阻抗，其二是每一分裂绕组与高压绕组之间的短路阻抗较小，且相等。

图 4-17（b）是低压侧并列运行正常工作时的等值电路图，图 4-17（c）是其低压侧分列运行时的等值电路图。图 4-17（c）中 X_1 为高压绕组漏抗，数值很小。X_2'、X_2'' 分别为高压绕组开路时两个分裂低压绕组的漏抗，它们的数值相等而且比较大，通常 $X_2' = X_2'' = X_2$（归算至高压侧）。

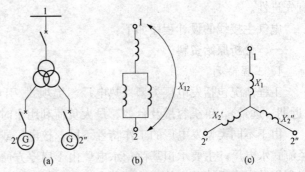

图 4-17　分裂绕组变压器的原理接线及等值电路

(a) 分裂绕组变压器；(b) 并列运行等值电路图；

(c) 分列运行等值电路图

分裂变压器正常工作时电抗值较小，分裂电抗（高压绕组开路，分裂绕组的并列运行时，变压器的短路电抗）与正常工作电抗之比为 3.5 的情况下，当一个低压分裂绕组（设 $2'$）短路时，来自高压侧的短路电流将受到半穿越电抗的限制，其值近似为正常工作电抗的 1.9 倍，来自另一低压绕组的短路电流受到分裂电抗的限制，其值近似为正常工作电抗的 3.5 倍，很好地起到限制短路电流的作用。

分裂绕组变压器的运行特点是当一个分裂绕组低压侧发生短路时，另一未发生短路的低压侧仍能维持较高的电压，以保证该侧的设备能继续运行，并能保证电动机紧急启动，一般结构的三绕组变压器不具备该运行特点。

分裂绕组变压器常用于发电机—变压器扩大单元接线，限制发电机出口短路时的短路电流。分裂绕组变压器也作为大容量机组的高压厂用变压器，以限制厂用电系统的短路电流。

第五节　电气主接线设计

电气主接线的设计是发电厂或变电站电气设计的主体。主接线设计必须结合电力系统和发电厂或变电站的具体情况，全面分析有关因素，正确处理它们之间的关系，经过技术、经济比较，合理地选择主接线方案和选择设备。

电气主接线设计的基本原则是：以设计任务书为依据，以国家经济建设的方针、政策、技术规定、标准为准绳，结合工程实际情况，在保证供电可靠、调度灵活、运维方便、满足各项技术要求的前提下，尽可能地节省投资，就近取材，力争设计的先进性。

对基本原则的说明：设计任务书或委托书是根据国家经济发展及电力负荷增长率规划，给出所设计电厂（变电站）的容量、机组台数、电压等级、出线回路数、主要负荷要求、电力系统参数和对电厂的具体要求，以及设计的内容和范围；设计时必须严格遵循国家方针政策、技术规范和标准；在主接线设计时，主要矛盾往往发生在技术性与经济性之间，欲使主接线可靠、灵活，将导致投资增加，所以必须把技术与经济两者综合考虑，总的原则是：在满足供电可靠、运行灵活方便的基础上，尽量使设备投资和运行费用为最少，相应注意节约占地面积和搬迁费用；设计时，还应该积极稳妥地选择新技术、新产品，使设计的主接线具有先进性。

电气主接线的设计程序如下：

一、分析原始资料

1. 工程情况

工程情况包括发电厂类型（热电厂、堤坝式/引水式/混合式水电厂等），设计规划容量（近期、远景），单机容量及台数，最大负荷利用小时数及可能的运行方式等。

由于不同类型发电厂的工作特性不同，核电厂或单机容量不小于 300MW 的火电厂以及径流式水电厂，主要承担基荷；水电厂由于启停方便，多承担系统调峰、调频，并可根据水能利用及库容酌情承担基荷、腰荷和峰荷。

发电厂的装机容量标志着电厂的规模及其在电力系统中的地位和作用，设计时可优先选用大型机组，但为保证在机组检修或事故情况下系统的供电可靠性，单机容量应不大于系统总容量的 10%。

发电厂最大负荷利用小时数及可能的运行方式与对主接线的设计也有着直接影响。通常，在设计时，年利用小时数大于 5000h 的发电厂主接线以供电可靠为主，承担基荷；年利用小时数大于 3000h 且小于 5000h 的发电厂承担腰荷，年利用小时数小于 3000h 的发电厂承担峰荷，其主接线以调度灵活为主。

2. 电力系统情况

电力系统情况包括电力系统近期及远景发展规划（5～10 年）、发电厂或变电站在电力系统中的位置（地理位置和容量位置）和作用、本期工程和远景与电力系统连接方式以及各级电压中性点接地方式等。

发电厂容量与电力系统容量之比大于 15% 可认为该电厂地位比较重要，应选择可靠性较高的主接线形式。

为简化主接线和网络结构，电厂接入系统电压不应超过两级，机组容量大于 100MW 且小于 300MW，适合接入 220kV 系统；机组容量大于等于 600MW，适合接入 500kV 及以上系统，且要求出线数目尽量少，以简化配电装置的规模和维护。

3. 负荷情况

负荷情况包括负荷的性质及其地理位置、输电电压等级、出线回路数及输送容量等。

负荷的增长速度受政治、经济、工业水平和自然条件等方面影响。如果设计时，只依据负荷计划数字，而投产时实际负荷小了，就等于积压资金；否则，电源不足，就影响其他工业的发展。因此，主接线设计的质量，不仅在于当前是合理的，而应考虑 5～10 年内质量也应是好的。

4. 环境条件

当地的气温、湿度、覆冰、污秽、风向、水文、地质、海拔及地震等因素，对主接线中电器的选择和配电装置的实施均有影响。

5. 设备供货情况

为使所设计的主接线具有可行性，必须对各主要电器的性能、制造能力和供货情况、价格等资料汇集并分析比较，保证设计的先进性、经济性和可行性。对重型设备的运输条件也应充分考虑。

二、选择主接线方案

拟定主接线方案的具体步骤如下：根据设计任务书的要求，在原始资料分析的基础上，拟定出若干技术可行的主接线方案。选择主变压器台数、容量、形式、参数及运行方式。拟定各电压等级主接线的接线形式。确定自用电的接入点、电压等级、供电方式等。对上述各部分进行合理组合，拟出 3～5 个初步方案，然后进行技术比较。

（一）方案的技术比较

结合主接线的基本要求对各方案进行可靠性和灵活性比较，确定出两三个较好的待选方案。主接线的可靠性不是绝对的，对于不重要的用户，太高的可靠性将造成浪费。

1. 与发电厂与变电站在系统中的地位和作用相适应

大型发电厂和变电站，在电力系统中的地位非常重要，其相应电压等级的电气主接线应具有高可靠性。对于中、小型发电厂和变电站就没有必要过分追求过高的可靠性，宜采用供电可靠性较低的主接线形式，并以相对较低的电压就近接入系统。按照调度的要求，灵活地投切机组、变压器和线路，调配电源和负荷，以满足在正常、事故和检修等运行方式下的切换要求。

2. 与负荷性质和类别相适应

对于Ⅰ类和Ⅱ类负荷由担任基荷的发电厂供应电能，对于带Ⅰ、Ⅱ类型负荷的发电厂与变电站应该选择可靠性较高的主接线形式，并且保证有两路电源供电。Ⅲ类负荷对供电没有特殊的要求，可以较长时间停电，可以选择可靠性较低的主接线形式。能根据扩建的要求，方便地从初期接线过渡到最终接线，在不影响连续供电或停电时间最短的情况下，投入新机组、变压器或线路而不互相干扰。

3. 设备可靠性是保证主接线可靠性的基础

设备的制造水平决定了设备质量和可靠程度，电气主接线是由电力设备组成的，选择可靠性高和性能先进的电力设备是保证主接线可靠性的基础。

4. 优先选用有运行经验的主接线形式

可靠性的客观衡量标准是运行经验，应重视国内外长期积累的实践运行经验，优先选用经过长期实践考验的主接线形式。

对于在系统中占有重要地位的发电厂或变电站，还应进行主接线可靠性的定量比较。

（二）方案的经济比较

电气主接线的最终方案，不仅要考虑技术上的先进性、可行性，同时要考虑经济上的合理性。经济比较中，一般只比较各个方案的不同部分，因而不必计算出各方案的全部费用。

比较常用的方法有最小费用法、净现值法、内部收益率法、抵偿年限法等，其中，静态比较多采用抵偿年限法，动态比较大多采用最小费用法。

经济性比较主要是对各方案的综合总投资和年运行费进行综合比较，确定出最佳方案。

1. 抵偿年限法

抵偿年限法即静态差额投资回收期法。由于该方法计算简单，在电力系统规划设计中，对于简单方案比较是可以采用的。

（1）综合总投资（I）。综合总投资主要包括变压器、开关设备、母线、配电装置的综合投资以及不可预见的附加投资等。综合总投资 I 的计算公式为

$$I = I_0 \left(1 + \frac{a}{100} \right) \tag{4-7}$$

式中　I_0——主接线方案中主体设备的投资，万元，包括主变压器、开关设备、母线、配电装置的投资及明显的增修桥梁、公路和拆迁等费用；

　　　a——不明显的附加费用比例系数，如设备基础施工、电缆沟道开挖等费用，对220kV 电压级取 70，对 110kV 电压级取 90。

（2）运行期的年运行费用（C'）。年运行费用主要包括一年中变压器的电能损耗费及检修、维护、折旧费等，按投资百分率计算为

$$C' = \alpha \Delta A + \alpha_1 I + \alpha_2 I \tag{4-8}$$

式中　ΔA——变压器的年损耗电能，kWh，随变压器类型不同而异；

　　　α_1——检修的维护费率，取为（0.022～0.042）；

　　　α_2——折旧费率，可取为（0.005～0.058）；

　　　α——损耗电能的电价，元/千瓦时。

变压器的年损耗电能随变压器形式不同而异。

（3）经济性比较。在若干个主接线方案中，I 和 C' 均为最小的方案，应优先选用，若某方案的 I 大而 C' 小，或反之，则应进一步进行经济比较。

抵偿年限法的表达式为

$$T_a = \frac{I_2 - I_1}{C'_1 - C'_2} \tag{4-9}$$

式中　T_a——静态差额投资回收期（抵偿年限）；

　　I_1、I_2——方案 1、2 的投资；

　C'_1、C'_2——方案 1、2 的年运行费用。

如果比较方案产值不同，可比较产品的单位投资和单位成本。或采用下式计算，即

$$R_a = \frac{C'_1 - C'}{I_2 - I_{12}} \tag{4-10}$$

式中　R_a——静态差额投资收益率。

当方案满足式（4-9）计算的 T_a 低于电力工业基准回收年限，式（4-10）计算的 R_a 大于电力工业基准收益率时，该方案为经济上的优越方案。

该方法计算简单，资料要求少。缺点是以无偿占有国家投资为出发点，未考虑资金的时间价值，无法计算推迟投资效果，投资发生于施工期，运行费发生于投资后，在时间上没有统一起来。该方法仅计算投资年限，而未考虑投资比例多少以及固定资产残值，对于多方案比较一次无法算出。

2. 最小费用法

最小费用法应用较普遍，适用于比较效益相同的方案或效益基本相同但难以具体估算的方案。最小费用法有如下不同表达方式。

（1）费用现值法。该方案是将各方案基本建设期和生产运行期的全部支出费用均折算至计算期的第一年，现值低的方案是可取方案。费用现值表达式为

$$P_W = \sum_{t=1}^{n} (I + C' - S_V - W)_t (1+i)^{-t} \tag{4-11}$$

式中　P_W——费用现值；

$\quad\ I$——全部投资（包括固定资产投资和流动资金）；

$\quad C'$——年运行费用；

$\quad S_V$——计算期末回收固定资产余值；

$\quad W$——计算期末回收流动资金；

$\quad\ i$——电力工业基准收益率或折现率；

$\quad\ n$——计算期；

$\quad\ t$——时间；

$(1+i)^{-t}$——折现系数。

（2）计算期不同的费用现值法。电力系统规划设计中，如参加比较的各方案计算期不同（如水、火电源方案比较），式（4-11）不再适用，一般按各方案中计算期最短的计算，其表达式为

$$P_{W1} = \sum_{t=1}^{n_1} (I_1 + C'_1 - S_{V1} - W_1)_t (1+i)^{-t} \tag{4-12}$$

$$P_{W2} = \sum_{t=1}^{n_2} (I_2 + C'_2 - S_{V2} - W_2)_t (1+i)^{-t} \left[\frac{i(1+i)^{n_2}}{(1+i)^{n_2}-1} \right] \left[\frac{(1+i)^{n_1}-1}{i(1+i)^{n_1}} \right] \tag{4-13}$$

式中　I_1、I_2——第1、2方案的投资；

$\quad C'_1$、C'_2——第1、2方案的年运行费用；

$\quad S_{V1}$、S_{V2}——第1、2方案回收的固定资产余值；

$\quad W_1$、W_2——第1、2方案回收的流动资金；

$\quad n_1$、n_2——第1、2方案的计算期（$n_1 < n_2$）；

$\dfrac{i(1+i)^{n_2}}{(1+i)^{n_2}-1}$——第2方案的资金回收系数；

$\dfrac{(1+i)^{n_1}-1}{i(1+i)^{n_1}}$——第1方案的年金现值系数。

（3）年费用比较法。年费用比较法是将参加比较的各方案在计算期内全部支出费用折算

成等额年费用后进行比较，年费用低的方案为经济上优越方案。计算期不同的方案宜采用年费用法。计算方法是将式（4-11）的费用现值乘以资金回收系数，年费用计算式为

$$AC = \sum_{t=1}^{n} (I + C' - S_V - W)_t (1+i)^{-t} \left[\frac{i(1+i)^n}{(1+i)^n - 1} \right] \tag{4-14}$$

式（4-14）是将全部支出费用折算至现值后再折算为年费用，而且考虑了固定资产余值和流动资金的回收。

三、短路电流计算、设备配置和选择

对选定的电气主接线确定短路点的不同位置，并进行短路电流计算，再按照第二章电力设备选择原理来选择和校验电器设备。

四、绘制电气主接线图

对最终确定的主接线，按工程要求，绘制工程图。

五、编制工程概算

对于工程设计，无论哪个设计阶段（可行性研究、初步设计、技术设计、施工设计），概算都是必不可少的组成部分。它不仅反映工程设计的经济性，而且为合理地确定和有效控制工程造价创造条件，为工程付诸实施，为投资包干、招标承包、正确处理有关各方的经济利益关系提供基础。

概算的编制以设计图纸为基础，以国家颁布的《工程建设预算费用的构成及计算标准》《全国统一安装工程预算定额》《电力工程概算指标》以及其他有关文件和具体规定为依据，并按国家定价与市场调整或浮动价格相结合的原则进行。概算的构成主要有以下内容：

（1）主要设备器材费，包括设备原价、主要材料（钢材、木材、水泥等）费、设备运杂费（含成套服务费）、备品备件购置费、生产器具购置费等。除设备及材料费外，其他费用均按规定在器材费上乘一系数而定。其系数由国家和地区随市场经济的变化在某一时期内下达指标定额。

（2）安装工程费，包括直接费、间接费及税金等。直接费指在安装设备过程中直接消耗在该设备上的有关费用，如人工费、材料费和施工机械使用费等；间接费指安装设备过程中为全工程项目服务，而不直接耗用在特定设备上的有关费用，如施工管理费、临时设施费、劳动保险基金和施工队伍调遣费用等；税金是指国家对施工企业承包安装工程的营业收入所征收的营业税、教育附加和城市维护建设税。以上各种费用都根据国家某时期规定的不同的费率乘以基本直接费来计算。

（3）其他费用，是指以上未包括的安装建设费用，如建设场地占用及清理费、研究试验费、联合试运转费、工程设计费及预备费等。所谓预备费是指在各设计阶段用以解决设计变更（含施工过程中工程量增减、设备改型、材料代用等）而增加的费用、一般自然灾害所造成的损失和预防自然灾害所采取的措施费用以及预计设备费用上涨价差补偿费用等。

根据国家现阶段下达的定额、价格、费率，结合市场经济现状，对上述费用逐项计算，列表汇总相加，即为该工程的概算。

第六节　发电厂和变电站主接线举例

前面介绍的主接线基本形式，从原则上讲它们分别适用于各种发电厂和变电站。但是，

由于发电厂的类型、容量、地理位置以及在电力系统中的地位、作用、馈线数目、输电距离的远近以及自动化程度等因素，对不同发电厂或变电站的要求各不相同，所采用的主接线形式也就各异。下面对不同类型发电厂的主接线特点做一介绍。

一、火力发电厂的电气主接线

火力发电厂的能源主要是以煤炭作为燃料，厂址的决定，应从以下两方面考虑：其一，为了减少燃料的运输，发电厂要建在动力资源较丰富的地方，如煤矿附近的矿口电厂。这种矿口电厂通常多为凝汽式火电厂，主要用作发电，装机容量大、设备年利用小时数高，在电力系统中地位和作用都较为重要，其电能主要是升高电压送往系统。其二，为了减少电能输送损耗，发电厂建设在城市附近或工业负荷中心。这种靠近城市和工业中心的发电厂，多为热电厂，它不仅生产电能还兼供热能，电能大部分都用发电机电压直接送至地方用户，只将剩余的电能升高电压送往电力系统。

无论是凝汽式火电厂或热电厂，它们的电气主接线应包括 1～2 级升高电压级与系统相连接。当发电机机端负荷比重较大、出线回路数又多时，发电机电压接线一般均采用有母线的接线形式。在满足地方负荷供电的前提下，对 100MW 及以上的发电机组，多采用单元接线或扩大单元接线直接升高电压。这样，不仅可以节省设备，简化接线，便于运行且能减小短路电流。特别当发电机容量较大，又采用双绕组变压器构成单元接线时，还可省去发电机出口断路器。

（一）大型区域火电厂的电气主接线

大型区域发电厂一般是指单机容量为 200MW 及以上、总装机容量为 1000MW 及以上的发电厂，其中包括大容量凝汽式电厂、大容量水电厂和核电厂等。大型区域性火电厂主要特点如下：

（1）大型区域性火电厂建设在燃料产地，一般距负荷中心较远，担负着系统的基本负荷，设备利用小时数高，在系统中地位重要，对主接线可靠性要求较高。

（2）电厂附近没有负荷，不设置发电机电压母线，发电机与变压器间采用简单可靠的单元接线直接接入 220～500kV 高压或超高压配电装置，配电装置一般为屋外型。

某大型区域性火电厂主接线简图如图 4-18 所示。该厂有两台 300MW 和两台 600MW 大型凝汽式汽轮发电机组，均采用发电机-双绕组变压器单元接线形式，其中两台 300MW 机组单元接入带专用旁路断路器的 220kV 双母线带旁路母线接线，并且变压器进线回路也接入旁路母线。两台 600MW 机组单元接入 500kV 的 1 个半断路器接线。500kV 与 220kV 配电装置之间，经 1 台自耦联络变压器 5T 联络，联络变压器的第三绕组上接有厂用高压启动/备用变压器。

（二）中小型地区性电厂的电气主接线

中小型地区性电厂建设在工业企业或靠近城市的负荷中心，通常还兼供部分热能，所以它需要设置发电机电压母线，使部分电能通过 6～10kV 的发电机电压向附近用户供电。机组多为中、小型机组，总装机容量也较小。

某中型热电厂的电气主接线简图如图 4-19 所示。该发电厂有 4 台发电机，两台 100MW 机组与双绕组变压器组成单元接线，将电能送入 110kV 电网；两台 25MW 机组直接接入 10kV 发电机电压母线，低压母线采用分段的双母线分段接线形式，以 10kV 电缆馈线向附近用户供电。由于短路容量比较大，为保证出线能选择轻型断路器，在 10kV 馈线上

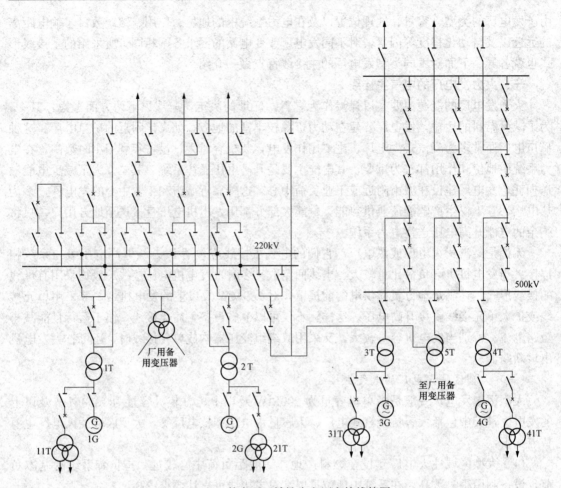

图 4-18　某大型区域性火电厂主接线简图

还装设出线电抗器。110kV 侧为 I 类负荷，所以采用带专用旁路断路器的双母线带旁路母线接线形式。

二、水力发电厂的电气主接线

水力发电厂具有以下特点：

（1）水电厂一般距负荷中心较远，绝大多数电能都是通过高压输电线送入电力系统。发电机电压负荷很小或甚至没有，机端电压级采用单元接线、扩大单元接线。

（2）水电厂多建在山区狭谷中，为了缩小占地面积，减少土石方的开挖量和回填量，应尽量简化接线，减少变压器和断路器等设备的数量，使配电装置布置紧凑。

（3）水电厂的装机台数和容量是根据水能利用条件一次确定的，一般不考虑发展和扩建。但水工建设工期较长，为尽早发挥设备效益常分期施工。

（4）对具有水库调节的水电厂，通常在洪水期承担系统基荷，枯水期多承担峰荷。很多水电厂还担负着系统的调频、调频任务。因此，水电厂的负荷曲线变化较大、机组开停频繁、其主接线应具有较好的灵活性。

根据以上特点，水电厂的主接线常采用单元接线、扩大单元接线；当进出线回路不多时，宜采用桥形接线和多角形接线；当回路数较多时，根据电压等级、传输容量、重要程度

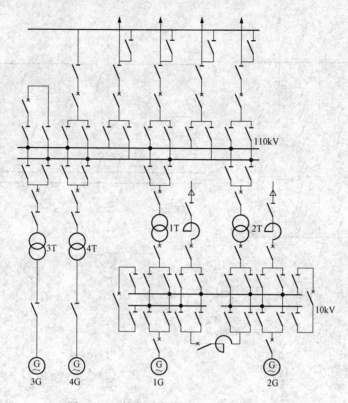

图 4-19　某中型热电厂的电气主接线简图

可采用单母线分段、双母线，双母线带旁路和 1 台半断路器接线形式。

某大型水电厂电气主接线简图如图 4-20 所示。该厂有 6 台发电机，其中 1G～4G 与分裂绕组变压器 1T、2T 接成扩大单元接线，将电能送到 500kV 的 3/2 接线，这样不仅简化接线，而且限制了发电机电压短路电流。另外两台大容量机组与变压器组成单元接线，将电能送到 220kV 的带旁路母线的双母线接线。500kV 与 220kV 之间由 1 台自耦变压器联络 5T，自耦变压器的低压侧作为厂用备用电源。

三、变电站的电气主接线

变电站的主要职能是给负荷供电，电气主接线的设计应该按照其在系统中的地位、负荷性质、电压等级、回路数等特点，选择合理的主接线形式。考虑负荷长期增长的可能性，其电气主接线应满足便于扩建的要求，这就决定了其主要采用有母线的主接线形式，以便于扩建。

（一）枢纽变电站的电气主接线

枢纽变电站，在电力系统中具有非常重要的地位。其具有电压等级高、变压器容量大、线路回路数多等特点，通常汇集着多个大电源和大功率联络线，对主接线的可靠性要求很高。

图 4-21 是一个大型枢纽变电站，500kV 配电装置采用一个半断路器接线形式。为方便500kV 与 220kV 侧的功率交换，安装两台大容量自耦主变压器。主变压器的第三绕组上引接无功补偿设备以及站用变压器。

220kV 侧有多回向大型工业企业及城市负荷供电的出线，供电可靠性要求高，采用双母线带旁路母线的主接线形式。两台主变压器 35kV 侧都采用单母线接线，引接无功补偿设备以及站用变压器。

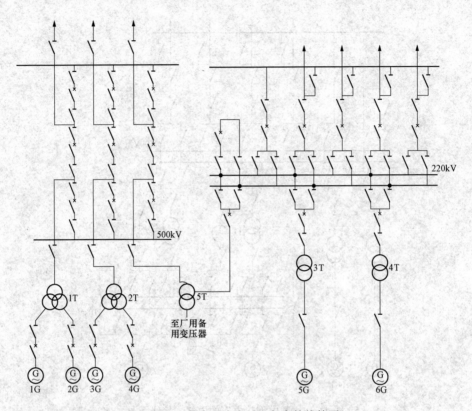

图 4-20 某大型水电厂电气主接线简图

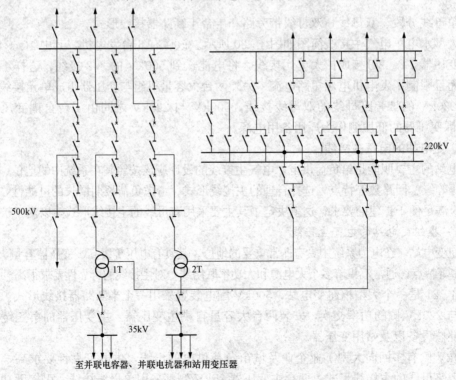

图 4-21 某 500kV 枢纽变电站电气主接线

（二）区域变电站的电气主接线

区域变电站是向地区或大城市供电的变电站，通常是一个地区或城市的主要变电站。区域变电站高压侧电压等级一般为110～220kV，低压侧为 35kV 或 10kV。大容量区域变电站的电气主接线一般较复杂，6～10kV 侧需要采用限制短路电流的措施。

某 220kV 中型区域变电站电气主接线如图 4-22 所示，其 220kV 配电装置采用内桥接线，在线路侧设置了跨条。110kV 配电装置采用单母线分段接线，部分重要用户从两段母线引接电源，采用双回线供电保证用户对供电可靠性的要求。35kV 侧给附近用户供电，也采用单母线分段接线。

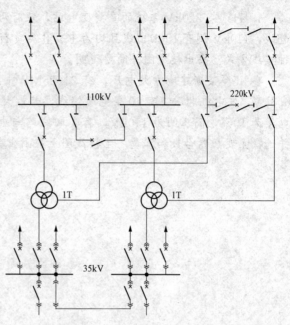

图 4-22　某 220kV 中型区域变电站电气主接线

4-1　什么是电气主接线？对主接线的基本要求是什么？

4-2　在确定电气主接线时应满足哪些基本要求？

4-3　隔离开关与断路器的主要区别是什么？它们的操作程序应如何正确配合？为防止误操作通常采用哪些措施？

4-4　主母线和旁路母线各起什么作用？设置专用旁路断路器和以母联断路器或者用分段断路器兼作旁路断路器，各有什么特点？检修出线断路器时，如何操作？

4-5　什么是单元接线？它有几种接线形式，各自的适用条件是什么？

4-6　发电机—变压器单元接线，为什么在发电机和双绕组变压器之间不装设断路器？而在发电机与三绕组变压器或自耦变压器之间，则必须装设断路器？

4-7　1 台半断路器接线有何优缺点？

4-8　什么是桥形接线？内桥和外桥接线各有什么特点，适用条件是什么？内桥接线设置跨条的条件是什么？

4-9　多角形接线的特点和适用条件是什么？为什么多角形接线在开环状态下可靠性会降低？

4-10　电气主接线中为什么要限制短路电流？通常采用哪些方法？

4-11　为什么分裂电抗器具有正常运行时电压降落小，而一臂出现短路时电抗大，能起到限流作用强的效果？

4-12　电气主接线设计的基本原则是什么？

4-13　选择主变压器时应考虑哪些因素？其容量、台数、形式等应根据哪些原则来选择？

4-14　某220kV系统的重要变电站，装有两台120kVA的主变压器，220kV侧有4回进线，110kV侧有10回出线且均为Ⅰ、Ⅱ类负荷，不允许停电检修出线断路器，应采用何种接线方式？画出接线图并简要说明。

4-15　某新建地方火电厂，有2×25MW+2×50MW 4台发电机，$\cos\varphi=0.8$，$U_N=6.3kV$，发电机电压级有10条电缆馈线，其最大综合负荷为30MW，最小为20MW，厂用电率为10%，高压侧为110kV，有4回线路与电力系统相连，试初步设计该厂主接线图，并选择主变压器台数和容量。主接线图上应画出各主要设备及馈线，可不标注型号和参数。

第五章 厂用电及其设计

第一节 厂 用 电 概 述

扫一扫 观看全景演示

站用电、电容器、
电抗器

一、厂用电

发电厂中有大量的厂用负荷，用以维持发电厂正常的生产活动。这些厂用负荷包括由电动机拖动的机械设备和全厂的运行、操作、试验、检修、照明等用电设备，机械设备主要用以维持发电厂的主要设备（如锅炉、汽轮机或水轮机、发电机）和辅助设备（油、水、气系统）的正常工作。

厂用负荷大都由发电厂自身供电，这些自身消耗的电能被称为厂用电。厂用电耗电量 A_P 占同一时期内全厂总发电量 A 的百分数，称为厂用电率。厂用电率是发电厂的主要运行经济指标之一。一般凝汽式火电厂的厂用电率为 $5\%\sim8\%$，热电厂为 $8\%\sim10\%$，水电厂为 $0.5\%\sim1.0\%$。目前，1000MW 超超临界发电机组的厂用电率为 4.4% 左右。

厂用负荷设备种类多、数量多、容易发生故障。为了确保发电厂不会因为厂用负荷的局部故障而被迫停机，保证发电厂能长期无故障运行，必须合理设计厂用负荷的供电系统。

二、厂用负荷的分类

根据厂用用电设备在生产中的作用和突然中断供电所造成的危害程度，可以将厂用负荷按重要性分为 5 类。

(1) Ⅰ类厂用负荷。凡短时（手动切换恢复供电所需要的时间）停电会造成主、辅设备损坏，危及人身安全，主机停运及出力下降的厂用负荷，都属于Ⅰ类负荷。如火电厂的给水泵、凝结水泵、循环水泵、引风机、送风机、给粉机等以及水电厂的调速器、压油泵、润滑油泵等。

(2) Ⅱ类厂用负荷。短时停电（几秒至几分钟），不会造成生产紊乱，但较长时间停电有可能损坏设备或影响机组正常运转的厂用负荷，均属于Ⅱ类厂用负荷。如火电厂的工业水泵、疏水泵、灰浆泵、输煤设备和化学水处理设备等，以及水电厂中大部分厂用电动机。

(3) Ⅲ类厂用负荷。较长时间停电，不会直接影响生产，仅造成生产上不方便的厂用负荷，都属于Ⅲ类厂用负荷。如试验室、修配厂、油处理室的负荷等。

(4) 不停电负荷（0Ⅰ类负荷）。随着发电机组容量的增大及自动化水平的不断提高，有些负荷对电源可靠性的要求越来越高，如机组的计算机控制系统就要求电源的停电时间不得超过 5ms，否则就会造成数据遗失或生产设备失控，酿成严重后果。这类负荷过去称为"不停电负荷"，现统一称为 0Ⅰ类负荷。

(5) 事故保安负荷。在发生全厂停电或在单元机组失去厂用电时，为了保证机炉的安全停运，过后能很快地重新启动，或者为了防止危及人身安全等原因，需要在停电时继续进行供电的负荷，称为事故保安负荷。按保安负荷对供电电源的要求不同，可以分为：

1) 直流保安负荷（0Ⅱ类负荷）。发电厂的继电保护和自动装置、信号设备、控制设备以及汽轮机和给水泵的直流润滑油泵、发电机的直流氢密封油泵等，这些负荷均由直流系统供电，称为直流保安负荷，或称为0Ⅱ类负荷。

2）交流保安负荷（0Ⅲ类负荷）。在大容量电厂中，要求在停机过程中及停机后的一段时间内仍须保证供电，否则可能引起主要设备损坏、自动控制失灵或危及人身安全等严重事故的厂用负荷，称为交流保安负荷，或称为0Ⅲ类负荷。如盘车电动机、交流润滑油泵、交流氢密封油泵、消防水泵等。

第二节　厂 用 电 接 线

一、厂用电接线的基本要求

厂用电包含大量的机械设备，这些机械设备在生产过程中的作用非常重要，一旦发生故障会对发电厂的安全生产造成严重的影响，进而影响电力系统的安全运行。在现阶段，随着大容量机组的出现，对厂用电接线的可靠性提出了更高的要求。

（1）应保持各单元厂用电的独立性，减少单元之间的联系。在任何运行方式下，一个单元中机组故障停运或其辅机的电气故障，不应影响其他单元机组的运行。

（2）充分考虑发电厂正常、事故、检修、启停等运行方式下的供电要求。除工作电源外，一般还应配备可靠的启动/备用电源，并尽可能在短时内投入。

（3）接线简单清晰，便于机组的启停操作及事故处理。充分考虑电厂分期建设和连续施工过程中厂用电系统的运行方式，要便于过渡，尽量减少改变接线和更换设置。

（4）在安全可靠的前提下，力求经济适用，积极慎重地采用经过运行考验并通过鉴定的新技术、新设备。

二、厂用电接线设计步骤

（1）确定电压等级，包括厂用高压和低压的电压等级。

（2）选择厂用电接线方案，并确定厂用电工作电源、备用电源或启动电源、事故保安电源的数目及其引接方式。

（3）统计和计算各段厂用母线的负荷。

（4）选择厂用变压器（电抗器）。

（5）进行重要电动机的自启动校验。

（6）厂用电系统短路电流计算。

（7）选择厂用电气设备。

（8）绘制厂（站）用电接线图。

三、厂用电的电压等级

厂用电供电电压一般采用高压和低压两级电压设置，高压厂用电压有3、6、10kV等3个电压等级，低压厂用电压均采用380/220V。

因为尺寸、效率和价格的关系，一般大容量电动机采用高电压供电，小容量电动机采用低电压供电。由于厂用电动机的功率范围很大，可从几千瓦到几兆瓦，故选用单一电压等级的供电往往不能满足要求。

对于高压厂用电压：

（1）火力发电机组容量在60MW及以下，发电机电压为10.5kV时，可采用3kV作为高压厂用电压；发电机电压为 6.3kV 时，可采用 6kV 作为高压厂用电压。

（2）火力发电机组容量在 100～300MW 时，宜选用 6kV 作为高压厂用电压。

（3）火力发电机组容量在 600MW 及以上时，经技术经济比较可采用 6kV 一级电压，也可采用 3kV 和 10kV 两级电压作为高压厂用电压。

（4）小型的水力发电厂，可以不设置高压厂用电压，只采用 380/220V 一级电压供电。在大型水电厂中如果装设有大容量的机械设备，如船闸和升船机、闸门起闭等水利装置等，采用 6kV 或 10kV 供电。

四、厂用电的接线形式

厂用电系统采用有母线的接线形式，一般是单母线接线，并且多使用成套配电装置。

高压厂用系统常采用单母线接线，并按照"按机/炉分段"的原则，将高压厂用母线按机/炉台数分成若干独立段。凡属同一台机/炉的厂用负荷均接在同一段母线上，与机/炉同组的汽轮机的厂用负荷一般也接在该段母线上，该段母线的电源由其对应的发电机组提供。对于 400t/h 及以上的大型锅炉，每台锅炉每一级高压厂用电压应不少于两段，并将双套辅机的电动机分接在两段母线上，两段母线可由一台变压器供电。

低压厂用母线也采用单母线接线。当锅炉容量在 230t/h 及以下时，一般也按锅炉数对应分段；锅炉容量在 400t/h 及以上时，每台锅炉一般由两段母线供电；锅炉容量为 1000t/h 及以上时，每台锅炉应设置两段及以上母线。

大型水电厂，厂用电母线则按机组台数分段，每段由单独自用变压器供电。为了供给厂外坝区闸门及水利枢纽等设施用电，可设专用坝区变压器。中小型水电厂，母线一般也采用单母线分段，且只分两段。

全厂的公用负荷，一般根据负荷功率及可靠性的要求，分别接到各段母线，当公用负荷较大时，可设公用母线段。

按机/炉分段接线方式，具有下列特点：①同一机/炉的厂用电负荷接在同一段母线上，方便运行管理和检修；②一段母线发生故障时，只影响其对应的一台锅炉或一台发电机，使事故影响范围局限在一机一炉；③厂用电系统发生短路时，短路电流较小。

五、厂用电源及引接方式

发电厂的厂用电源必须供电可靠，能满足各种工作状态的要求。除应具有正常的工作电源外，还应设置起动电源和事故保安电源。

（一）工作电源

一般高压厂用工作电源从发电机电压回路通过高压厂用变压器（电抗器）直接取得，从而形成发电机和系统供电的双电源系统。这样即使发电机组停止运行，厂用电系统仍可通过电力系统倒送电能的方式获得厂用电源。如图 5-1 所示，高压厂用工作电源有两种引接方式。

（1）当有发电机电压母线时，由各段母线引接，供给接在该段母线上的机组的

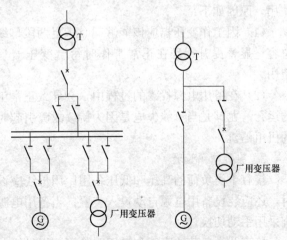

图 5-1　高压厂用工作电源引接

厂用负荷。

（2）当发电机与主变压器为单元连接时，由主变压器低压侧引接，供给该机组的厂用负荷。

在厂用分支上一般都应装设高压断路器，用于检修和调试。厂用电系统发生短路时，流经厂用分支的最大短路电流会高于流经发电机出口断路器处的最大短路电流。此时，可以采用限制短路电流，或采用分相封闭母线等措施。

低压厂用工作电源通过低压厂用变压器从高压厂用母线引接，给厂用 380/220V 负荷供电。若高压厂用电设有 10kV 和 3kV 两个电压等级，则低压厂用工作电源一般从 10kV 厂用母线引接。

（二）备用电源和启动电源

备用电源是工作电源的后备，当工作电源因事故或检修而停电时，备用电源替代工作电源给厂用负荷供电。因此备用电源应具有足够的供电容量和独立性，避免与工作电源由同一点引接。

启动电源一般是指机组在启动或停机过程中，在工作电源不能供电的工况下（如首台机组启动）为该机组的厂用负荷提供的电源。因此，启动电源实质上也是一个备用电源。目前，我国对 200MW 及以上的大型发电机组，为了确保机组安全和厂用电的可靠才设置启动电源，且以启动电源兼作事故备用电源，下面统称为备用电源。

1. 备用方式

备用电源有明备用和暗备用两种方式。

明（专用）备用，设置专用的备用变压器（或线路）作为备用电源。明备用在正常工况下处于备用状态（停运状态），只有当工作电源因故断开时，才通过备用电源自动投入装置（简称"备自投"）进行自动切换，代替工作电源给厂用负荷供电。

暗（互为）备用，不设专用的备用变压器（或线路），将每台工作变压器容量加大，当其中任 1 台厂用工作变压器退出运行时，该台工作变压器承担的负荷由其余工作变压器供电。正常运行时母线联络断路器断开，一旦检测到母线段失电，将联络断路器手动或自动投入。

大型火电厂厂用工作变压器的容量很大，常采用明备用方式。水电厂和变电站厂用工作变压器的容量较小，常采用暗备用方式。暗备用方式一般不在火电厂特别是大中型火电厂中使用，原因如下：

（1）因工作变压器应该能够同时满足两段母线负荷的供电需求，这样会导致厂用变压器总容量显著提升；且在正常工作时每台变压器只能在非满载下运行，会提高投资和运行费用。

（2）在备用电源投入的过程中，会导致正常工作的母线段电压下降，从而影响正常机组的运行。尤其是当母线失电是因为持续故障引起时，将增大故障扩大的风险，导致正常运行的机组停机。

2. 备用电源设置

接有Ⅰ类负荷的高压和低压备用厂用母线应设置备用电源。当备用电源采用明备用方式时，还应装设备用电源自动投入装置；当备用电源采用暗备用方式时，暗备用的联络断路器宜采用手动切换。

接有Ⅱ类负荷的高压和低压明备用厂用母线，应设置手动切换的备用电源。

只有Ⅲ类负荷的厂用母线，可不设置备用电源。

根据发电机的容量大小和厂用工作变压器的数量多少，可以合理设置1台、2台到多台厂用备用变压器。

3. 备用电源引接

备用电源应从与工作电源相对独立的系统引接，所引接的系统应有两个以上电源，并具有足够的容量，保证在全厂停电的情况下，能取得足够的电源。主要引接方式如下：

（1）当有发电机电压母线时，可由该母线引接1个备用电源，接线如图5-2（a）所示。

（2）当无发电机电压母线时，由高压主母线中电源可靠的最低一级电压母线或联络变压器的低压绕组引接，如图5-2（b）所示。

（3）当技术经济比较合理时，可由外部电网引接专用线路供电。

（4）全厂有两个及以上高压厂用备用电源时，应引自两个相对独立的电源。

（三）事故保安电源

对大容量机组，当厂用工作电源和备用电源都消失时，为确保在严重事故情况下能安全停机，事故消除后又能及时恢复供电，应设置事故保安电源，以保证事故保安负荷的连续供电。

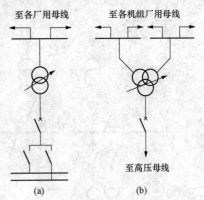

图5-2 备用电源的引接
（a）有机端电压母线；（b）无机端电压母线

1. 事故保安电源的类型为

（1）蓄电池组以及逆变器或逆变机组；

（2）采用快速自动程序启动的柴油发电机组；

（3）对于300MW及以上的发电机组还应由110kV及以上电网引入独立可靠的外部电源，作为事故备用保安电源。

2. 事故保安电源接线

（1）交流保安母线段应采用单母线接线，按机组分段分别供给本机组的380/220V交流保安负荷。

（2）当机组采用计算机监控时，应设置由直流逆变装置供电的交流不停电电源。不停电母线段采用单母线接线，按机组分段，分别供给本机组的不停电负荷。由于蓄电池组最大容量有限，所以还需要柴油发电机组或外接电源配合工作。

第三节 发电厂变电站的厂（站）用电典型接线分析

一、火电厂的厂用电接线

（一）中型热电厂的厂用电接线

图5-3为某中型热电厂的厂用电接线简图。该电厂装设有二机三炉（母管制供汽）。发电机电压为10.5kV，发电机电压母线采用双母线单分段接线，通过两台主变压器1T和2T与110kV电力系统相联系。

厂用高压母线电压采用6kV电压等级，按炉分段，通过高压厂用变压器11T、12T和

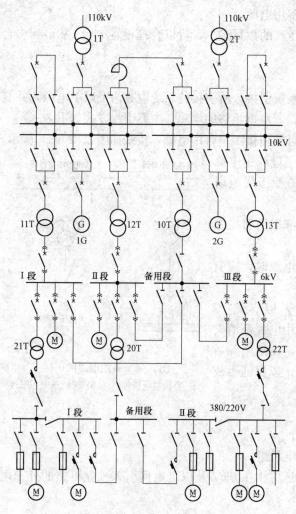

图 5-3　某中型热电厂的厂用电接线

13T 分别接于主母线的两个分段上。高压备用电源采用明备用方式，设置备用段母线，备用电源通过备用变压器 10T 引接至发电机电压主母线。

厂用低压母线电压采用 380/220V 电压等级。由于机组容量不大，负荷较小，厂用低压母线只设两段（每段又使用隔离开关分为两个半段），分别由接于高压厂用母线Ⅰ段和Ⅲ段上的低压厂用工作变压器 21T 和 22T 供电。厂用低压备用电源采用明备用方式，由接于高压厂用母线Ⅱ段（该段上未接厂用低压工作变压器）上的厂用低压备用变压器 20T 供电。全厂公用负荷分散接入各机组的厂用母线中。

（二）300MW 汽轮机高压厂用电接线

图 5-4 为某大型火电厂 2×300MW 机组厂用电系统接线，该电厂两台发电机均采用发电机-变压器组单元接线，厂用工作电源从主变压器低压侧引接。从与系统有联系的 220kV 母线上引接一台高压备用厂用变压器。

1. 工作电源及接线

从各单元机组的变压器低压侧引接 1 台高压厂用工作变压器作为 6kV 厂用电系统的工作电源。高压厂用工作变压器选用分裂绕组变压器，其低压分裂绕组分别供两个分段母线厂用ⅠA 段和ⅠB 段。因短路电流过大，高压厂用变压器高压侧没有设置断路器。设置高压公用负荷母线段，将全厂公用负荷集中，分别接在公用厂用母线段 IA、IB 上。

2. 备用电源及接线

采用明备用方式，每两台机组配备 1 台备用变压器。备用变压器电源引自升高电压母线，当发电厂有两级升高电压并在两级升高电压间设有联络变压器时，备用变压器可接在联络变压器第三绕组上。

3. 事故保安电源及其接线

事故保安负荷的工作电源来自低压 1 号机保安段和 2 号机保安段，采用 220V 供电，同时设置柴油发电机和蓄电池组作为事故保安电源。

二、水力发电厂的厂用电接线

不同的水电厂，运行特点不一样，水利机械设备和辅助设备不完全相同。由于水电厂电能生产的特点，其厂用电比同容量的热电厂简单，它可分为机组自用电和全厂公用电两类。

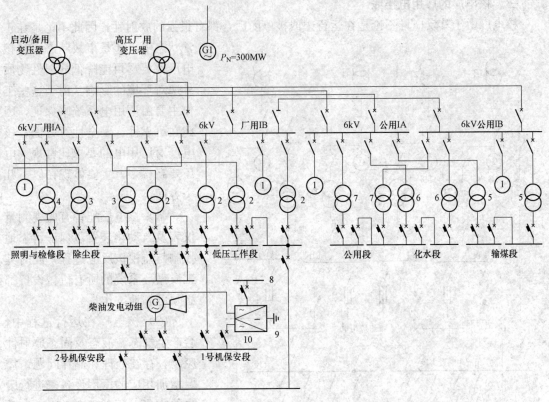

图 5-4　某大型火电厂 2×300MW 机组厂用电系统接线

（1）机组自用电，通常是指机组或（发电机-变压器）发变单元所需要的负荷。其中包括机组自用机械设备，如机组调速器压油装置的压力油泵、机组轴承润滑系统用的油泵或水泵、机组顶盖排水泵、机组空气冷却器的冷却水供水泵、水内冷机组供水泵、漏油泵以及发变单元的变压器冷却系统等用电负荷。

（2）全厂公用电，为全厂公共的厂用负荷，其中包括空气压缩机、充电机、整流装置、各种排水泵、起重机、闸门启闭设备、滤油机、厂房通风机、电梯、照明、坝区及引水建筑物等处的供电。

图 5-5 所示的电厂是一个大型水电厂，该电厂具有防洪、航运等任务，库区拥有高压电动机拖动的船闸，因此厂用电采用 6kV 和 380/220V 两种电压等级。高压母线分为两段，通过高压厂用变压器分别引接至 1G 和 4G；在 1G 和 4G 出口均设置出口断路器，确保在机组全停的情况下仍能通过系统倒送电来保证坝区的供电。低压母线按机组分段，其电源通过低压厂用变压器引接至每台发电机出口处，因短路电流过大，低压厂用变压器高压侧不设置断路器，设置隔离开关作为断开点。公用负荷和自用负荷分开供电，公用负荷母线的电源分别取自坝顶高压母线。

高压工作电源 11T 和 12T 之间形成暗备用。低压自用工作电源 21T、22T、23T 和 24T 之间形成暗备用，4 个低压公用工作电源之间形成暗备用。为进一步提高低压母线的供电可靠性，公用负荷母线和自用负荷母线的 I 段和 IV 段也连接起来，形成了环网。

三、核电厂的厂用电接线

核电厂由于其反应堆不论是在运行中或被停闭后，都有很强的放射性，因此不论是在正常状态下，还是事故状态下，核电厂都要尽可能降低放射性物质外逸对环境的影响。由于这些工作主要由厂用电系统来保证，因此在可靠性、安全性等方面，核电厂对厂用电的要求比常规火电厂要高得多，主要体现在以下几个方面：

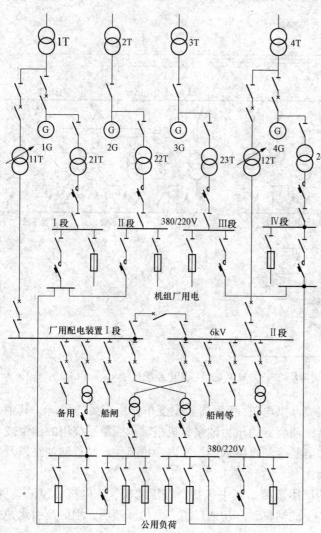

图 5-5　某水力发电厂的厂用电接线

（1）核电厂配备有监视测量仪表及自动化装置以保证可靠地控制与监视核反应过程，同时其工质循环系统的所有机械设备都必须可靠地工作。

（2）核电厂在运行过程中，会产生气态、液态及固态放射性废物，存在处理和储存问题，需要增加相应的厂用设备来进行废物的收集、运输、储存和加工，如相应的泵和风机。

（3）事故状态下放射性物质的排放将急剧增加，在紧急停堆后，反应堆仍能不断释放余热，需对反应堆持续冷却以防止反应堆被破坏，因此给安全设施供电的应急母线电源不能间断工作。

图 5-6 为某核电厂厂用电系统。厂用电压等级分为 6kV 和 380/220V 两个电压等级。大功率设备如反应堆冷却剂泵、循环水泵、给水泵、凝结水泵的电动机直接接入 6kV 系统。小功率设备接入 380/220V 系统。工作电源取自发电机机端。备用电源取自厂外输电线路，且由两台并联工作的备用降压变压器供电。事故保安电源由应急柴油发电机和直流蓄电池组构成，其中每台核电机组均设置一台应急柴油发电机，该发电机能在 10s 内快速启动，并能给保证安全功能的一系列设施供电。

厂用设备功能分为 3 类：①核电厂运行所必需的，但在停堆后可以停电的厂用设备。这部分设备仅由工作电源供电。②核电厂运行所必需的，但在停堆后可以持续供电的厂用设备。这部分设备正常状态下由工作电源供电；一旦工作电源停电，由备用电源供电。③执行

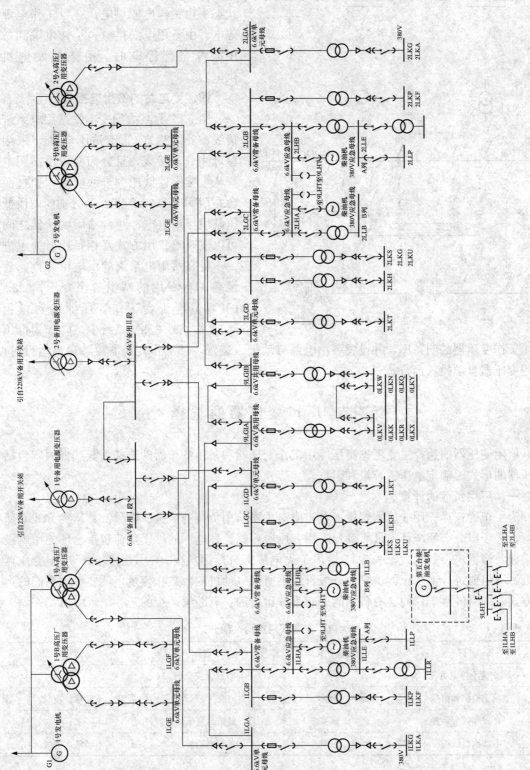

图 5 - 6　某核电厂厂用电系统接线

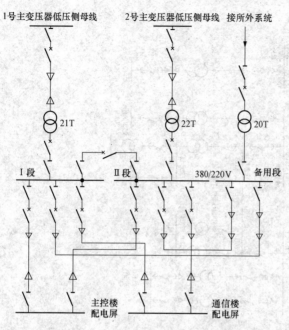

图 5-7　某大型变电站站用电系统接线

安全措施的厂用设备。这部分设备正常状态下由工作电源供电；一旦工作电源停电，由备用电源供电；工作电源和备用电源全部停电时，由柴油发电机供电。

四、变电站的站用电接线

图 5-7 为某大型变电站站用电系统接线，380/220V 低压站用电系统采用单母线分段接线，且分为两段。站用电源从主变压器低压侧母线引接，通过两台站用变压器 21T 和 22T 分别向两段低压站用母线供电，两台站用变压器之间可以实现暗备用方式互相备用。为了进一步提高站用电系统的供电可靠性，还设有 1 台专用的站用备用变压器 20T（其容量与 1 台工作变压器的容量相同），由站外 35kV 系统引接，作为低压站用工作变压器的明备用，并设置备用电源自动投入装置，当工作变压器故障退出运行时，备用变压器自动投入运行。

第四节　厂用变压器的选择

厂用变压器的选择主要考虑高压厂用工作变压器和备用变压器的选择，其选择内容包括变压器的形式、额定电压、容量和阻抗。

一、厂用负荷的计算

为了正确选择厂用变压器容量，首先应对主要厂用负荷的容量、数量及其运行方式有所了解，并予以分类和统计，最后确定厂用变压器容量。发电厂的厂用负荷包括全厂的用电设备，涉及范围广、数量大，表 5-1 给出了火电厂部分厂用负荷。为了正确选择厂用变压器容量，不但要统计由变压器供电的分段母线上所接电动机的台数和容量，还要考虑它们的运行方式，即有经常工作的、有备用的、有连续运行的、有断续运行的。

表 5-1　　　　　　　　　　　　火电厂主要厂用负荷（部分）

序号	名称	类别	运行方式	序号	名称	类别	运行方式
（一）交流不停电负荷				（二）事故保安负荷			
1	热工检测和信号	0Ⅰ	经常、断续	1	汽机直流润滑油泵	0Ⅱ	不经常、短时
2	自控和调节装置	0Ⅰ	经常、断续	2	氢密封直流油泵	0Ⅱ	不经常、短时
3	电动执行机构	0Ⅰ	经常、断续	3	盘车电动机	0Ⅲ	不经常、连续

序号	名称	类别	运行方式	序号	名称	类别	运行方式
4	调度通信	0Ⅰ	经常、连续	4	顶轴油泵	0Ⅲ	不经常、连续
5~7	……			5~21	……		
（三）锅炉部分				（四）汽机部分			
1	吸风机	Ⅰ	经常、连续	1	射水泵	Ⅰ	经常、连续
2	送风机	Ⅰ	经常、连续	2	凝结水泵	Ⅰ	经常、连续
3	排粉机	Ⅰ/Ⅱ	经常、连续	3	循环水泵	Ⅰ	经常、连续
4	磨煤机	Ⅰ/Ⅱ	经常、连续	4	给水泵	Ⅰ	经常、连续
5	给煤机	Ⅰ/Ⅱ	经常、连续	5~46	……		
6	给粉机	Ⅰ	经常、连续	（五）电气及公共部分			
7~25	……			1	充电装置	Ⅱ	不经常、连续
（六）输煤部分				2	浮充电装置	Ⅱ	经常、连续
1	输煤皮带	Ⅱ	经常、连续	3	空压机	Ⅱ	经常、短时
2	碎煤机	Ⅱ	经常、连续	4	变压器冷却风机	Ⅱ	经常、连续
3	筛煤机	Ⅱ	经常、连续	5 - 12			
4 - 12	……			（七）～（十三）……			

（一）按使用机会分类

（1）"经常"使用的用电设备（负荷），即电厂在生产过程中，每天都投入使用的用电设备（负荷）。

（2）"不经常"使用的用电设备，即只在机组检修、事故、机组启停期间内使用。

（二）按每次使用的时间长短分类

（1）"连续"运行。每次使用时，连续运转 2h 以上的用电设备。

（2）"短时"运行。每次使用时，运转 10~120min 的用电设备。

（3）"断续"运行。从运行到停止，反复周期性地运行，每一周期时间不超过 10min 的用电设备。

（三）厂用计算负荷

要正确选择厂用变压器的容量，首先统计对应母线上主要用电设备的数量、容量，在此基础上，计算不同分段上的厂用计算负荷，再根据计算负荷确定厂用变压器的容量。

厂用计算负荷可采用换算系数法计算。根据换算系数 K 和电动机的计算功率 P（kW），便可求得厂用计算负荷 S（kVA），即

$$S = \sum (KP) \tag{5-1}$$

换算系数 K 可按式（5-2）计算，或取表 5-2 所列的数字。其计算公式为

$$K = \frac{K_m K_L}{\eta \cos\varphi} \tag{5-2}$$

式中　　K_m——同时系数；

　　　　K_L——负荷率；

η——电动机的效率；

$\cos\varphi$——电动机的功率因数。

表 5 - 2　　　　　　　　　　　　　　　换 算 系 数 表

机组容量（MW）	$\leqslant 125$	$\geqslant 200$
给水泵及循环水泵电动机	1.0	1.0
凝结水泵电动机	0.8	1.0
其他高压电动机及低压厂用变压器	0.8	0.85
其他低压电动机	0.8	0.7

用电设备的计算功率 P 应根据负荷的运行方式及特点，由以下原则确定：

（1）对于经常、连续运行和不经常、连续运行的电动机，额定功率 P_N 应全部计入，即

$$P = P_N$$

（2）对于经常短时运行和经常断续运行的电动机，其计算功率为

$$P = 0.5 P_N$$

（3）对于不经常、短时及不经常、断续运行的电动机可不计入厂用变压器容量，即 $P = 0$，注意：这些设备如果经过电抗器供电，则要记入。

（4）对于中央修配厂的计算功率，计算公式为

$$P = 0.14 P_{\sum} + 0.4 P_{\sum 5}$$

式中　$P_{\sum}$——全部电动机额定功率总和，kW；

$P_{\sum 5}$——其中最大 5 台电动机额定功率之和，kW。

（5）在煤场机械负荷中，应对中、小型机械和大型机械分别计算，即

中、小型机械　　　　　　$P = 0.35 P_{\sum} + 0.6 P_{\sum 3}$

卸煤翻车机系统　　　　　$P = 0.22 P_{\sum} + 0.5 P_{\sum 5}$

轮斗机系统　　　　　　　$P = 0.13 P_{\sum} + 0.3 P_{\sum 5}$

式中　$P_{\sum 3}$、$P_{\sum 5}$——其中最大 3 台和最大 5 台电动机额定功率之和，kW。

（6）照明负荷等于照明安装功率 P_i（kW）与需要系数 k_d 的乘积，即

$$P = k_d P_i$$

式中　k_d——需要系数，一般取 0.8～1.0；

P_i——安装容量，kW。

二、厂用变压器的选择

厂用变压器必须保证厂用机械设备能从电源获得足够的功率，厂（站）用电负荷正常波动范围内，厂用电各级母线的电压偏移不超过额定电压的 $\pm 5\%$。

（一）额定电压

厂用变压器的额定电压应根据厂用电系统的电压等级和电源引接处的电压确定，变压器一、二次额定电压必须与引接电源电压和厂用网络电压相一致。

（二）厂用变压器的容量

厂用变压器的容量必须满足厂用机械从电源获得足够的功率。

1. 高压厂用工作变压器容量

高压厂用工作变压器的容量应按高压厂用计算负荷的 10% 与低压厂用计算负荷之和进行选择。

（1）双绕组变压器的计算为

$$S_T \geqslant 1.1S_H + S_L \tag{5-3}$$

式中　S_T——厂用变压器计算负荷，kVA；

　　　S_H——厂用变压器高压绕组计算负荷，kVA；

　　　S_L——厂用变压器低压绕组计算负荷，kVA。

（2）分裂绕组变压器的计算为

高压绕组：

$$S_{1TS} \geqslant \sum S_C - S_R = \sum S_C - (1.1S_{HR} + S_{LR}) \tag{5-4}$$

低压绕组：

$$S_{2TS} \geqslant S_C = 1.1S_H + S_L \tag{5-5}$$

式中　S_{1TS}——厂用变压器高压绕组额定容量，kVA；

　　　S_{2TS}——厂用变压器低压绕组额定容量，kVA；

　　　S_C——厂用变压器分裂绕组计算负荷，kVA；

　　　S_{HR}——厂用变压器高压绕组重复计算的计算负荷，kVA；

　　　S_{LR}——厂用变压器低压绕组重复计算的计算负荷，kVA。

2. 高压厂用备用变压器容量

高压厂用备用变压器或启动变压器应与最大 1 台高压厂用工作变压器的容量相同；低压厂用备用变压器的容量应与最大 1 台低压厂用工作变压器容量相同。

3. 低压厂用工作变压器的容量应留有 10% 左右的裕度

低压厂用工作变压器容量计算

$$S_{TL} \geqslant S_L / K_\theta \tag{5-6}$$

式中　S_{TL}——低压厂用工作变压器容量，kVA；

　　　K_θ——变压器温度修正系数，一般对装于屋外或由屋外进风小间内的变压器，可取 $K_\theta = 1$，但宜将小间进出风温差控制在 10℃ 以内，对由主厂房进风小间内的变压器，当温度变化较大时，随地区而异，应当考虑对温度影响进行修正。

（三）阻抗选择

高压厂用变压器或电抗器的阻抗选择，应使厂用电系统能采用轻型的电器设备，且满足电动机正常启动和成组自启动时的电压水平。要限制变压器低压侧的短路容量，要求厂用工作变压器的阻抗大，但是阻抗过大又将影响厂用电动机的自启动。选用分裂绕组变压器，则能在一定程度上缓解上述矛盾，因为分裂绕组变压器在正常工作时具有较小阻抗，而分裂绕组出口短路时则具有较大的阻抗。

第五节　厂用电动机的选择及校验

在发电厂中，存在大量的机械设备，被称为厂用机械设备。它们大多由电动机（厂用电动机）进行拖动，是厂用电的主要负荷。发电厂中使用的电动机有异步电动机、同步电动机和直流电动机 3 类，其中使用最多的是异步电动机，特别是鼠笼式异步电动机。

一、电动机选择

（一）形式选择

厂用电动机一般都采用交流电动机。只有要求在很大范围内调节转速及当厂用交流电源消失后仍要求工作的设备才选择直流电动机。只有对反复、重载启动或需要小范围内调速的机械，如吊车、抓斗机等才选用线绕式电动机或同步电动机。对 200MW 以上机组的大容量辅机，为了提高运行的经济性可采用双速电动机。

厂用电动机的防护形式应与周围环境条件相适应，根据发电厂厂用设备安置地点可分别选用开启式、防护式、封闭式及防爆式等形式。

（二）电压及容量选择

选择拖动厂用机械的电动机时，其电压应与供电网络电压相一致，电机的转速应符合被拖动设备的要求，电动机的额定容量 P_N 必须满足在额定电压和额定转速下大于被拖动的满载工作的机械设备轴功率 P_S，并留有适当的储备，即

$$P_N \geqslant P_S \tag{5-7}$$

式中　　P_N——电动机额定容量，kW；

P_S——被拖动机械设备轴功率，kW。

二、电动机自启动校验

厂用电系统中运行的电动机，当突然断开电源或厂用电压降低时，电动机转速就会下降，甚至会停止运行，这一转速下降的过程称为惰行。若电动机失去电压以后，不与电源断开，在很短时间（一般在 0.5～1.5s）内，厂用电压又恢复或通过备自投装置将备用电源投入，此时，电动机惰行尚未结束，又自动启动，这一过程称为电动机的自启动。

（一）自启动类型

根据运行状态，自启动有失压自启动、空载自启动和带负荷自启动 3 种类型：

（1）失压自启动。运行中突然出现事故，厂用电压降低，当事故消除、电压恢复时形成的自启动。

（2）空载自启动。备用电源处于空载状态时，自动投入失去电源的工作母线段时形成的自启动。

（3）带负荷自启动。备用电源已带一部分负荷，又自动投入失去电源的工作母线段时形成的自启动。

厂用工作电源一般仅考虑失压自启动，而厂用备用电源或启动电源则需考虑失压自启动、空载自启动及带负荷自启动 3 种方式。

（二）临界电压

由于异步电动机的启动电流可以达到额定电流的 4～7 倍，惰行的自启动过程会引起电动机严重过热，危及电动机的安全。若厂用电动机自启动失败的话，还将影响发电机组的稳定运行，甚至造成发电机停机。

当最大电磁转矩 M_{*emax} 下降到机械负载转矩以下，即 $M_{*emax} < M_{*m}$ 时，开始出现惰行，最终可能停止运转。刚好开始出现惰行的电压就是临界电压，即临界电压是电动机开始出现惰行时的电压最高值，也就是电动机的最大电磁转矩 M_{*emax} 等于额定负载转矩（$M_{*m}=1$）时的电压，此时 $M_{*ecr} = M_{*m} = 1$。

由电机学知道，异步电动机的电磁转矩 M_{*e} 与其端电压的二次方（U_*^2）成正比，当电压下降时，电磁转矩将大幅度下降。临界电压 U_{*cr} 与电磁转矩最大值 M_{*eNmax} 的关系为

$$U_{*cr} = 1/\sqrt{M_{*eNmax}}$$

在额定电压水平下，电动机的最大电磁转矩 M_{*emax} 约为额定电磁转矩 M_{*eN} 的 1.8～2.4 倍，故临界电压 U_{*cr} 为 0.64～0.75。即当电压下降到额定值的 64%～75%时，电动机就开始惰行。

要成功自启动的话，自启动过程中厂用母线电压必须要高于临界电压。在厂用电设计时，要对电动机进行自启动校验。为了保证厂用Ⅰ类负荷成功自启动，规定在电动机自启动时，厂用母线电压应不低于表 5 - 3 所列的数值。

表 5 - 3   自启动要求的最低母线电压

名称	类型	自启动电压（额定电压的百分数）
高压厂用母线	高温高压电厂	65～70
	中压电厂	60～65
低压厂用母线	低压母线单独供电电动机自启动	60
	低压、高压母线串联供电电动机自启动	55

注 对于高压厂用母线，失压或空载自启动时取上限值，带负荷自启动时取下限值。

（三）自启动校验

当参加自启动的电动机数量多、容量大时，则启动电流越大，母线电压下降越多。当母线电压下降到临界电压后，厂用母线上的电动机一直处于惰行的自启动过程中，不能成功启动。电动机自启动校验可分为电压校验和容量校验。电压校验是根据电动机的容量来校验自启动过程中母线电压是否能够满足要求；容量校验是根据母线最低电压水平来校验母线所接的电动机容量。

1. 电压校验

（1）单台或成组电动机自启动。图 5 - 8 为一组电动机在高压厂用母线上进行自启动的电路及其等效电路。在自启动过程中，厂用电源母线可视为无穷大电源，即电源母线电压 U_{*0}

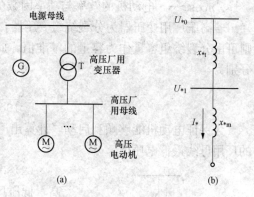

图 5 - 8 厂用高压母线自启动校验
(a) 自启动电路；(b) 等值电路

视为定值，忽略电动机电阻。以高压厂用主变压器的容量 S_{t1} 为基准值，将各元件参数用标幺值表示，从等效电路可得，自启动开始瞬间，高压厂用母线电压为

$$U_{*1} = I_* x_{*m} = \frac{U_{*0} x_{*m}}{x_{*t} + x_{*m}} \tag{5 - 8}$$

式中 U_{*0}——电源母线电压标幺值，采用电抗器供电时取 1，无载调压变压器供电时取 1.05，有载调压变压器供电时取 1.1；

U_{*1}——自启动时高压厂用母线电压标幺值；

x_{*t}——高压厂用变压器或电抗器的电抗标幺值；

x_{*m}——参加自启动电动机的等值电抗标幺值；

I_{*}——参加自启动电动机的启动电流总和的标幺值。

假设电动机的容量为 S_m（kVA），在电动机启动瞬间，经折算后的等值电抗的标幺值（以 S_t 为基准）与启动电流倍数 K 有如下关系，即

$$x_{*m} = \frac{1}{K}\frac{S_{t1}}{S_m}$$

对于成组电动机，如果所有自启动电动机取一平均的启动电流倍数 K_{av}，一般备用电源为快速切换（备用电源切换时间小于 0.8s）时，该值可取为 2.5；备用电源为慢速切换（备用电源切换时间大于 0.8s）时，该值可取为 5；当全部电动机的总容量为 $S_{m\Sigma}$（kVA），则全部电动机经折算后的等值电抗标幺值可写为

$$x_{*m} = \frac{1}{K_{av}}\frac{S_{t1}}{S_{m\Sigma}}$$

代入 U_{*1} 计算式可得

$$U_{*1} = I_{*}x_{*m} = \frac{U_{*0}x_{*m}}{x_{*t}+x_{*m}} = \frac{U_{*0}}{1+x_{*t}\dfrac{K_{av}}{S_{t1}}\dfrac{P_{m\Sigma}}{\eta\cos\varphi}} = \frac{U_{*0}}{1+x_{*t}S_{*m\Sigma}} \geqslant 65\% \sim 70\%$$

$$(5\text{-}9)$$

式中　$S_{*m\Sigma}$——为自启动时电动机的容量标幺值，$S_{*m\Sigma} = \dfrac{K_{av}P_{m\Sigma}}{S_{t1}\eta\cos\varphi}$；

$P_{m\Sigma}$——参加自启动电动机总功率，kW；

$\eta\cos\varphi$——电动机的效率与功率因数的乘积，一般取 0.8。

若高压厂用变压器为分裂绕组变压器，假设高压绕组容量为 S_{1N}，分裂绕组容量为 S_{2N}，则可由分裂绕组容量作为容量的基准值，此时高压厂用变压器阻抗 x_{*t1} 和电动机容量 $S_{*m\Sigma}$ 分别为

$$x_{*t1} = 1.1\times\frac{U_k\%}{100}\frac{S_{2N}}{S_{1N}};\quad S_{*m\Sigma} = \frac{K_{av}P_{m\Sigma}}{S_{2N}\eta\cos\varphi}$$

为保证电动机能够顺利启动，计算出厂用母线的电压值（标幺值）不应低于自启动要求的厂用母线最低电压值。

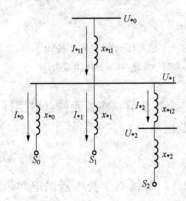

图 5-9　串联自启动电压校验

（2）串联自启动时厂用母线电压校验。图 5-9 所示为高、低压厂用变压器串联，高、低压电动机同时自启动的等效电路。假设高压厂用母线原已带有负荷 S_0，自启动过程中 S_0 继续运行。

校验要同时针对高压母线和低压母线进行，首先校验高压母线的电压，在此基础上校验低压母线的电压。所有电压、电流和电抗参数均以高压厂用变压器额定容量 S_{t1} 为基准。

1）高压母线的电压校验。假设 U_{*2} 为厂用低压母线电压的标幺值；x_{*t2} 为低压厂用变压器电抗标幺值；x_{*1}、x_{*2} 分别为自启动高、低压电动机电抗标幺值；I_{*t1} 为自启动时流过高压厂用变压器的电流标幺值；I_{*0}、I_{*1} 和 I_{*2} 分别为原有负荷电流标幺值及高、低压

电动机自启动电流的标幺值。

电动机自启动时，电压方程为

$$U_{*0} - U_{*1} = I_{*t1}x_{*t1} = (I_{*0} + I_{*1} + I_{*2})x_{*t1}$$

其中 $I_{*0} = \dfrac{U_{*1}}{x_{*0}} = \dfrac{U_{*1}}{x'_{*0}\dfrac{S_{t1}}{S_0}} = \dfrac{1}{x'_{*0}} \times \dfrac{U_{*1}S_0}{S_{t1}} = K_0 U_{*1}\dfrac{S_0}{S_{t1}}$; $I_{*1} = K_1 U_{*1}\dfrac{S_1}{S_{t1}}$; $I_{*2} = K_2 U_{*2}\dfrac{S_2}{S_{t1}}$

式中　K_0、K_1、K_2——S_0、S_1 和 S_2 支路电动机自启动电流平均倍数。因 I_{*2} 所占比重一般
　　　　较小，可以略去，且 $K_0 = 1$，故

$$U_{*1} = \frac{U_{*0}}{1 + \dfrac{(K_1 S_1 + S_0)x_{*t1}}{S_{t1}}} = \frac{U_{*0}}{1 + x_{*t1}\left(\dfrac{K_1}{S_{t1}} \cdot \dfrac{P_1}{\eta\cos\varphi} + \dfrac{S_0}{S_{t1}}\right)} = \frac{U_{*0}}{1 + x_{*t1}S_{*H}} \quad (5 - 10)$$

$$S_1 = \frac{P_1}{\eta\cos\varphi}, x_{*t1} = 1.1 \times \frac{U_k\%}{100}$$

式中　S_{*H}——厂用高压母线的合成负荷标幺值。

　　　　x_{*t1}——高压厂用变压器采用分裂绕组时，高压厂用变压器的电抗标幺值。

若高压厂用变压器为分裂绕组变压器，高压绕组容量 S_{1N}，以分裂绕组容量 S_{2N} 代替 S_{t1}，即

$$S_{*H} = \left(\frac{K_1}{S_{2N}} \cdot \frac{P_1}{\eta\cos\varphi} + \frac{S_0}{S_{2N}}\right)$$

2）厂用低压母线电压校验。厂用低压母线带有负荷 S_2，低压厂用变压器容量为 S_{t2}，现以 S_{t2} 为基准容量，低压厂用变压器的电抗为 x_{*t2}：

$$I_{*2} = K_2 U_{*2}\frac{S_2}{S_{t2}}$$

电动机自启动时，高、低母线电压关系为

$$U_{*1} - U_{*2} = I_{*2}x_{*t2}$$

将 I_{*2} 代入，并整理得

$$U_{*2} = \frac{U_{*1}}{1 + K_2\dfrac{P_2}{\eta\cos\varphi}\dfrac{x_{*t2}}{S_{t2}}} = \frac{U_{*1}}{1 + x_{*t2}S_{*L}} \quad (5 - 11)$$

式中　S_{*L}——低压厂用母线的合成负荷标幺值，$S_{*L} = K_2\dfrac{P_2}{\eta\cos\varphi S_{t2}}$ ；

　　　　x_{*t2}——$x_{*t2} = 1.1 \times \dfrac{U_k\%}{100}$ ；

　　　　U_{*1}——前一步的计算结果，所求高压母线和低压母线的电压不应低于电动机自启动
　　　　要求的厂用母线的最低电压值。

2. 容量校验

由母线的电压校验可见，在自启动时高压母线电压与高压主变压器的阻抗成反比，同时与参加自启动电动机的容量成反比。容量校验是根据厂用母线电压最低值，求允许参与自启动的电动机容量。

$$S_{*m\Sigma} = \frac{U_{*0} - U_{*1}}{U_{*1}x_{*t}} \quad (5 - 12)$$

由此可见：当电动机额定启动电流倍数大，变压器短路电压大，机端残压要求高时，允

许参加自启动的功率就小；厂用变压器容量大，电动机效率和功率因数均高时，允许参加自启动的功率就大。为保证重要厂用机械的电动机能自启动，通常可采取以下措施。

（1）限制参加自启动的电动机台数。对不重要设备的电动机加装低电压保护装置，延时0.5s断开，不参加自启动。

（2）负载转矩为定值的电动机，因它只能在接近额定电压下启动，不参加自启动。对这类电动机采用低电压保护，当厂用母线电压低于临界值时，把它从厂用母线上断开，厂用母线电压恢复后再自动投入。

（3）对重要的机械设备，选用具有高启动转矩和允许过负荷倍数较大的电动机。

（4）在不得已的情况下，另行选用较大容量的厂用变压器，或在短路电流允许的情况下，适当减小厂用变压器的阻抗。

【例 5 - 1】 某高温高压火电厂6kV高压厂用工作变压器的容量为10000kVA，$U_k\% = 8$；参加自启动电动机的平均启动电流倍数为4.5，$\cos\phi = 0.8$，效率 $\eta = 0.92$。试计算允许自启动的电动机总容量。

解 由表5-3可见，高温高压火电厂由高压厂用工作变压器使厂用电动机自启动时要求的厂用母线电压最低值为0.65；高压厂用工作变压器一般为无激磁调压变压器，电源母线电压标幺值 U_{*0} 取1.05；高压厂用工作变压器电抗标幺值取额定值的1.1倍。于是

$$x_{*t} = 1.1 U_k\%/100 = 1.1 \times 8/100 = 0.088$$

$$P_{m\Sigma} = \frac{(U_{*0} - U_{*1})\eta\cos\varphi}{U_{*1} x_{*t} K_{av}} S = \frac{(1.05 - 0.65) \times 0.92 \times 0.8}{0.65 \times 0.088 \times 4.5} \times 10000 = 11437(kW)$$

即允许自启动的电动机总容量为11437kW。

思 考 题

5-1 厂用电的作用和意义是什么？

5-2 厂用电负荷分为哪几大类？

5-3 对厂用电接线有哪些基本要求？

5-4 火电厂和中小型水电厂的厂用负荷都有哪些特点？各由哪些具体负荷组成？分类如何？

5-5 厂用电最大负荷如何确定？采用不同的备用方式和不同的变压器类型如何选择变压器的容量？

5-6 厂用电源引接时，如何保证两个电源的独立性？

5-7 什么是明备用？什么是暗备用？

5-8 备用电源自动投入装置和不间断交流电源的作用是什么？

5-9 什么是电动机自启动？能够成功自启动的标准是什么？

5-10 为什么要进行电动机自启动校验，怎么校验？

5-11 对某火电厂厂用电做自启动校验。高压厂用变压器的容量 $S_T = 63MVA$，$U_d = 8\%$，电动机的 $I_{*qp} = 5.5$，$\cos\Phi = 0.8$，$\eta = 0.9$。计算：

（1）参加自启动电动机总功率为51.4MW时，自启动瞬间高压厂用母线电压。

（2）允许参加自启动的电动机最大总功率。

第六章 补偿与限流

第一节 电力电容器和电抗器

一、电力电容器

任意两块金属导体，中间用绝缘介质隔开，即构成一个电容器。电容器电容的大小，由其几何尺寸和两极板间绝缘介质的特性决定。电力电容器是用于电力系统的电容器。

（一）电力电容器的结构

电力电容器的基本结构如图 6-1 所示，主要包括电容元件、浸渍剂、紧固件、引线、外壳和套管。电容元件由固体介质与铝箔电极卷制成，固体介质可采用电容器纸、膜纸复合或纯薄膜作为介质。在电压为 10kV 及以下的高压电容器内，每个电容元件上都串有一熔丝，作为电容器内部的过电流保护。电容元件一般放于浸渍剂中，以提高其介质耐压强度，改善局部放电特性和散热条件，浸渍剂一般有矿物油、氯化联苯、SF_6 气体等。

（二）电力电容器组

当单个电容元件的额定电压不能满足电网正常工作电压要求时，需由多个电容元件串接形成电容器单元，以达到电网正常工作电压的要求。当单个电容元件的额定电流不能满足容量的要求时，需由多个电容元件并接形成电容器单元，以达到补偿容量的要求。

电容器组就是电气上连接在一起的一组电

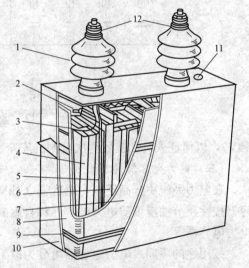

图 6-1 电力电容器的基本结构
1—出线瓷套管；2—出线连接片；
3—连接片；4—电容元件；
5—出线连接片固定板；6—组间绝缘；
7—包封件；8—夹板；9—紧箍；
10—外壳；11—封口盖；12—接线端子

容器单元。实际电容器组的接线方式有先并后串和先串后并两种接线方式。图 6-2（a）的先并后串接线方式，优点在于当一台故障电容器由于熔断器 FU 熔断退出运行后，对该相的容量变化和与故障电容器并联的电容器上承受的工作电压的变化影响较小，同时熔断器 FU 的选择只需考虑与单台电容器相配合。故工程中普遍采用，并为规程所肯定。

图 6-2（b）的先串后并接线方式，缺点为当 1 台故障电容器由于熔断器 FU 熔断退出运行后，导致故障电容器所在的电容器串整个退出运行，对该相的容量变化和剩余电容器串上工作电压的变化的影响较大。

图 6-2 中 L 是放电线圈，其作用是在装置退出运行时，将电容器中残存的电荷放掉，其具体要求是在规定的时间内（标准为 5s），电容器两端的残存电压降到规定值（标准为

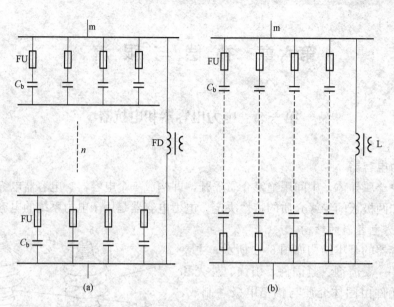

图 6-2　电力电容器组

(a) 先并后串接线方式；(b) 先串后并接线方式

50V），以保证人员和装置再次合闸的安全。放电线圈的二次电压提供继电保护的信号。

（三）电力电容器的类型

在电力系统中分高压电力电容器（1kV 以上）和低压电力电容器（400V）；低压电力电容器按性质分油浸纸质电力电容器和自愈式电力电容器，按功能分普通电力电容器和智能式电力电容器等。

按用途的不同，电力电容器可分为以下几类：

（1）并联电容器。原称移相电容器，主要用于补偿电力系统感性负荷的无功功率，以提高功率因数，改善电压质量，降低线路损耗。并联电容器又可分为：①高压并联电容器；②低压并联电容器，大多为自愈式电容器；③集合式并联电容器，也称作并联电容器组；④箱式电容器，与集合式电容器的区别是：集合式电容器是由电容器单元（单台电容器有时也叫电容器单元）串并联组成，放置于金属箱内。箱式电容器是由元件串并联组成芯子，放置于金属箱内。

（2）串联电容器。串联于工频高压输、配电线路中，用以补偿线路的分布感抗，提高系统的静态、动态稳定性，改善线路的电压质量，加长送电距离和增大输送能力。

（3）交流滤波电容器。与电抗器、电阻器连接在一起组成交流滤波器，用来对一种或多种谐波电流提供低阻抗通道，降低网络谐波水平，改善系统的功率因数。

（4）耦合电容器。它主要用于高压电力线路的高频通信、测量、控制、保护以及在抽取电能的装置中作部件用。

（5）断路器电容器。原称均压电容器，并联在超高压断路器断口上起均压作用，使各断口间的电压在分断过程中和断开时均匀，并可改善断路器的灭弧特性，提高分断能力。

（6）脉冲电容器。主要起储能作用，用作冲击电压发生器、冲击电流发生器、断路器试验用振荡回路等基本储能元件。

（7）直流和滤波电容器。用于高压整流滤波装置及高压直流输电中，滤除残余交流成分，减少直流中的纹波，提高直流输电的质量。

（8）标准电容器。用于工频高压测量介质损耗回路中，作为标准电容或用作测量高压的电容分压装置。

（四）电力电容器的操作

手动或自动投、切电容器时，会产生合闸涌流和操作过电压。在合闸过程中，电容器产生的合闸涌流，可能使断路器跳闸，或者熔丝熔断。在分闸过程中，可能引起电感-电容回路的振荡过程，而产生高达 4 倍以上的操作过电压，如果再发生断路器电弧重燃，将引起强烈的电磁振荡，出现更高的过电压。因此，应选择可以多次投切不用检修的高性能投切断路器。

应避免空投并联电容器。当变电站母线无负荷时，母线电压可能较高，有可能超过电容器的允许电压，若此时空投电容器，可能会造成其绝缘损坏。另外，电容器可能与空载变压器产生铁磁谐振而使过电流保护动作。因此在全站停电操作时，应先断开电容器断路器后，再拉开各路出线断路器，恢复送电时应与此顺序相反。

禁止电容器带电荷合闸。电容器与电网断开后，由于极板上仍然存在电荷，两端仍存在一定的残余电压。而且，由于电容器极间绝缘电阻很高，自行放电的速度很慢，残余电压要延续较长的时间。电容器每次重新合闸，必须在开关断开的情况下将电容器放电 3min 后才能进行，否则合闸瞬间可能因残留电荷而引起电容器爆炸甚至群爆。为此一般规定容量在 160kvar 以上的电容器，应装设无压时自动放电装置，并规定电容器的开关不允许装设自动重合闸。

确保电容器完全不带电时才能进行检修或更换。为了防止运行或检修人员，触及有剩余电荷的电容器而发生危险，在接触电容器的导电部分之前，还必须用绝缘的接地金属杆，短接电容器的出线端，进行逐个放电，即使电容器已经自动放电。

二、电抗器

电抗器也叫电感器，一个导体通电时就会在其占据的一定空间范围产生磁场，所有能载流的导电体都有一般意义上的电感性。

（一）电抗器的结构

1. 空心电抗器

通电长直导体的电感较小，所产生的磁场不强，因此实际的电抗器是导线绕成螺线管形状，称空心电抗器。空心式电抗器就是一个无导磁材料的空心电感线圈，其结构与变压器线圈相同，如图 6-3 所示。空心电抗器的特点是由于没有铁芯柱，可以避免电抗器的饱和而降低对短路电流的限制作用。

空心式电抗器的紧固方式一般有两种：一种是采用水泥浇铸，故又称为水泥电抗器；另一种是采用环氧树脂板夹固或采用环氧树脂浇铸。

空心电抗器都做成单相，根据电抗器额定电流大小和尺寸大小的不同，由三个单相空心电抗器可布置为水平、品字和竖直等方式，以组成三相式电抗器，图 6-3 中三

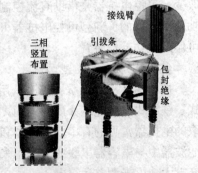

图 6-3 空心电抗器的结构

相电抗器竖直布置。

分裂电抗器是一种特殊的空心电抗器，它在结构上和普通电抗器没有大的区别。不同之处是，在电抗线圈的中心有一个抽头作为公共端，用来连接电源，于是一个电抗器形成两个分支（也称为两个臂），此二分支可各接一个电流大致相等的负荷（如厂用母线）。

两个分支的线圈缠绕方向与结构参数都相同，其间存在互感。分裂电抗器的图形符号、单相接线及等值电路如图 6 - 4 所示。

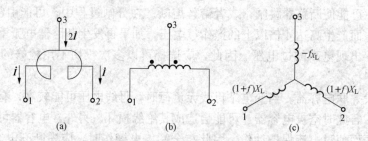

图 6 - 4　分裂电抗器的图形符号、单相接线及等值电路图
(a) 图形符号；(b) 单相接线；(c) 等值电路图

从等值电路图可见，两分支里电流方向相反，正常运行时，由于互感的存在，两臂间的互感效应使电抗器单臂的等效电抗值相对于其自感电抗减小，故正常工作时的电压损失较小。

当一分支出线发生短路时，该分支流过短路电流，另一分支的负荷电流相对于短路电流来说很小，对短路臂的互感影响可以忽略。则流过短路电流的分支电抗为自感电抗 X_L，大于正常运行时的电抗，故限制短路电流的作用强。

分裂电抗器这种结构的主要优点是正常工作电压降小，短路时电抗大，可以限制短路电流。缺点是当一臂负荷变动过大时，另一臂将产生较大的电压波动；当一臂短路、另一臂接有负荷时，由于互感电势的作用，将在另一臂产生感应过电压，可能使继电保护误动作。

2. 铁芯电抗器

有时为了让空心线圈具有更大的电抗，便在空心线圈中插入铁芯，称铁芯电抗器。铁芯式电抗器的结构与变压器的结构相似，但只有单个线圈——激磁线圈；其铁芯和铁轭结构与变压器相同，铁轭和铁芯均应接地。

铁芯式电抗器磁通全部或大部分经铁芯闭合，可以通过改变铁芯的磁导率来实现电抗的改变。可控电抗器是借助直流控制电流的激磁来改变铁芯的磁饱和度，从而达到平滑调节无功输出的目的。新型可控电抗器可以应用于直到 1150kV 的任何电压等级的电网，作为连续可调的无功补偿装置。

（二）电抗器的类型

按结构及冷却介质、接法、用途的不同，电抗器有不同的类型。按结构形式分为空心式、铁芯式；按绝缘介质的不同，可分为干式、油浸式等；按接法的不同，电力系统中所采取的电抗器常见的有串联电抗器和并联电抗器。串联电抗器主要用来限制短路电流，也有在滤波器中与电容器串联或并联用来限制电网中的高次谐波；并联电抗器用来吸收线路的容性充电无功，来调整运行电压。

按具体用途的不同，电抗器可以细分成很多种，如限流电抗器、无功补偿电抗器、滤波电抗器、平波电抗器、消弧线圈等。

（1）限流电抗器一般用于配电线路，以限制馈线的短路电流而选择轻型电器，并维持母线电压，不致因馈线短路而致过低。

（2）无功补偿电抗器常并联于高压变电站的中低压侧，用于补偿输电线的容性充电容量，通过调整并联电抗器的数量不仅可以维持输电系统的电压稳定，还可以提高系统的传输能力和效率，还可以有效地降低系统操作过电压，进而降低系统的绝缘水平。

（3）滤波电抗器广泛用于高低压滤波柜中，与滤波电容器相串联，调谐至某一谐振频率，用来吸收电网中相应频率的谐波电流，电抗率（滤波电抗器的电抗与电容器组的容抗之比）有 1%、5.67%、6%、12%、13% 等，分别消除 3、5、7、11、13 次及更高次谐波。滤波电抗器与电容器相串联后，不但能有效地吸收电网谐波，而且提高了系统的功率因数，对于系统的安全运行起到较大的作用。

（4）平波电抗器用于整流以后的直流回路中。整流电路的脉波数总是有限的，在输出的整流电压中总是存在纹波，这种纹波需要由平波电抗器加以抑制。直流输电的换流站都装有平波电抗器，使输出的直流接近于理想直流。平波电抗器一般串接在每个极换流器的直流输出端与直流线路之间，是高压直流换流站的重要设备之一。

（5）消弧线圈也叫接地电抗器，用于中性点非直接接地系统中，一端接变压器中性点，另一端接地。当系统发生单相接地故障，出现接地弧光时，消弧线圈中产生电感电流以补偿线路产生的分布电容电流，使流经故障点的接地电流减小，不致发生持续的电弧。

第二节 并联无功补偿

在变电站或用户电动机附近装设无功补偿装置，可以减少由电源提供、由线路输送的负荷所需的感性无功，由于减少了无功功率在电网中的流动，因此可以降低线路和变压器因输送无功功率造成的电能损耗和电压降落。

常规无功补偿装置分调相机、并联电容补偿装置、并联电抗补偿装置和静止无功补偿装置（SVC）四种。因调相机是旋转机械，运行管理维护工作量大，建（构）筑物也较大，故目前已很少采用。

一、并联电容补偿装置

如图 6-5 所示，并联电容补偿装置的基本接线分为星形（Y）连接和三角形（△）连接两种形式。图中断路器 QF1 是满足电容器操作要求的专用断路器。当电容器的操作过电压超过设备允许值时，应在断路器和电容器 C 之间装设氧化锌避雷器。

其基本原理是，把能够输出容性功率的并联电容补偿装置与感性负荷并接在一起，这样，无功功率就可以在补偿装置与负荷之间相互交换，负荷所需要的感性无功由补偿装置输出

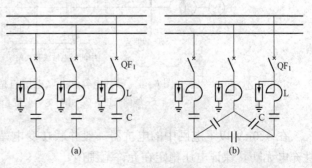

图 6-5　并联补偿的原理接线

(a) Y 形连接；(b) △形连接

的容性无功来补偿。

当谐波与并联电容器在低压电网中并存时，可能会引发串联谐振或并联谐振。若谐波来自电源系统，则变压器的电抗和并联在低压侧的电容在一定参数的配合下，可能引发串联谐振；若谐波源来自低压侧的非线性负荷（如变频器），则变压器的电抗（加上电源系统的少量电抗）和低压侧的电容可能引发并联谐振。

常用的解决办法是给并联电容器 C 串联一个电抗器 L，如图 6 - 5 所示，形成交流单通滤波器。在向电网提供容性无功的同时，调谐电抗和电容串联回路的谐振频率，使其低于网络中可能产生的最低次谐波频率，这样无论是串联谐振还是并联谐振就都不会发生。此外，此串联电抗器还可兼作涌流限制器，降低电容器的涌流倍数；还可兼作限流电抗器，减少系统向并联电容器或电容器向系统提供的短路电流值。

为达到要求的补偿容量，有时需要用若干台电容器并联组成电容器组。通过分组投入与退出并联电容器组，可以实现容性或感性无功功率的阶梯调节。

并联补偿装置的分组容量应满足以下要求：

(1) 分组装置在不同组合方式中投切时，不能引起高次谐波谐振和放大有害谐波；

(2) 投切一组补偿装置引起的变压器中低侧线电压的变化值不超过 $2.5\%U_N$；

(3) 与投切电容器的断路器的能力相适应；

(4) 不超过单台电容器的爆破容量和熔断器的耐爆能量。

为简化接线和节约投资，宜加大分组容量和减少分组数。500kV 变电站电容补偿装置的分组容量可选为 30～60Mvar，330kV 变电站可选为 10～25Mvar。并联电抗器组的分组容量参照上述 (2)、(3) 两项的要求，可适当加大。

二、并联电抗补偿装置

330kV 及以上线路上常并联电抗器，其主要作用是：削弱空载或轻负载线路中的电容效应，改善电压分布，降低工频暂态过电压，进而限制操作过电压的幅值，并兼有减少潜供电流，便于系统并网，提高送电可靠性等功能。

它一般并接在需要控制工频过电压幅值的线路中间或末端，常与串补装置同时安装在线路中间开关站或变电站中，如图 6 - 6 所示的 L。一般并联电抗器宜与超高压线路同时运行，即超高压并联电抗器回路不装设断路器或负荷开关。

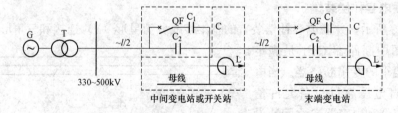

图 6 - 6　串补电容和并联电抗与超高压系统的连接

l—线路长度；C—串补电容装置；L—并联电抗器

在 330kV 以下电网中的电抗器一般并联在变电站的中低压侧，用来吸收电缆线路的容性充电无功，保证电压稳定在允许范围内。

三、静止无功补偿装置

静止无功补偿器（static var compensation，SVC）一般专指使用晶闸管的无功补偿装置。相对旋转的调相机而言，它是将静止可控的电抗器和电力电容器（固定或分组投切）并联使用，实现无功补偿的双向、动态调节。当系统负荷重、电压低时能输出容性无功；当系统负荷轻、电压高时能输出感性无功。

SVC 通常由与负荷并联的电抗器和电容器组合而成，且其中电抗器往往是可调的。可调电抗器包括晶闸管控制的电抗器（TCR）和晶闸管投切的电抗器（TSR）两种形式。电容器通常包括固定的电容器（FC）、机械投切的电容器（MSC）和晶闸管投切的电容器（TSC）等形式。

TCR 由电抗器及晶闸管等构成，类似一个连续可调的电感。如图 6 - 7 所示，基本的单相 TCR 由反并联的一对晶闸管阀 V1、V2 与一个线性的空心电抗器 L 相串联组成。反并联的一对晶闸管就像一个双向开关，晶闸管阀 V1 在供电电压的正半波导通，而晶闸管阀 V2 在供电电压的负半波导通。

TSC 由电容器及晶闸管等构成，通过晶闸管的开通或关断使其等效容抗成阶梯式变化。由于电容的电压不能突变，为了尽可能地减小电容器接入瞬间引起的电流冲击，必须选择电容器投入的时间。当通过晶闸管的电流瞬时值为零（或最小）时投入，冲击电流最小。因此，对电容器的投入/切除只能进行阶梯式调节，而不可能实现连续调节。为了限制因晶闸管误触发或事故情况下引起的合闸涌流，电路中加装有串联电抗器 L_1。

TSC 本身不产生谐波，但只能以阶梯变化的方式满足系统对无功的需要，这在许多应用场合是不希望的。TCR 具有平衡负荷的能力，但其工作时产生的感性电流需要补偿电容的容性电流来平衡，TCR 的容量通常是额定容量的两倍，从而导致开关器件和电感容量的浪费。

TCR 和 TSC 混合型 SVC 装置可克服上述缺点，其原理如图 6 - 7 所示。它包括一组晶闸管相控电抗器 TCR，5、7 次滤波器及 n 组 TSC。其基本运行原理是：当运行电压低于设定电压时，根据需要补偿的容性无功量，由 TSC 投入适当组数的电容器，并略有一点正偏差（即过补偿），此时再通过控制晶闸管的导通时间，用晶闸管相控电抗器 TCR 的感性无功功率来抵消这部分过补偿的容性无功。当系统电压高于设定的运行电压时，则切除所有的电容器组，TCR 和 TSC 混合型 SVC 装置此时只有 TCR 运行。

图 6 - 7 中 5、7 次无源滤波装置实质是兼补偿容性无功和滤去电网谐波两种功能的并联电容器装置，一般根据需要由数组单通滤波器和一组高通滤波器组成。其基本原理是利用电路谐振的特点，对某次谐波或某次以上谐波形成低阻抗通路，以达到抑制高次谐波和无功补偿的作用。按照滤波器原理分为单调谐波滤波器、双调谐波滤波器和高通滤波器等几种。

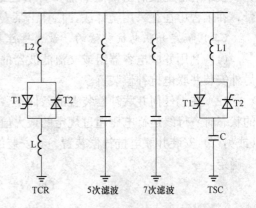

图 6 - 7　TCR 和 TSC 混合型 SVC 装置

四、补偿装置与电力系统的连接

并联补偿装置都是直接或者通过变压器并接于变（配）电站或换流站的中低压母线上，根据需要补偿电网的无功。

并联补偿装置的接线方式应根据补偿性质、设备特点和分组数等条件确定，应满足安全可靠、运行维护方便、节约投资等要求。补偿装置应根据无功负荷增长和电网结构变化分期装设无功补偿装置，应采用单母线接线或按总断路器性能要求采用多段母线，常用的接线方式如图 6‑8 所示。

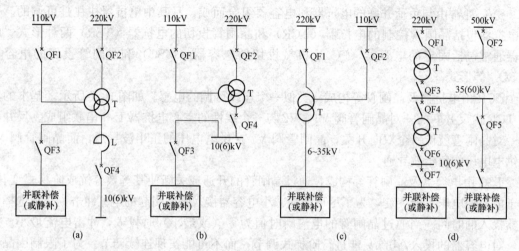

图 6‑8　并联补偿装置、静止补偿装置与系统连接方式示意图
(a) 接主变压器和电抗器间；(b) 接 10 (6) kV 母线；(c) 接自耦变压器第三绕组；(d) 分接不同电压母线

五、补偿装置的容量确定

并联补偿装置在容量的选择上，具有一定的共性，而在形式上都各有特点，在选型时必须进行技术经济比较。

（一）确定并联电容补偿的"最大容性无功量"原则

（1）对于直接供电的终端变电站，安装的最大容性无功量应等于装置所在母线上的负荷按提高功率因数所需补偿的最大容性无功量与主变压器所需补偿的最大容性无功量之和。

（2）对于枢纽变电站和地区变电站，安装的最大容性无功量，应等于经系统调相调压计算及技术经济比较后所确定的需要补偿的最大容性无功量，而这个需补偿的最大容性无功量，在工程中往往采用统计法，估算出某安装点所需补偿的最大容性无功量。

（二）确定并联电抗补偿的"最大感性无功量"原则

（1）利用并联电容器组或交流滤波器的投切，可以满足电网无功变化的要求时，则不需另外安装并联电抗补偿装置。

（2）在无任何并联补偿装置的条件下（或当已设置的并联电容补偿装置，处于完全切除的状态时）母线运行电压超过规定的最大值，或某点的功率因数角由负值变为正值，需单独（或另行）安装并联电抗补偿装置，其安装的最大感性无功量可由式（6‑1）和式（6‑2）之一确定。

$$Q_{\text{L.M1}} = S_{\text{d}} \Delta U(\%)/100 \qquad\qquad (6\text{‑}1)$$

$$Q_{\text{L.M2}} = P_{\min} \tan\varphi_1 \qquad\qquad (6\text{‑}2)$$

式中　$Q_{\text{L.M1}}$——需降低运行电压的母线处应安装的最大感性无功量，kvar；

　　　S_{d}——母线处零秒时的三相短路容量，kVA；

　ΔU（%）——使母线最高运行电压下降至允许值内时，预计母线电压应下降的百分值；

$Q_{L.M2}$——按补偿负荷功率因数要求应安装的最大感性无功量，kvar；

P_{min}——计算点上的最小有功负荷，kW；

φ_1——计算点上出现 P_{min} 时的超前功率因数角。

（3）超高压并联电抗器的容量经过优选，最后以补偿度 K_t 来表示电抗器的容量。

$$K_t = Q_L/Q_C$$

式中　K_t——补偿度；

Q_L——并联电抗器容量，Mvar；

Q_C——线路的充电功率，Mvar。

一般取 $K_t=40\%\sim80\%$，因为 $80\%\sim100\%$ 的补偿度是一相开断或两相开断的谐振区，应尽量不用。电抗器选择时应考虑对操作过电压及高频谐振和工频传递谐振过电压的影响。

（三）确定静补装置的最大容性和感性无功量原则

（1）安装的最大容性无功量（Q_C）由并联电容补偿的"最大容性无功量"的原则确定。

（2）静补装置安装的最大感性无功量（Q_L），按下述情况考虑。

1）在一般情况下，安装的最大感性无功量（Q_L）应等于电网无功变化量的最大幅值（工程中可按每月平均日无功负荷曲线最大值与最小值之差值选取）。

2）如果电网无功变化量中的一部分，可以用具有阶梯调节能力的并联电容补偿装置补偿时，则静补装置安装的容量 Q_{LM}，可按调节能力适当减少。

3）如果电网只需单独安装感性无功容量时，一般不采用静补装置的感性无功设备，因为它为一谐波源，且价格比线性并联电抗器贵。

（四）并联电容补偿后谐振判据及消谐措施

凡并接电容器组的母线上无其他负载，并且认定谐波源为谐波电压源时，应按式（6-3）校验是否有发生基波及谐波串联谐振的可能性，即

$$n = \sqrt{\dfrac{S_d}{\dfrac{Q_C+SX_L}{X_C}}} = \sqrt{\dfrac{S_d}{Q_C+AS}} \tag{6-3}$$

式中　n——发生串联谐振的谐波次数，若 n 接近于1或系统中已存在的某一谐波次数，就认为有发生串联谐振的可能性；

S_d——Q_C 装设点母线的零秒时的三相短路容量，kVA；

Q_C——电容器组的计算容量，kvar；

A——电容器组或交流滤波器的调谐度；

X_L——每相电容器组回路中所串联的感抗值，无串联电抗器时，$X_L\approx0$，工程中总是使每一个电容器组中三相的 X_L 相等，若电容器组的 X_L 不相等时，只需校验各电容器组是否会单独产生串联谐振的情况，Ω；

X_C——每相电容器组的额定容抗值，Ω。

计算时，电容器组的计算容量 Q_C 应取每个分组，或分组集合，或总的电容器额定容量分别进行校验。在认定有发生串联谐振的可能性时，则应改变电容器组总的容量，或改变分组容量的配置或改变补偿装置的接线，并避免相应的某种运行方式，以便使电网远离谐振点。

当认定谐波源为谐波电流源时，应校验在可能出现的各种运行工况下，能否发生谐波放

大现象。若可发生，则应改变判断式中 X_C 及 X_L 的数值，避免发生谐波放大现象。

第三节　串联电容补偿

一、110kV 及以下电网中的串联电容补偿

对于中、低压线路而言，由于线路阻抗较大，其输送能力通常由最大允许电压降落值来决定。对线路末端电压影响最大的是电压降落的纵向分量。如果在线路上串联电容器，利用其容性电抗抵消一部分线路感抗，则电容补偿后的线路电压降落将大为减小。

在 110kV 及以下电压等级的电网中，利用串联电容器补偿线路电抗，使线路的电压降落减小，以保证受端电压的要求，一般最大可将线路末端电压提高 10%～20%。其改善效果可按式（6-4）计算，即

$$\Delta U(\%) = \frac{X_C/X_L}{(1 + \cot\varphi R_L)/X_L} \qquad (6-4)$$

式中　　$\Delta U(\%)$——线路接有串联电容器后电压变化的百分数；

φ——负荷端功率因数角；

X_C——串补的容抗，Ω；

R_L、X_L——线路电阻与电抗。

在式（6-4）中，定义：

$$K_C = X_C/X_L$$

K_C 为串联电容补偿的补偿度，显然补偿度越大，提高末端电压的效果越好。

除了用来提高线路末端电压外，串联电容补偿装置还特别适用于接有变化很大的冲击负荷（如电弧炉、电焊机、电气铁道等）的线路上，用来消除电压的剧烈波动。这是因为串联电容器在线路中对电压降落的补偿作用是随电容器的负荷而变化的，具有随负荷的变化而瞬时调节的性能，能自动维持负荷端的电压值。

此外，在以不同电压等级和导线截面组成的闭合电网中，功率分布按元件参数自然分布，而不能做经济功率分布。在闭合电网中的某些线路上串联一些电容器，部分地改变线路电抗，可以使电流按指定的路线流动，达到功率经济分布的目的。

当 110kV 及以下线路沿线接有多个负荷时，串联补偿装置的安装位置应使沿线电压分布尽量均匀，各负荷点的电压变化均在允许范围之内。对于负荷全部集中于线路末端的简单情况，可按式（6-5）确定需要装设的串联电容器的无功功率容量，即

$$Q_C = \beta_\alpha P \qquad (6-5)$$

式中　　Q_C——需要装设的串联电容器的容量，kvar；

P——线路的最大有功功率，kW；

β_α——系数，根据给定的条件查相关曲线得出。

二、220kV 及以上电网中的串联电容补偿

220kV 及以上电网中串联补偿装置以提高系统稳定性和线路输送能力为目的。

（1）提高线路输送功率。超高压远距离输电线路的感抗对限制输电能力起着决定性的作用。当串入电容后，按照静态稳定条件计算输送功率变为

$$P = \frac{U_1 U_2}{X_L - X_C}\sin\delta \qquad (6-6)$$

式中 X_C——串联电容的容抗。在同一角度 δ 情况下，串联电容后输送功率提高了 $\dfrac{X_L}{X_L-X_C}$ 倍。可见，将电容器串入输电回路，利用其容抗抵消部分线路感抗 X_L，相当于缩短了线路的电气距离，从而提高了系统的静稳极限和输送能力。

220kV 及以上线路装上串联电容器后，可提高送电能力，取得较大的经济效益，但当 K_c 大于某一数值后，再进一步提高输送容量，会使电容器容量增大很多。每增加 1kvar 电容器，而使线路允许的输送容量提高最大时的补偿度，称为最佳补偿度 K_{cj}，如式（6-7）所示。

$$k_{cj}=\frac{1-\sin\delta}{1+\sin\delta} \tag{6-7}$$

式中 δ——线路受送两端电压相量间的极限相角，当 $\delta=25°\sim30°$ 时，$k_{cj}=35\%\sim45\%$。

补偿度不能超过一定极限值。如负荷变化时，电容器两侧电压跃升不能超过工频过电压允许水平；短路时，线路电抗不能呈容性，以保证继电保护动作的选择性；全补偿将会使静稳定度变坏，且易发生自振荡。因此，极限补偿度不宜超过 $k_{cj}=50\%\sim60\%$。

串联补偿装置一般集中设置，如果全部或部分设置在线路的末端时，可以减少并联无功补偿容量，但有可能引起工频过电压。也不设置在线路的始端，因为若在电容器后短路，短路电抗的大部分被容抗抵消，会有很大的短路电流通过电容器，并增加断路器的开断负担，且对继电保护也带来不利影响。当 220kV 及以上的线路采用集中一处电容补偿时，以安装在线路中点或距始末端 1/3 处为宜；当在两处补偿时，以安装在 1/2 和 2/3 处有最优补偿度。

（2）提高系统稳定性。一般在确定高压输电线路的输电能力时，决定性的因素往往是发生故障时的暂态稳定极限。串联电容的存在及故障切除后串联电容的快速重新接入，将有效减小大扰动后的加速面积，从而提高系统的稳定性。

在远距离输电中，当线路发生故障被部分切除时（如双回路切除一回、单相接地时切除故障相），系统等效电抗急剧增加，为保证必要的稳定性，常采用强行补偿的措施。在图 6-6 中，正常运行时，强补断路器 QF 处于合闸位置，使电容器组 C_1 及 C_2 都投入系统运行；当系统发生故障，需要实行强行补偿时，借助于线路继电保护使 QF 跳闸，C_1 退出运行，总的电容器并联数 m 减少，从而使 X_C 增加。待线路重合闸动作使线路断路器重合前，QF 再次合闸，使 C_1 投入运行。

三、串联补偿电容的过电压保护

电容器耐受瞬时过电压的能力一般不超过 7 倍额定电压。然而，系统短路时，流过电容器的短路电流，将产生十几倍甚至几十倍额定电压的过电压；强行补偿时，未参加强补的电容器因为过负荷和容抗突变，会出现强补过电压；重合闸时，因为系统摇摆角在重合前可能增大，重合冲击也会造成类似短路时的过电压。在接有串联补偿电容的线路上，如果没有适当的保护，电容可能在过电压作用下击穿甚至烧毁。

可采用氧化锌避雷器作为过电压保护的措施。此时，避雷器的额定电压应按电容器组两端的正常最大工作电压选择，残压应与串联电容器组的耐受电压配合，通流容量应按通过最大短路电流时串联电容器组的电压降和继电保护后备动作时间进行校验。

第四节　串联电抗限流

在电力系统发生短路时，会产生数值很大的短路电流，尤其是发电厂和变电站的 6～10kV 系统。如果不加以限制，要保持电气设备的动稳定和热稳定是非常困难的。因此，为了满足某些断路器遮断容量的要求，选择轻型电力设备，常在发电厂和变电站的 6～35kV 电缆出线断路器后串联电抗器，以增大短路阻抗，限制短路电流。

一、限流电抗器装设

（一）在母线分段处装设母线电抗器

母线电抗器装设在母线分段处，如图 6-9 中 1L，其目的是使发电机出口断路器、变压器低压侧断路器、母线联络断路器和分段断路器均能按照各回路额定电流来选择，不会因为短路电流过大而使容量升级选择重型电力设备。

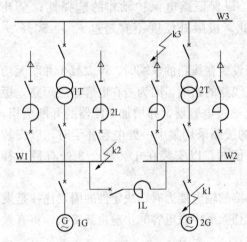

图 6-9　电抗器的接法
1L—母线电抗器；2L—线路电抗器

正常工作情况下，母线分段处通过的电流最小，装设电抗器所引起的电压损失和功率损耗都比装在其他地方要小。短路时又可以限制并列运行的发电机所提供的短路电流，即限制发电厂内部的短路电流（如 k2 点短路），同时对系统提供的短路电流（如 k1 点短路）也能起到一定的限制作用。

当厂站外发生短路（如 k3 点短路）时，由于输电线本身阻抗的存在，母线电抗器 1L 对站外出线的限流作用相对较小。

（二）在电缆馈线首端装设线路电抗器

线路电抗器的作用是限制电缆馈线的短路电流。由于电缆的电抗值较小且有分布电容，即使在电缆末端发生短路，短路电流也和母线短路差不多。为了能选用轻型出线断路器，同时，馈线电缆也不至于因短路发热而加大截面积，常在出线的电源侧加装电抗器，如图 6-9 所示的线路电抗器 2L。

出线电抗器在直配线路中的装设位置有两种方式，一是电抗器装设在线路断路器和隔离开关之间，这种方式下，断路器有可能因切除电抗器故障而损坏；二是电抗器装设在出线断路器和母线之间，这时由于出线电抗器到母线的电气距离一般较长，母线和线路断路器之间的连线上发生单相接地故障机会增加，要寻找接地点时，需要的倒闸操作比较多。限流电抗器一般为空心线圈，运行中发生故障的概率甚小，因此，常采用如图 6-9 所示的第一种装设方式，即电抗器装设在线路断路器和隔离开关之间。

对于架空线路，由于其单位长度的电抗很大，出线不远处发生短路时，短路电流就被限制到较低的水平，因此不需专门装设电抗器限制短路电流。

（三）在电缆馈线上装设分裂电抗器

当分裂电抗器和普通电抗器的电抗值相同时，两者在短路时的限流作用一样，但正常运行时，分裂电抗器的电压损失只有普通电抗器的一半，而且比普通电抗器多一倍的出线，从而减少了电抗器的数目，减少了设备占地面积，故被广泛采用。

　　分裂电抗器在主接线中的装设，有图 6-10 所示的几种方式。当装设在直配电缆馈线上，每个臂可以接一回出线或几回出线；当分裂电抗器串接在发电机回路时，不仅起着出线电抗器的作用，而且也起着母线电抗器的作用；也可以装设在变压器回路中。

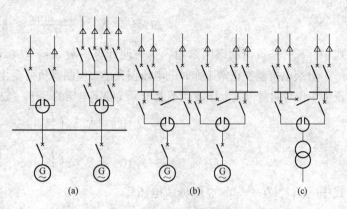

图 6-10　分裂电抗器的装设地点
(a) 装于直配电缆馈线；(b) 装于发电机回路；
(c) 装于变压器回路

二、限流电抗器的选择

(一) 额定电压选择

电抗器的额定电压 U_N 应不小于所在电网的额定电压 U_{NS}。

(二) 额定电流选择

1. 普通电抗器

(1) 主变压器或出线回路电抗器的额定电流 I_N 应不小于通过它的最大持续工作电流。

(2) 母线电抗器，应根据母线上事故切除最大一台发电机时，可能流过电抗器的电流选择。一般选取该台发电机额定电流的 50%～80%。

(3) 变电站母线分段回路的电抗器应满足用户的一级负荷和大部分二级负荷的要求。

2. 分裂电抗器

(1) 当用于发电厂的发电机或主变压器回路时，一般按发电机或主变压器额定电流的 70%选择。

(2) 当用于变电站主变压器回路时，应按负荷电流大的一臂中通过的最大负荷电流选择。当无负荷资料时，一般按主变压器额定电流的 70%选择。

(三) 电抗百分值选择

(1) 将短路电流限制到要求值，即

$$X_R\% \geqslant \left(\frac{I_B}{I''} - X'_{*\Sigma}\right)\frac{I_N U_B}{I_B U_N} \times 100\% \qquad (6-8)$$

式中　U_B、I_B——基准电压，kV，基准电流，kA；

　　　　I''——次暂态短路电流周期分量有效值，kA；

　　　　$X'_{*\Sigma}$——以 U_B、I_B 为基准值，从电源计算至电抗器前的电抗标幺值。

(2) 电压损失校验。

正常工作时，电抗器上的电压损失（$\Delta U\%$）不宜大于额定电压的 5%，即

$$\Delta U\% = X_R\% \frac{I_{max}\sin\varphi}{I_N} \leqslant 5\% \qquad (6 - 9)$$

式中　φ——负荷功率因素角，为方便计算一般 $\cos\varphi$ 取 0.8。

　　分裂电抗器在正常工作时的电压损失小，但两臂负荷变化所引起的电压波动却很大，故要求正常工作时两臂母线电压波动不大于母线额定电压的 5%，按式（6-10）、式（6-11）计算，即

$$U_1\% = \frac{U}{U_N} \times 100 - X_L\%\left(\frac{I_1}{I_N}\sin\varphi_1 - f\frac{I_2}{I_N}\sin\varphi_2\right) \qquad (6 - 10)$$

$$U_2\% = \frac{U}{U_N} \times 100 - X_L\%\left(\frac{I_2}{I_N}\sin\varphi_2 - f\frac{I_1}{I_N}\sin\varphi_1\right) \qquad (6 - 11)$$

式中　U_1、U_2——1、2 侧母线电压；

　　　　U——电源侧电压；

　　　　I_1、I_2——1、2 侧母线上负荷电流。无资料时。可取一臂为 $70\%I_N$，另一臂为 $30\%I_N$；

　　　　φ_1、φ_2——1、2 侧母线上的负荷功率因数角，一般 $\cos\varphi$ 取 0.8；

　　　　f——分裂电抗器的互感系数。

　　为使两段母线上电压差别小，应该使二者的负荷分配尽量均衡。

　　（3）母线残余电压校验。当出线电抗器未设置无时限继电保护时，应按在电抗器后发生短路，母线残余电压（$\Delta U_r\%$）不低于额定值的 60%～70% 校验，即

$$\Delta U_r\% = X_R\% \frac{I''}{I_N} \geqslant 60\% \sim 70\% \qquad (6 - 12)$$

（四）热稳定和动稳定校验

　　普通电抗器的热稳定和动稳定校验和电气设备一般校验原理一致。

　　由于分裂电抗器在两臂同时流过反向短路电流时的动稳定较弱，故对分裂电抗器应分别对单臂流过短路电流和两臂同时流过反向短路电流两种情况进行动稳定校验。

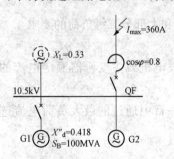

图 6-11　例 6-1 用图

　　【例 6-1】　如图 6-11 所示接线，当取 $S_B = 100\text{MVA}$，$U_B = 10.5\text{kV}$ 时，系统电抗标幺值 $X_L = 0.33$，发电机电抗标幺值 $X''_d = 0.418$。已知 10.5kV 出线断路器 QF 拟采用 SN10-10I 型，其额定短路开断电流 $I_{Nbr} = 16\text{kA}$，全分闸时间 $t_{off} = 0.06\text{s}$，出线保护动作时间 $t_b = 1\text{s}$，线路最大持续工作电流为 360A，试选择出线电抗器。

　　解　取 $S_B = 100\text{MVA}$，$U_B = 10.5\text{kV}$ 时，$I_B = 5.5\text{kA}$。按正常工作电压和最大持续工作电流选择 NKL-10-400 普通电抗器，其中 $U_N = 10\text{kV}$，$I_N = 400\text{A}$。

　　（1）由图 6-11 可求得电抗器前系统电抗为

$$X'_{*\Sigma} = 0.33 \times 0.209/(0.33 + 0.209) = 0.128$$

令 $I'' = I_{Nbr}$，由式（6-8）得

$$X_R\% = \left(\frac{I_B}{I''} - X'_{*\Sigma}\right)\frac{I_N U_B}{I_B U_N} \times 100\%$$

$$= \left(\frac{5.5}{16} - 0.128\right)\frac{0.4 \times 10.5}{5.5 \times 10} \times 100\%$$

$$= 1.63\%$$

若选用 $X_R\% = 3\%$ 的电抗器，计算表明不满足动稳定性要求。故选用 NKL - 10 - 400 - 4 型，其 $X_R\% = 4\%$，动稳定电流 $i_{es} = 25.5\text{kA}$，1s 的热稳定电流 $I_r = 22.5\text{kA}$。

（2）计算电抗器后三相短路电流。电抗器的电抗标幺值为

$$X_{*R} = \frac{X_R\%}{100}\frac{I_B U_N}{I_N U_B} = 0.04 \times \frac{5.5 \times 10}{0.4 \times 10.5} = 0.524$$

计及电抗器后的短路回路总电抗标幺值为

$$X_{*\Sigma} = X'_{*\Sigma} + X_{*R} = 0.128 + 0.524 = 0.652$$

将电力系统作为无限大容量电力系统考虑，短路电流周期分量有效值为 $I'' = 8.43\text{kA}$。校验热、动稳定如下：

三项短路冲击电流为

$$i_{sh}^{(3)} = 2.55 \times 8.43 = 21.5(\text{kA}) < 25.5(\text{kA})$$

短路计算时间为

$t_k = t_{off} + t_b = 1 + 0.06 = 1.06$ （s） >1 （s），故不计非周期分量发热。

电抗器后短路时短路电流的热效应为

$$Q_K = I''^2 t_k = 8.43^2 \times 1.06 = 75.33 < I_r^2 t_r = 506.25(\text{kA}^2 \cdot \text{s})$$

（3）校验电抗器正常运行时的电压损失为

$$\Delta U\% = X_R\% \frac{I_{max}\sin\varphi}{I_N} = 4\% \times \frac{360}{400} \times 0.6 = 2.16\% \leqslant 5\%$$

（4）校验电抗器后三相短路时母线残压为

$$\Delta U_r\% = X_R\% \frac{I''}{I_N} = 4\% \times \frac{8430}{400} = 84.3\% \geqslant 60\% \sim 70\%$$

通过上述计算，表明选用 NKL - 10 - 400 - 4 型普通电抗器满足要求。

6-1　在操作电容器时应注意哪些问题？

6-2　无功功率补偿有哪几种？每种有什么特点？

6-3　并联电容补偿时为什么要串联一个电抗器？此电抗器有哪些作用？

6-4　串联电容补偿的作用是什么？

6-5　串联补偿与并联补偿各用在什么场合？

第七章 接地装置与接地

第一节 接地装置

接地装置是电力设备保护系统的重要组成部分，对电力设备和工作人员的安全都有极其重要的作用。

一、地与接地装置

地就是零电位参考点。直接与大地相接触的各种金属构件、金属井管、与大地有可靠连接的钢筋混凝土建（构）筑物的基础、金属管道和设备等，通常可以作为零电位参考点，即认为是零电位，常称之为自然接地极。

相对于自然接地极，为制造零电位参考点，还可以将专门的金属导体埋入地中直接与大地相接触，形成人工接地极。按导体的埋设方向分为：①水平接地极，埋于地中的表层，可采用圆钢、扁钢等；②垂直接地极，埋于较深的土壤内，可采用钢管、角钢、槽钢等。

在发电厂和变电站中，专门敷设的人工接地极包括接地网和集中接地装置两种形式。

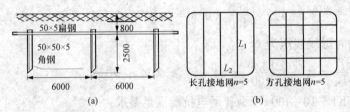

图 7-1 接地网的结构
(a) 正视图；(b) 俯视图

接地网是供发电厂和变电站使用的兼有泄流和均压作用的水平网状接地装置。通常是预先埋设在地下、深度不小于0.6m、外缘弧形闭合、由垂直和水平接地极组成的复合地网，如图 7-1 所示，又称为复合接地极。接地网的主要作用是电力设备的散流和均压，一般情况下，面积较大的接地网，具有较好的散流作用，同时也有均压、减小接触电位差和跨步电位差的作用。接地网中的垂直接地极，可以有效降低地电位升高，具有很好的均压作用，增设垂直接地极对于降低接触电位差和跨步电位差具有非常显著的效果，但对散流的效果一般。

集中接地装置是为加强对雷电流的散流作用和降低对地电位而敷设的附加接地装置，用作避雷针、避雷线和避雷器等设备设施的防雷接地。如图 7-2 所示，一般敷设 3~5 根垂直接地极。在土壤电阻率较高的地区，则敷设 3~5 根放射形水平接地极。

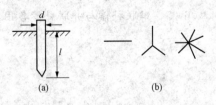

图 7-2 集中接地装置
(a) 垂直接地极；(b) 水平接地极

接地线和接地极合起来称为接地装置。接地线是连接电气装置、设施的接地端子与接地极用的金属导电部分。

由于裸铝导体易受腐蚀的影响，地下接地极、接地线一般采用钢质材料。接地线按70℃时的允许载流量选择截面积，并按照钢接地线的短时温度不超过 400℃进行热稳定校验。对于敷设在地上的接地线，工作电流取为流过接地线的单相接地故障计算电流的 60%；对于敷设在地下的接地线，工作电流取为流过接地线的单相接地故障计算电流的 75%。

二、对接地装置的要求

接地极设计是一个很复杂的过程，先要根据厂站的不同接地要求、接地的范围和地点，选择接地电阻值，实测或估算出土壤的接地电阻率后，计算接地极和接地线的数量和截面积，选定材料和埋设方法。确定发电厂和变电站接地装置的形式和布置时，还应降低接触电位差和跨步电位差在允许的指标之内。

（一）对地电位的要求

考虑人身和设备的安全，要求接地点的最高电位不准超过 2kV，接地装置的接地电阻，直接关系到工频接地短路和雷电流入地时地电位的升高。

接地电阻是人工接地极或自然接地极的对地电阻和接地线电阻的总和。在数值上它等于施加在接地装置上的电流与该电流作用下接地装置产生的接地电压比值的倒数。按通过接地装置入地工频电流求得的接地电阻，称为工频接地电阻；按通过接地装置入地冲击电流求得的接地电阻，称为冲击接地电阻。

接地电阻的允许值是由 $R = U_{gr}/I_{gr}$ 决定的，这时的接地电压 U_{gr} 应是能保证人身安全的数值。一般情况下，发电厂和变电站接地网的接地电阻宜符合式（7-1）的要求，即

$$R \leqslant \frac{2000}{I} \qquad (7-1)$$

式中　R——考虑到季节变化的最大接地电阻，Ω；

　　　I——计算用的流经接地装置的入地短路电流，A。

式（7-1）中的入地短路电流 I，采用在接地网内、外短路时，经接地网流入地中的最大短路电流对称分量最大值，该电流应按 5～10 年发展后的系统最大运行方式确定，并应考虑系统中各接地中性点间的短路电流分配，以及避雷线中分走的接地短路电流。简化计算中，工频接地电阻允许值见表 7-1。

表 7-1　　　　　　　　　　　　工频接地电阻允许值

系统名称	接地装置特点		接地电阻（Ω）
大接地短路电流系统	一般电阻率地区		$R \leqslant \frac{2000}{I}$[①] 或 $R \leqslant 0.05$（当 $I \geqslant 4000A$ 时）
	高电阻率地区		$R \leqslant 5$[②]
小接地短路电流系统	仅用于高压电力设备的接地装置		$R \leqslant \frac{250}{I} \leqslant 10$
	高压与低压电力设备共用的接地装置		$R \leqslant \frac{120}{I} \leqslant 10$
	高电阻率地区	高压和低压电力设备	$R \leqslant 30$
		发电厂和变电站	$R \leqslant 15$

续表

系统名称	接地装置特点	接地电阻（Ω）
低压电力设备	低压电力设备	$R \leqslant \dfrac{200}{I} \leqslant 4$③
	并列运行的发电机、变压器等电力设备的总容量不超过 100kVA 时	$R \leqslant 10$③
	重复接地	$R \leqslant 10$
	电力设备接地电阻允许达到 10Ω 的电力网的重复接地（重复接地不少于三处）	$R \leqslant 30$

注 ① I——计算用的流经接地装置的入地短路电流，A。

　　② $R \leqslant 5\Omega$ 时并应符合下列要求：

　　　1）对可能将接地网的高电位引向厂、站外，或将低电位引向厂站内的设施，应采取隔离接地电位措施；

　　　2）当接地网电位升高时，考虑短路电流非周期分量的影响，发电厂变电站内 3～10kV 阀型避雷器不应动作；

　　　3）设计时应采取均压措施并验算接触电压和跨步电压，施工后应进行测量，并绘制电位分布曲线。

　　③ 在采用接零保护电力网中是指变压器的接地电阻。

　　发电厂和变电站内，不同用途和不同额定电压的电气装置或设备，除另有规定外应使用一个总的接地网，接地网的接地电阻应符合其中最小值的要求。

（二）对均压的要求

　　确定发电厂、变电站接地装置的形式和布置时，考虑保护接地的要求，应降低接触电位差和跨步电位差。

　　在发生接地故障（如电力设备主绝缘损坏致使金属外壳等与带电部分相连通）时，接地故障（短路）电流流过接地装置，在大地表面形成分布电位，设备外壳或架构将带高压，位于高压电场内的人体将承受一定的电压。在地面上到设备水平距离为 1m 处与设备外壳、架构或墙壁离地面的垂直距离 2m 处两点间的电位差，称为接触电位差，如图 7-3 所示。接地网孔中心对接地网接地极的最大电位差，称为最大接触电位差。

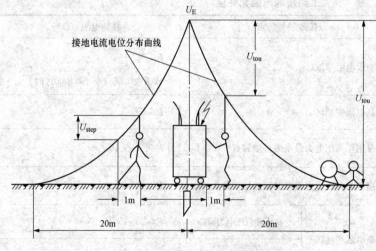

图 7-3　接触电位差和跨步电位差

　　雷（接地短路）电流流过接地装置时，大地表面形成分布电位，在地面上行走的人，两腿间也将承受一定的电压。地面上水平距离为 1.0m 的两点间的电位差，称为跨步电位差。接地网外的地面上水平距离为 1.0m 处对接地网边缘接地极的电位差，称为最大跨步电位差。

　　对接触电位差和跨步电位差有以下要求：

（1）在110kV及以上有效接地系统和6～35kV低电阻接地系统发生单相接地或同点两相接地时，发电厂变电站接地装置的接触电位差和跨步电位差不应超过式（7-2）、式（7-3）数值，即

$$U_s = \frac{174 + 0.17\rho_f}{\sqrt{t}} \qquad\qquad (7-2)$$

$$U_s = \frac{174 + 0.7\rho_f}{\sqrt{t}} \qquad\qquad (7-3)$$

式中 U_t——接触电位差，V；

　　　U_s——跨步电位差，V；

　　　ρ_f——人脚站立处地表面的土壤电阻率，$\Omega \cdot m$；

　　　t——接地短路（故障）电流的持续时间，s。

（2）3～66kV不接地、经消弧线圈接地和高电阻接地系统，发生单相接地故障后，当不迅速切除故障时，此时发电厂变电站接地装置的接触电位差和跨步电位差不应超过式（7-4）和式（7-5）数值，即

$$U_t = 50 + 0.05\rho_f \qquad\qquad (7-4)$$
$$U_s = 50 + 0.2\rho_f \qquad\qquad (7-5)$$

确定发电厂和变电站接地网的形式和布置时，接触电位差和跨步电位差不应超过允许的数值。设计人员应通过计算获得地表面的接触电位差和跨步电位差分布，并应将接触电位差和跨步电位差与允许值加以比较。不满足要求时，应采取降低措施或采取提高允许值的措施。

第二节 接 地

接地是防止雷击和静电损害，保护线路和设备免遭过电压损坏，防止人身受到电击，保障电力系统正常运行的基本措施。

用接地线将发电厂变电站中电力设备的某些可导电部分与接地极或接地网相连接，称为接地。通俗地说就是将电力系统或建筑物中的电气装置、设施的某些导电部分，经接地线连接至地（即接地极）。

按用途的不同，接地有下列4种不同类型：

（1）系统（工作）接地，在电力系统中，为运行需要所设的接地（如中性点接地等）。

（2）保护接地，电气装置的金属外壳、配电装置的构架和线路杆塔等，由于绝缘损坏有可能带电，为防止其危及人身和设备的安全而设的接地。

（3）雷电保护接地，为雷电保护装置（避雷针、避雷线和避雷器等）向大地泄放雷电流而设的接地。

（4）防静电接地，为防止静电对易燃油、天然气储罐和管道等的危险作用而设的接地。

一、系统接地

电力系统接地指中性点接地，也就是系统中发电机和变压器中性点的接地。

电力系统常用的系统接地方式有中性点直接接地、中性点经消弧线圈（电抗器）接地、中性点不接地、中性点经电阻接地4种。其中，中性点直接接地或经一低值阻抗接地的系

统，称为有效接地系统，又称为小接地电流系统；中性点不接地、经高阻接地或经消弧线圈接地，称为中性点非有效接地系统，又称为大接地电流系统。中性点经消弧线圈接地，又称为谐振接地系统。

（一）中性点接地方式

1. 中性点直接接地

直接接地的普通型变压器的中性点一般通过隔离开关接地，如图 7 - 4 所示，当接地开关闭合时，即为中性点直接接地运行方式。在此方式下系统发生单相接地时，将形成单相接地短路，短路电流 I_K 比线路正常负荷电流大得多，需要继电保护迅速动作将故障线路切除掉，因此又称为大接地电流系统。

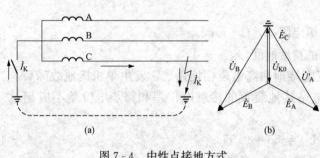

图 7 - 4　中性点接地方式

(a) 单相接地的电流回路；(b) 相量图

中性点直接接地系统中发生单相接地时，线电压的对称关系被破坏，但未发生接地故障的两完好相的对地电压仍维持相电压。

2. 中性点不接地

在图 7 - 4（a）中，当接地开关打开时，即为中性点不接地运行方式。

正常运行时，三个相电压 $\dot{E}_A$、$\dot{E}_B$、$\dot{E}_C$ 是对称的，各相对地电压均为相电压。假设三相线路参数对称，三相对地容性电流之和为 0。当系统发生单相接地时，接地点通过完好相的分布电容构成电流回路，但由于此电流很小一般只在几十安以内，且表现为容性，因此中性点不接地系统又称为小接地电流系统。

假定图 7 - 4（a）中发生 C 相接地，此时故障相对地电压为零，而非故障相（A、B 相）的对地电压在相位和数值上都将发生改变。由图 7 - 4（b）所示的相量图可知

$$\dot{U}'_A = \dot{E}_A + (-\dot{E}_C) = \dot{E}_{AC}$$

$$\dot{U}'_B = \dot{E}_B + (-\dot{E}_C) = \dot{E}_{BC}$$

$$\dot{U}'_C = \dot{E}_C + (-\dot{E}_C) = 0$$

$$\dot{U}_{K0} = -\dot{E}_C$$

可见，C 相接地故障时，非故障相（A 相和 B 相）对地电压值升高 $\sqrt{3}$ 倍，变为线电压；中性点处的电压由零升高到相电压。因此在这种系统中，线路的对地绝缘，要按线电压考虑，且中性点的绝缘提升，从而提高了系统的绝缘成本。

中性点不接地系统发生单相接地时，线电压保持对称，仍可继续向用户供电，但要求具有更高的绝缘水平。当电压等级升高时，采用这种运行方式，会极大地提高成本，因此这种方式不宜用于 110kV 及以上电网。

3. 中性点经消弧线圈接地

由于线路和绕组分布电容的存在，在发生单相接地时，非接地相会通过线路和绕组的分布电容和接地点构成电流通路，从而流过电容电流，如图 7 - 5 所示。如果该电容电流足够大，将在接地点产生断续电弧，电弧电压的存在将进一步抬高非接地相的对地电压，达到

2～3倍的相电压，这可能使线路非接地相的薄弱地方发生绝缘击穿，从而形成相间短路。

　　为了克服这个缺点，可将电力系统的中性点经消弧线圈接地。当系统发生单相接地故障时，消弧线圈产生感性电流补偿接地电容电流，使通过接地点的电流低于产生间歇电弧或维持稳定的电弧所需要的电流值，起到消除或减小接地点电弧的作用。

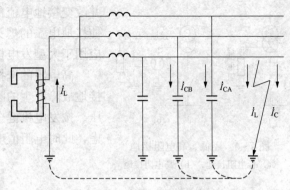

图 7-5　中性点经消弧线圈接地系统

　　消弧线圈实际上是一种带有铁芯的电抗器，早期通过调节分接开关改变线圈匝数，达到改变补偿电流的目的。固定补偿方式很难适应变动比较频繁的电网，这种系统已逐渐不再使用，取代它的是跟踪电网电容电流自动调谐的装置。这类装置又分为两种，一种称为随动式补偿系统，其工作方式是自动跟踪电网电容电流的变化，随时调整消弧线圈，使其保持在谐振点上；另一种称为动态补偿系统，其工作方式是在电网正常运行时，调整消弧线圈远离谐振点，彻底避免串联谐振过电压和各种谐振过电压产生的可能性，当电网发生单相接地后，瞬间调整消弧线圈到最佳状态，使接地电弧熄灭。

　　消弧线圈的容量应根据电力网 5 年左右的发展规划确定，并应按式（7-6）计算，即

$$S = 1.35 I_C \frac{U_n}{\sqrt{3}} \tag{7-6}$$

式中　S——消弧线圈的容量，kVA；

　　　I_C——接地电容电流，A；

　　　U_n——系统标称电压，kV。

　　经消弧线圈接地的发电机，在正常运行情况下，其中性点长时间电压位移不应超过发电机额定电压的 10%。

　　4. 中性点经低、高电阻接地

　　从理论上讲，中性点经消弧线圈接地是补偿电容电流的最好方法，但在实际运行中仍存在以下缺陷：

　　（1）由于电感电流的滞后性使得电弧间歇接地过电压仍然会短时存在。

　　（2）电网的参数随时变化，调整消弧线圈的补偿容量响应速度较慢，仍然会造成过电压的出现。

　　（3）对全电缆出线的配电变电站，接地故障通常都为永久性故障，中性点安装消弧线圈已失去意义。

　　以电缆为主体的 35、10kV 城市电网中，可采用低值电阻（单相接地故障瞬时跳闸）的接地方式，如图 7-6（a）所示。通过选择合适的低电阻大小，当线路发生单相接地故障时，将故障电流限制在不超过 600～1000A，利用馈线的零序电流保护瞬时动作切除接地线路。

　　对发电机—变压器组单元接线的 200MW 及其以上的发电机，当接地电流超过允许值时，常采用中性点经高阻抗接地的方式，如图 7-6（b）所示，发电机中性点经单相配电变压器接地，接地变压器二次侧接入小电阻。这种接线方式可以限制单相接地电流小于 10A，

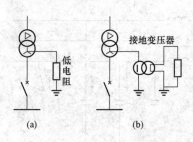

图 7 - 6　经低、高电阻接地

(a) 低电阻接地；(b) 高电阻接地

并改变接地电流的相位，加快回路中残余电荷的泄放，促使接地电弧的熄灭，限制间歇性电弧产生的过电压，主要应用于大型发电机组的厂用电和某些 6～10kV 变电站。

高电阻的选择应符合 $R \leqslant X_c$ 的原则，以限制由于电弧接地故障产生的瞬态过电压并可防止间歇性弧光接地过电压。按发电机健全相暂时过电压不宜超过 2.6 倍相电压考虑，此时电阻值应为

$$R = \frac{1}{2\pi fC} \tag{7 - 7}$$

式中　R——发电机中性点接入电阻值，Ω；

　　　f——发电机工作频率，Hz；

　　　C——发电机电压系统三相对地总电容量，μF。

为防止发电机发生单相接地时，接地变压器产生较大的励磁涌流，接地变压器额定电压的选择不宜低于发电机额定电压。接地变压器的容量与其工作时间有关，可按式（7 - 8）进行计算，即

$$S = \frac{U_1 \times I_C}{k_1} \tag{7 - 8}$$

式中　S——接地变压器容量，kVA；

　　　U_1——接地变压器额定电压，kV；

　　　I_C——发电机单相接地时电容电流，A；

　　　k_1——过负荷系数。

接地变压器低压侧接入电阻值，按式（7 - 9）计算，即

$$R_2 = Rk^2 - \frac{PU_2^2}{S^2} \tag{7 - 9}$$

式中　R_2——接地变压器低压侧接入电阻值，Ω；

　　　U_2——接地变压器低压侧电压，kV；

　　　k——接地变压器变比，$k = U_2/U_1$；

　　　P——接地变压器总损耗，W。

5. 中性点经小电抗接地

随着超高压系统电网容量的不断增加，主变压器中性点直接接地后会极大地降低系统零序阻抗，导致单相接地短路电流可能超过三相短路电流，由于断路器开断电流一般按照三相短路电流设计，可能导致断路器无法切除单相接地短路故障。

上述现象主要发生在大型发电厂升压变压器的高压侧和采用 500kV 自耦变压器的 220kV 电网中。大型发电厂的升压变压器中性点全部直接接地，很容易导致零序阻抗下降，使得单相短路电流大于三相短路电流。随着电力系统不断扩大，受端系统逐步加强，高电压等级相继出现密集的双环网，甚至多环网，这些变电站不但规模大，而且全部采用自耦变压器，中性点均为直接接地。500kV 自耦变压器的中压 220kV 侧的零序等值阻抗为零，大量主变压器中性点直接接地后使系统零序等值电抗大大降低，导致单相短路电流可能超过三相短路电流，在 500kV 形成环网的变电站 220kV 侧短路时这种现象时有发生。

中性点经小电抗接地可以将单相短路电流限制到三相短路电流水平，解决这一问题。对

大型发电厂升压变压器的中性点，可以采用 1/3 零序阻抗的小电抗接地，如图 7-7 所示，以限制单相短路电流。对于 500kV 自耦变压器，采用 5～20Ω 小电抗接地，以增加系统的零序等值阻抗，可以很好地限制 220kV 侧的单相短路电流。这是因为当自耦变压器中性点经小电抗接地后，等值零序电抗计算与普通变压器不同，其高、中、低压三个绕组的零序电抗均包含有小电抗分量，而普通变压器则仅在中性点电抗接入侧增加附加项。

　　部分变压器中性点经小电抗接地方式的接线如图 7-7 所示，小电抗并联放电间隙进行过电压保护，通过接地开关的打开和闭合，分别投入和退出和它并联的小电抗。

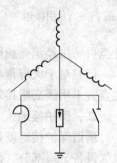

图 7-7　小电抗接地

　　（二）中性点接地方式选择

　　电力系统中性点的运行方式不同，其技术特性和工作条件也不同，还与故障分析、继电保护配置、绝缘配合等均密切相关。采用哪一种中性点运行方式，直接影响电网的绝缘水平和造价、系统供电的可靠性以及对通信线路的干扰程度。

　　小接地电流系统中单相接地时允许带故障运行两小时，主要优点是供电可靠性高，无通信干扰问题，主要缺点是绝缘水平要求高；大接地电流系统则相反，单相接地时直接跳闸。这些优缺点对不同电压等级的系统起主导作用的方面是不同的。实际电力系统中，不同中性点接地方式应用范围大致如下：

　　1. 主变压器中性点接地方式

　　3～10kV 系统电压不高，绝缘费用在总投资中所占比重不大，同时这个电压等级配电线路总长度长，雷击瞬间跳闸事故多，因而着重考虑供电可靠性问题，一般多采用中性点不接地方式。当线路长或有电缆线路而且单相接地电流越限时，可以采用经消弧线圈接地方式。当单相接地电容电流较大，采用消弧线圈很难有效地熄灭接地出的电弧时，可采用低电阻接地方式。

　　35～66kV 系统和 3～10kV 系统相似，降低绝缘水平经济价值不甚显著，同时这个电压等级都未全线架设避雷线，雷击事故较多，供电可靠性也是主要问题。由于 35～66kV 系统电网线路总长度一般都超过 100km，单相接地电流都越限，因此多采用经消弧线圈接地方式。

　　110kV 系统由于电压升高，绝缘费用在总投资中所占比重增大，供电可靠性则可通过全线架设避雷线和采用自动重合闸加以改善，因此，我国多数 110kV 系统采用中性点直接接地方式。雷电活动较强的地区，考虑供电可靠性时也可采用经消弧线圈接地方式。

　　220kV 及以上系统降低绝缘水平占首要地位，它对总投资影响很大，中性点直接接地有明显优势，我国 220kV 系统常采用这种接地方式。

　　500kV 及以上系统，为了限制单相短路电流使之比三相电路电流小，可在中性点与地之间接一个小电抗。该电抗器的电抗值较小，以保证正常运行时中性点的位移电压在允许范围内。

　　2. 厂用变压器中性点接地方式

　　高压（3、6、10kV）厂用电系统中性点接地方式的选择，与接地电容电流的大小有关。当接地电容电流小于 $10/\sqrt{2}=7\text{A}$ 时，宜采用高电阻接地方式，也可采用不接地方式；当接地电容电流大于 7A 时，可采用经消弧线圈或采用低电阻接地方式。一般发电厂的高压厂用电系统多为 6kV，常采用中性点经高电阻接地方式。

　　在没有中性点可供接地用的高压厂用电系统中，通常采用专用接地变压器，即在接地变压器一次侧星形绕组中性点直接接地，制造一个中性点。在其二次侧开口三角形的两个端子

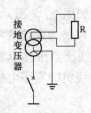

图 7-8　专用接地

上接入电阻，这就相当于在电网中性点接入电阻，如图 7-8 所示。

　　低压（0.4kV）厂用电系统一般为三相四线制，为保证人身安全，中性点接地方式可以采用直接接地。

　　3. 发电机中性点接地方式

　　（1）对于小容量的发电机，当内部单相接地故障电流小于允许值，不要求瞬时切机时，中性点采用不接地方式。

　　（2）对于中小容量的发电机，当要求能带单相接地故障运行时，中性点可采用经消弧线圈接地方式。

　　（3）对于大容量（大于 200MW）的发电机，因为内部单相接地故障电流一般很大，中性点宜采用经高阻接地方式。

二、保护接地

　　所谓保护接地就是将正常情况下不带电，而在绝缘材料损坏后或其他情况下可能带电的电气设备金属部分（即与带电部分相绝缘的金属结构部分）用接地线与地可靠连接起来。也就是说，将电气设备不带电的金属部分与接地极之间做良好的金属连接。

　　保护接地的目的是降低接点的对地电压，避免人体触电危险。如果电气设备未采用保护接地，当某一部分的绝缘损坏或某一带电体碰及外壳时，设备的外壳将带电，人体万一触及该设备外壳（构架）时，就会有触电的危险。

　　（一）高压电气设备的保护接地

　　为防止危及人身和设备的安全，发电厂变电站电气设备中下列部位应保护接地。

　　（1）电机、变压器和高压电器等的底座和外壳；

　　（2）电气设备传动装置；

　　（3）互感器的二次绕组；

　　（4）发电机中性点柜外壳、发电机出线柜和封闭母线的外壳等；

　　（5）气体绝缘全封闭组合电器（GIS）的接地端子；

　　（6）配电、控制、保护用的屏（柜、箱）及操作台等的金属框架；

　　（7）铠装控制电缆的外皮；

　　（8）屋内外配电装置的金属架构和钢筋混凝土架构以及靠近带电部分的金属围栏和金属门；

　　（9）电力电缆接线盒、终端盒的外壳，电缆的外皮，穿线的钢管和电缆桥架等；

　　（10）装有避雷线的架空线路杆塔；

　　（11）除沥青地面的居民区外，其他居民区内，不接地、消弧线圈接地和高电阻接地系统中无避雷线架空线路的金属杆塔和钢筋混凝土杆塔；

　　（12）装在配电线路杆塔上的开关设备、电容器等电气设备；

　　（13）箱式变电站的金属箱体。

　　（二）低压电气设备的保护接地

　　按保护接地实现方式的不同，低压系统有接地保护和接零保护两种方式，将电气设备金属外壳用保护接地线（PEE）与接地极直接连接的叫接地保护；将电气设备金属外壳用保护线（PE）与中性线（PEN）相连接的则称为接零保护。在交流电路中，中性线就是三相四线制中的零线。

根据接地方式不同，低压保护接地有 IT 系统、TN 系统以及 TT 系统等 3 种类型。

1. IT 系统

IT 系统是指在中性点非直接接地（对应首字母 I）的供电系统中，采用接地保护（对应第二个字母 T）。如图 7-9 所示，将正常情况下电气设备不带电的外露可导电部分（金属外壳和构架等）与接地极之间做很好的金属连接，以保证当电气设备因绝缘损坏而漏电时产生的对地电压不超过安全范围。

在图 7-9（a）中，如果电气设备的外壳未接地，当设备发生一相碰壳而使其外壳带电时，设备外壳电位将上升为较高的电压，当人接触设备时，故障电流将全部通过人体流入地中，这显然是很危险的。

如果设备外壳接地，如图 7-9（b）所示，一般

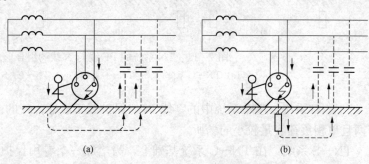

图 7-9　中性点不接地系统触电情况分析
(a) 无保护接地时；(b) 有保护接地

来说，接地极的电阻按规定不能大于 4Ω，人体的电阻大于 1000Ω，即人体电阻远远大于接地电阻，即使人体触及外壳，流经人体的分流的电流很小，没有多大危险，就不会造成伤害。

2. TN 系统

TN 系统是指在中性点直接接地（对应首字母 T）的三相四线制配电系统中，采用接零保护（对应第二个字母 N）。如图 7-10（a）所示，将电气设备的金属外壳直接连至公共的零线或保护线。

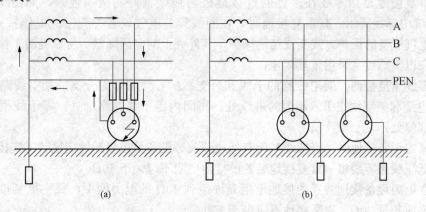

图 7-10　TN 系统和 TT 系统示意图
(a) TN 系统；(b) TT 系统

接零保护的原理是当电气设备发生一相碰壳时，短路电流经设备外壳和零线构成回路，回路中相线、零线和设备外壳阻抗都很小，短路电流很大，令支路上的熔断器迅速熔断，切除故障，从而将漏电设备与电源断开，消除触电危险，并使配电系统迅速恢复正常工作。

TN 系统根据保护线与零线的不同组合形式分为 TN—C 系统、TN—S 系统和 TN—C—

S 系统，如图 7-11 所示。

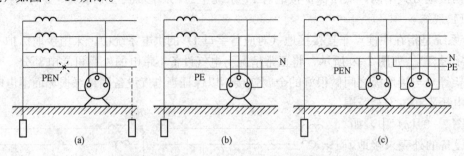

图 7-11　TN 系统的 PE 线与 N 线的组合形式
（a）TN—C 系统；（b）TN—S 系统；（c）TN—C—S 系统

TN—C 系统：整个系统中的零线 N 与保护线 PE 是合一的。通常适用于三相负荷比较平衡且单相负荷容量较小的场所。

TN—S 系统：在 TN—C 系统基础上，另增加一条专用保护线（PE），该条保护线从变压器或配电盘的保护零线（PEN）上引出，与原来的三相四线制或单相二线制一同进行配线连接，就形成了 TN—S 系统。整个系统中的零线 N 与保护线 PE 是分开的，保护线上没有电流流过，设备外壳不带电。

TN—C—S 系统：整个系统中的零线 N 与保护线 PE 部分是合一的，局部采用专设的保护线。

在 TN 系统中，当 PE 线或 PEN 线断线且有设备发生单相碰壳时，接在断线处后面的设备外壳上出现接近于相电压的对地电压，存在触电危险。因此，接零保护系统要求无论什么情况，都必须确保零线的存在，严禁在零线上安装熔断器或单独的断流开关。必要时还可以将零线与接地线分开架设，为了进一步提高安全可靠性，还必须采用零线重复接地。

零线重复接地是指零线在多处通过接地极与地做良好的金属连接，如图 7-11（a）TN—C 系统中虚线所示。有重复接地时，在断线处前电气设备外壳上的电压接近于零值，断线处后电气设备的保护方式变成接地保护，其外壳上的电压降低，所以提高了接零保护的安全性。在以下地点常采用重复接地：

（1）零线重复接地。架空线路的干线和分支线的首终端；无分支的架空线路的沿线每 1km 处；电缆和架空线在引入屋内的进线处；车间内零干线的终端处；零干线很长时其中间的适当部位处。

（2）屋内设备接地时，将零线与所有低压开关等设备及控制屏的接地装置连接。

（3）低压线路零线每一重复接地装置的接地电阻不应大于 10Ω。

（4）在电力设备接地装置的接地电阻允许达到 10Ω 的电力网中，每一重复接地装置的接地电阻不应超过 30Ω，重复接地不应少于三处。

3. TT 系统

TT 系统是指在中性点直接接地（对应首字母 T）的三相四线制系统中，电气设备的金属外壳均单独接地（对应第二个字母 T），而不接零，如图 7-10（b）TT 系统。

根据等值电路可知，在 TT 系统中，当发生单相碰壳时，碰壳点的对地电压将为相电压的一半（110V），显然不能保证人身安全。因此，TT 系统中应该装设漏电保护装置。

（三）保护接地方式的选择

额定电压 1kV 及以上高压配电装置中的设备外壳均采用接地保护；1kV 以下的低压配

电装置中，多采用三相四线制供电，电气设备外壳广泛采用接零保护。

同一配电系统只能采用同一种保护方式，接地保护和接零保护两种方式不得混用。同一配电系统里，如果并存接地保护和接零保护，即部分设备实行接零保护，部分设备实行接地保护时，当某台接地设备发生某相碰壳时，由于接地保护的分流、流过熔断器的短路电流可能不足以使熔断器熔断，导致电源不能切断。由接地短路电流产生的压降，将使电网零线的对地电压升高到电源相电压的一半或更高，从而所有接零电气设备的外壳均带有该升高的电压。人体接触运行中的接零电气设备的外壳，便会发生触电事故。

三、雷电保护接地

主厂房上的避雷针、直击雷保护装置、独立避雷针一般设置独立的集中接地装置，并应与主接地网连接。集中接地装置与主接地网在地中的距离不应小于3m，自集中接地装置与接地网的连接点至变压器等设备的接地点，沿接地极的长度不得小于15m。

发电厂和变电站构架上的避雷针（线）应在其附近装设集中接地装置，并与接地网连接，由连接点至变压器接地点沿接地极的长度不应小于15m。

线路的避雷线应与发电厂变电站的接地装置相连，且有便于分开的连接点。当不允许避雷线直接和发电厂变电站配电装置架构相连时，发电厂变电站接地网应在地下与避雷线的接地装置相连接，连接线埋在地中的长度不应小于15m。

避雷器附近应装设集中接地装置，并应以最短的接地线与主接地网连接。

四、防静电接地

将带静电物体或有可能产生静电的物体（非绝缘体）通过接地线与接地极相连叫静电接地。发电厂中可燃油、天然气和氢气等储罐，装卸油台、铁路轨道、管道、套筒及油槽车等应做好防静电接地。

（1）可以设置独立的集中接地装置，从接地极引出接地线，单独敷设到防静电区。

（2）共用三相五线制供电系统中的地线。引出电源零线的同时，单独引出地线作防静电接地母线。

思考题

7-1　什么是发电厂变电站的地？什么是接地？

7-2　何谓接触电压和跨步电压？如何降低这些电压？

7-3　接地电阻的定义？不同系统的接地电阻值的要求是多少？这些值是如何确定的？

7-4　什么是电力系统中性点？我国电力系统常用的中性点运行方式有哪几种？

7-5　中性点直接接地系统中，发生单相接地时，电压和电流有什么变化？能否继续运行？为什么？

7-6　中性点不接地和经消弧线圈接地系统中发生单相接地能否继续运行？为什么？

7-7　比较各种不同中性点运行方式的优、缺点，并说明各自的适用范围。

7-8　何谓保护接零？在什么情况下应用？将一部分低压设备的外壳采用接零保护，而另一部分只做接地保护，有何不妥？

7-9　结合本章内容，谈谈你对发电厂变电站安全工作的认识。

第八章 配 电 装 置

第一节 配 电 装 置 概 述

配电装置是电气主接线中的电气设备在发电厂变电站内的组装和布置，是发电厂变电站中电气主接线的具体实现。它以电气主接线为主要依据，由母线、开关设备、保护设备、测量设备以及必要的辅助设备组成的电力装置，甚至还包括变电构架、基础、房屋、通道等，是集电力、结构、土建等技术于一体的电力设备或设施。

配电装置的作用是正常运行时用来接收和分配电能；发生故障时通过自动或手动操作，迅速切除故障部分，恢复正常运行。

一、对配电装置的基本要求

对配电装置的基本要求是通过电力设备、设施的实际组装和布置体现出来的。针对配电装置的功能、特点及其在发电厂与变电站中的地位，对它提出如下基本要求：

（1）保证主接线工作的可靠性。配电装置的可靠性，直接反映着故障的可能性及其影响范围。发生故障的可能性越小，故障后停电范围越小，停电时间越短，配电装置的可靠性越高。

同一回路的电器和导体应布置在同一个间隔内，以保证检修安全和限制故障范围。当配电装置发生事故时，这种布置能将事故限制到最小范围和最低程度，并使运行人员在正常操作和处理事故的过程中不致发生意外情况，以及在检修维护过程中不致损害设备。

（2）保证运行安全和操作巡视方便。屋内外配电装置均应装设防误操作闭锁装置及联锁装置，以防止带负荷拉合隔离开关，带接地线合闸，带电挂接地线，误拉合断路器，误入屋内有电间隔等电气误操作事故（俗称"电气五防"）。

在满足各种电气安全净距的基础上，配电装置布置要整齐、清晰，各个间隔之间要有明显的界限，对同一用途的同类设备，尽可能布置在同一中心线上（指屋外），或处于同一标高（指屋内）。

配电装置各回路的相序排列应一致。一般按面对出线，从左到右、从远到近、从上到下按 A、B、C 相序排列。对屋内硬导体及屋外母线桥裸导体应有相色标志，A、B、C 相色标志应分别为黄、绿、红三色。

配电装置内的母线排列顺序应一致。一般靠变压器侧布置的母线为Ⅰ母，靠线路侧布置的母线为Ⅱ母；双层布置的配电装置中，下层布置的母线为Ⅰ母，上层布置的母线为Ⅱ母。

（3）节约用地。我国人口众多，但耕地却不多，在土地紧张的情况下，占地可能成为配电装置的主要制约因素。配电装置的形式直接决定了占地的多少，应根据电压等级、占地情况和自然条件等因素，通过技术经济比较，决定配电装置的形式。在安全可靠的前提下，充分利用间隔的位置，配电装置的布置应合理、紧凑，少占地，不占良田，并避免大量的土石方开挖。

（4）节约投资和运行费。在技术经济合理的前提下，首先选用效率高、能耗小的设备和材料，尤其是节省绝缘材料、有色金属和钢材；应尽可能使负荷均衡地分配于母线上，以减少功率在母线上的传输；尽量选用预制构件和成套设备，采用先进技术和先进的施工方法，尽可能降低投资和运行费。

（5）便于扩建和分期过渡。配电装置应考虑能够在不影响正常运行和不需大规模改建的条件下，进行扩建和完成分期过渡，尽量做到过渡时少停电或不停电，为施工安全与方便提供有利条件。

（6）积极慎重地采用新技术、新设备和新材料。新技术及新设备，必须经过正式鉴定，以保证质量，产品必须符合现行的国家或行业部门的标准，以保证设备的安全运行。

二、配电装置的形式

按安装地点的不同，配电装置可分为屋内式和屋外式两大类型。

屋内配电装置的特点是：所有电气设备均放在屋内，外界污秽气体、冰雪及灰尘对电气设备的影响较小；操作、维护与检修在屋内进行，可以改善工作条件；土建工程量大，投资增加，但可以分层布置，从而减少占地面积。

屋外配电装置的特点是：所有电气设备均装在屋外，土建工程量小，相应的投资少，建设工期较短；设备运行的条件及人员进行操作维护等工作条件较差；占地面积大；相间及设备之间的距离较远，可推行带电检修作业，从而实现不停电检修。

按组装方式的不同，配电装置又可以分为装配式和成套式两类。电气设备及其结构物均在现场组装和调试的配电装置，称为装配式配电装置。在制造厂已将所需电气设备装配成一整体，并成套供应，这种装置运到现场后，拼接起来即可投入运行，称为成套式配电装置。成套配电装置的特点是工作可靠性高，结构紧凑，占地少，建设时间短，但耗用钢材较多。

按绝缘结构的不同，高压配电装置又可分为敞开式、封闭式和混合式三种。第一种是空气绝缘的常规敞开式配电装置（AIS），其母线裸露直接与空气接触，断路器可用瓷柱式或罐式。第二种是气体绝缘金属封闭组合电器（GIS），它将一座变电站中除变压器以外的一切设备，经优化设计有机地组装成一个整体。第三种是混合式配电装置（HGIS），在 GIS 的基础上，母线采用敞开式，其他设备均为 SF_6 气体绝缘金属封闭组合电器。

三、屋内外配电装置的安全净距

因配电装置的形式不同，其结构布置有很大差异，故在设计中需要综合考虑电气设备的外形尺寸、设备间的电气距离、装配方式、运行环境、检修及运输的安全距离等因素。

（一）安全净距

配电装置是按照电气主接线所选定的电气设备和连接方式进行布置的。为了保证正常运行的绝缘需要，也保证运行检修人员的安全需要，不同电位的电力设备在布置上应保证具有足够的安全距离。

GB 50060—2008《高压配电装置设计规范》规定了屋内外配电装置的各种安全净距，安全净距的含义是：在此距离下，无论是处于最高工作电压之下，还是处于内、外过电压之下，空气间隙均不致被击穿。以保证某级电压不放电为条件，该级电压允许的在空气（空气为绝缘介质）中的物体边缘间的最小电气距离就是最小安全净距。

在各种间距中，最基本的是带电部分对地之间的最小安全净距 A_1 和不同相带电部分之间的最小安全净距 A_2 值。我国设计规程规定的屋内、屋外配电装置最小安全净距分别见表

8-1 和表 8-2。这些标准距离是在理论分析、试验以及运行实践的总结等基础上加以综合的结果。

表 8-1　　　　　　　　　　　屋内配电装置最小的安全净距　　　　　　　　　　　mm

符号	适 用 范 围	额定电压（kV）									
		3	6	10	15	20	35	60	110J	110	220J
A_1	1）带电部分至接地之间； 2）网状和板状遮拦向上延伸线距地 2.3m 处，与遮拦上方带电部分之间	75	100	125	150	180	300	550	850	950	1800
A_2	1）不同相的带电部分之间； 2）断路器和隔离开关的断口两侧带电部分之间	75	100	125	150	180	300	550	900	1000	2000
B_1	1）栅状遮拦至带电部分之间； 2）交叉的不同时停电检修的无遮拦带电部分之间	825	850	875	900	930	1050	1300	1600	1700	2550
B_2	网状遮拦至带电部分之间	175	200	225	250	280	400	650	950	1050	1900
C	无遮拦裸导体至地（楼）面之间	2375	2400	2425	2450	2480	2600	2850	3150	3250	4100
D	平行的不同时停点检修的无遮拦裸导体之间	1875	1900	1925	1950	1980	2100	2350	2650	2750	3600
E	通向屋外的出线套管至屋外通道的路面	4000	4000	4000	4000	4000	4000	4500	5000	5000	5500

注　J 指中性点直接接地系统。

其中 B、C、D、E 等值均是在 A_1 值基础上再加一实际需要的安全距离得出的，B 值又分 B_1 值和 B_2 值两类。

（1）B_1 值。它指带电部分至栅状遮拦（高 1.2m，栅条间距不大于 200mm）的距离和可移动设备在移动中至带电部分的净距，即

$$B_1 = A_1 + 750 \text{(mm)}$$

一般人员手臂误入栅栏时手臂的长度不大于 750mm，设备运输或移动时的摇摆也不会大于此值。

（2）B_2 值。它指带电部分对网状遮拦（高 1.7m，网孔不大于 40mm×40mm）的净距，即

$$B_2 = A_1 + 70 + 30 \text{(mm)}$$

一般人员手指误入网状遮拦时手指的长度不大于 70mm，另外考虑了 30mm 的施工误差。

（3）C 值。它指保证人举手时，手与带电裸导体之间的净距不小于 A_1 值，即

$$C = A_1 + 2300 + 200 \text{(mm)}$$

一般人员举手后的总高度不超过 2300mm，另外考虑了屋外配电装置 200mm 的施工误差。规定遮栏向上延伸线距地 2.5m 处与遮栏上方带电部分的净距，不应小于 A_1 值。

（4）D 值。它指保证检修时，人和裸导体之间净距不小于 A_1 值，即

$$D = A_1 + 1800 + 200 \text{(mm)}$$

一般检修人员和工具的活动范围不超过 1800mm，屋外另外考虑 200mm 的裕度。

110kV 及以上的屋外配电装置的最小安全净距，一般不考虑带电检修。如确有带电检修需求，安全净距应满足带电检修的工况。

（5）E 值。它指由出线套管中心线至屋外通道路面的净距，考虑人站在载重汽车车厢中举手高度不超过 3500mm，35kV 及以下，$E=4000mm$，60kV 及以上，$E=A_1+3500mm$，并向上靠为整数。

表 8-2　　　　　　　　　　屋外配电装置最小的安全净距　　　　　　　　　　mm

符号	适 用 范 围	额定电压（kV）									
		3～10	15～20	35	60	110J	110	220J	330J	500J	750J
A_1	1）带电部分至接地之间； 2）网状遮拦向上延伸线距地 2.5m 处，与遮拦上方带电部分之间	200	300	400	650	900	1000	1800	2500	3800	4800
A_2	1）不同相的带电部分之间； 2）断路器和隔离开关的断口两侧引线带电部分之间	200	300	400	650	1000	1100	2000	2800	4300	7200
B_1	1）设备运输时，其外廓至无遮拦带电部分之间； 2）交叉的不同时停电检修的无遮拦带电部分之间； 3）栅状遮拦至绝缘体和带电部分之间； 4）带电作业时的带电部分至接地部分之间	950	1050	1150	1400	1650	1750	2550	3250	4550	6250
B_2	网状遮拦至带电部分之间	300	400	500	750	1000	1100	1900	2600	3900	5600
C	1）无遮拦裸导体至地面之间； 2）无遮拦裸导体至建筑物、构筑物顶部之间	2700	2800	2900	3100	3400	3500	4300	5000	7500	12000
D	1）平行的不同时停电检修的无遮拦带电体之间； 2）带电部分与建筑物、构筑物的边沿部分之间	2200	2300	2400	2600	2900	3000	3800	4500	5800	7500

在配电装置布置过程中，安全净距是设计平面图、断面图的主要依据。实践证明，只有完全遵照这些规定，并留有足够的裕度，配电装置才能安全可靠地运行。

设计中实际采用的带电导体间和导体与接地构架间的距离均大于表 8-2 中所列数值。这是因为在确定这些距离时，还应考虑减少相间短路的可能性，减小软导线的弧垂摆动下相间及相对地间距离，减少导体周围钢构的发热与电动力，减少电晕损失，以及带电检修等因素。

在实际配电装置中，考虑到短路电流电动力的影响和施工误差等因素，屋内配电装置各相带电体之间的距离通常为 A 值的 2～3 倍；对屋外配电装置的软绞线考虑短路电动力、风摆、温度等因素作用下，使相间及对地距离减小，通常也比 A 值大。

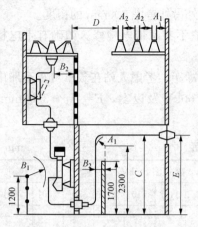

图 8-1　屋内配电装置安全净距校核

（二）安全净距校核

屋内、屋外配电装置的安全净距不应小于表 8-1 和表 8-2 所列数值，并分别按图 8-1 和图 8-2 进行校核。

屋内配电装置的电气设备外绝缘体最低部位距地小于 2300mm 时，应装设固定遮栏。配电装置中，相邻带电部分的额定电压不同时，应按较高的额定电压确定其安全净距。

屋外配电装置的安全净距以金属氧化物避雷器的保护水平为基础确定，当电气设备外绝缘体的最低部位距地小于 2500mm 时，应装设固定遮栏。屋外配电装置使用软导线时，在不同条件下，带电部分至接地部分和不同相带电部分之间的安全净距，应考虑雷电过电压、操作过电压、工频过电压及计算风速下的风偏等因素后的安全净距进行校核，并采用其中最大数值。

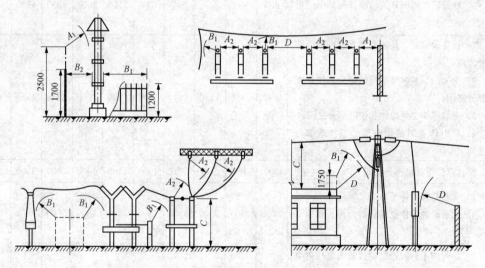

图 8-2　屋外配电装置安全净距校核

第二节　屋内配电装置

屋内配电装置的结构形式主要取决于电气主接线形式、电压等级及电气设备的形式，特别是母线的接线形式和容量、断路器形式、有无出线电抗器、出线回路数及出线方式等因素。在不断积累设计、运行与检修经验以后，已逐步形成了适用于我国的一系列典型布置形式。

一、屋内配电装置的类型

发电厂变电站中 6～35kV 屋内配电装置，按其布置形式分为单层式、双层式和三层式。

（1）单层式。所有电气设备都布置在一层房屋内，它适用出线无电抗器的各种类型降压变电站、发电厂厂用高压配电系统和小型发电厂。

（2）双层式。双层式结构是把各回路电气设备按设备的轻重分别布置在二层楼房内，断路器和电抗器等重型设备布置在底层，母线和母线隔离开关等轻型设备布置在二层。适用于6～10kV出线带电抗器且设有发电机电压母线的中、小型发电厂和35～220kV屋内配电装置。

（3）三层式。它是将各回路电气设备按设备的轻重，自上而下地分别布置在三层楼房内，母线和母线隔离开关布置在最高层，断路器布置在第二层，而笨重的电抗器布置在底层。适用于6～10kV出线带电抗器的情况。

二、配置图、平面图和断面图

屋内配电装置通常用配置图、平面图和各种典型断面图来表示和说明，对于配电装置的设计，首先应做出配置图。

配置图是把发电机回路、变压器回路、引出线回路、母线分段回路、母联回路以及互感器回路等，按电气主接线的连接顺序，分别布置在各层的间隔中，并标示出走廊、间隔以及母线和电器在各间隔中的轮廓和相对位置，反应设备前后、左右的位置关系，但不要求按比例尺寸绘制。配置图用于分析设备布置是否合理，统计使用设备数量，为平面图、断面图的设计做必要的准备。

断面图是观察者站在地面上平行于母线方向看到的正视图。它表明所截取的配电装置间隔的断面中，电气设备的相互连接及详细的结构布置尺寸的图形，要求均按比例画出，并标出必要的尺寸。

平面图是观察者站在配电装置上方看到的俯视图。要求按比例画出房屋、间隔、通道走廊及出口等平面布置情况的图形。平面图上标示出的间隔只是为了确定间隔部位和数目，所以可不必画出所装电器，但应标出各部位的尺寸。

上述三种配电装置图是认识屋内外配电装置必不可少的，是配电装置设计的成品，是进一步做施工设计的依据，也是运行及检修中重要的参考资料，必须清晰易读、正确无误、尺寸准确。

上面提到了一个配电装置中常用的概念——间隔，间隔就是利用空气间隙、构架或隔板制成的电气和空间上相互隔离的分间。一个接线单元的设备位于同一间隔内，不同接线单元的设备通过间隔实现电气上的相互隔离。接线单元是指主接线图中的一个完整的电气连接，包括一条回路的主设备及其附属设备（断路器、隔离开关、TA、TV、端子箱等）。

图8-3为中、小型发电厂6～10kV汇流母线的二层二走廊式、出线带电抗器的屋内配电装置配置图，为保证供电可靠性和限制短路电流，该接线采用双母线分段的接线形式，并装设分段和出线电抗器。从配置图中可以清晰地看出其电气主接线形式，但它已不是单纯的电路图，而是配电装置布置设计的基础图。

设计配置图时应着重考虑以下几点：

（1）同一条回路的电器及连接导体应布置在上下层的对应间隔内，并做对称布置，以保证维护检修的安全和限制故障范围；

（2）较重的设备布置在下层，如高压断路器、电抗器等，以减轻楼板的荷重并便于安装；

（3）按回路分配间隔时，应使工作母线的分段处有较小的电流；

（4）易于扩建。

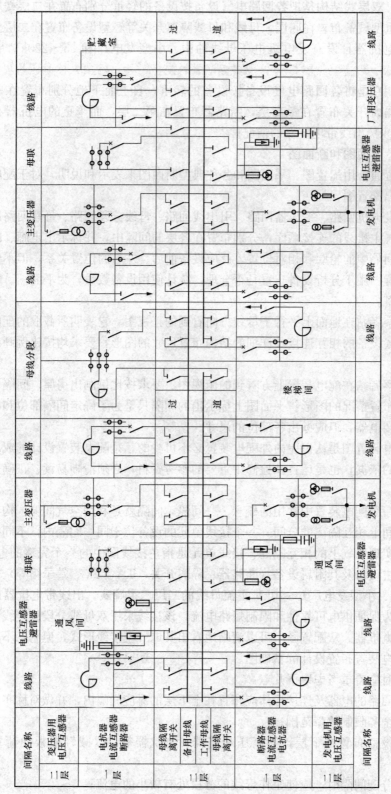

图 8-3　中、小型电厂 6～10kV 汇流母线的二层二走廊、出线带电抗器的屋内配电装置配置图

三、35kV 屋内配电装置实例

图 8-4 为单层式、二走廊、单母线分段接线的 35kV 屋内配电装置主变压器进线间隔断面图，采用 GBC-35 成套式高压开关柜。柜内安装手车式真空断路器、隔离插头以及套管式电流互感器，明显地缩小了配电装置总尺寸。母线三相水平布置在开关柜的上部，机械强度大，且便于维护与检修。配电间隔的前后有较宽的操作和维护走廊，以便于手车式断路器的拉出、推入和巡视。总的看来，所有电气设备均布置得较低，所以安装、检修方便省时。

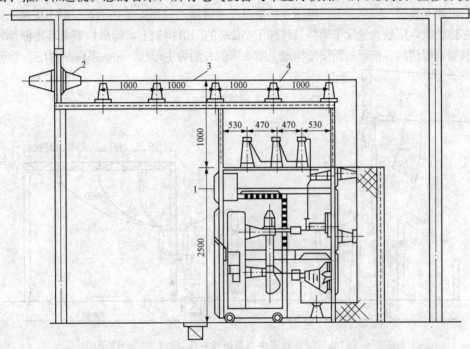

图 8-4 某 35kV 屋内配电装置断面图

采用手车式断路器还有一个明显优点，就是可以大大缩短检修调试断路器的停电时间。整个 35kV 配电装置设置一台备用的断路器手车，当检修任一台断路器时，可在断电后将其拉出，推入备用手车，立即恢复供电。备用手车实质上起到了设置旁路母线的作用，从而提高了供电可靠性。

第三节 屋 外 配 电 装 置

屋外配电装置是将所有电气设备和载流导体均露天安装在基础、支架或杆塔上的配电装置。

屋外配电装置常用平面布置图和各个不同的断面图来表示和说明，均按比例画出，并标明必要的尺寸。在图的右上方大多附有示意电路，用以解释平面图和断面图。

屋外配电装置的结构形式不但与电气主接线、电压等级和电气设备的类型密切相关，还与发电厂、变电站的类型和地形地质条件等有关。根据母线和电气设备布置的相对高度，屋外配电装置可分为中型、高型和半高型。

一、屋外中型配电装置

根据隔离开关和母线之间的相对位置，屋外中型配电装置又可以分为普通中型和分相中型两种类型。

（一）屋外普通中型配电装置

结构特征：将所有电气设备均安装在由基础或支架形成的有一定高度的同一水平面上，母线一般采用软导线，即钢芯铝绞线。用悬式绝缘子串悬挂在门形构架上，只有母线的高度比其他电器高出一电气安全距离。

图 8-5 为 110kV 屋外普通中型单母线分段接线的出线间隔断面图。从图中可以看出，除母线外，所有电气设备均布置在同一水平面上，其高度仅由带电部分对地面的安全净距决定。断路器、电流互感器、隔离开关、电压互感器以及避雷器等分别安装在钢筋混凝土支架上。母线采用钢芯铝绞线，用悬式绝缘子串将其悬挂于 7m 高的门形构架上，门形构架由环形断面钢筋混凝土杆和型钢焊接的三角形断面横梁构成。断面图的右面为主母线，每一条回路占用一个间隔。

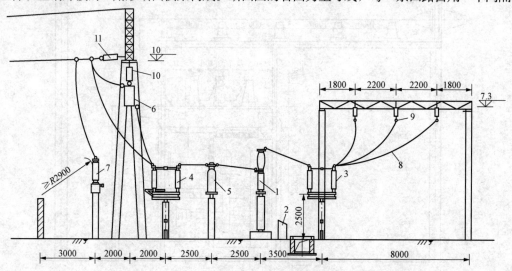

图 8-5　110kV 屋外普通中型单母线分段接线出线间隔断面图
1—断路器；2—端子箱；3—隔离开关；4—带接地开关的隔离开关；5—电流互感器；
6—阻波器；7—耦合电容器；8—引下线；9—母线；10、11—绝缘子

将各回路的断路器布置在主母线两侧的方式，称为断路器双列布置。此外，也可将所有回路的断路器布置在母线的一侧，这种方式称为断路器单列布置。单列布置可减少配电装置的纵向尺寸，如果由于地形限制必须布置在一狭长地带时，就需采用单列布置，这时需将主变压器回路用加高的跨线引到母线进线侧。

中型配电装置因设备安装位置较低，便于运输、安装、检修与维护操作，抗振性能好。采用钢筋混凝土构架可节省大量钢材，尤其是使用了环形电杆组装构件，这种构件由工厂批量生产，质量好，美观耐用，且安装工作量小，已广泛应用于 220kV 及以下各种形式的屋外配电装置中。

（二）屋外分相中型配电装置

结构特征：220kV 以上的中型配电装置多采用管形硬母线，母线正下方布置可分相操作的隔离开关。

分相中型配电装置除具有中型配电装置的优点外，还具有接线简单清晰，可以缩小母线相间距离，降低构架高度，较普通中型布置节省占地面积约 1/3 左右。其缺点主要是施工复杂，使用的支柱绝缘子防污和抗振能力差。分相中型布置适合用于污染不严重、地震强度不高的地区。图 8-6 为采用管形母线的 110kV 双母线分相中型配电装置出线间隔断面图。

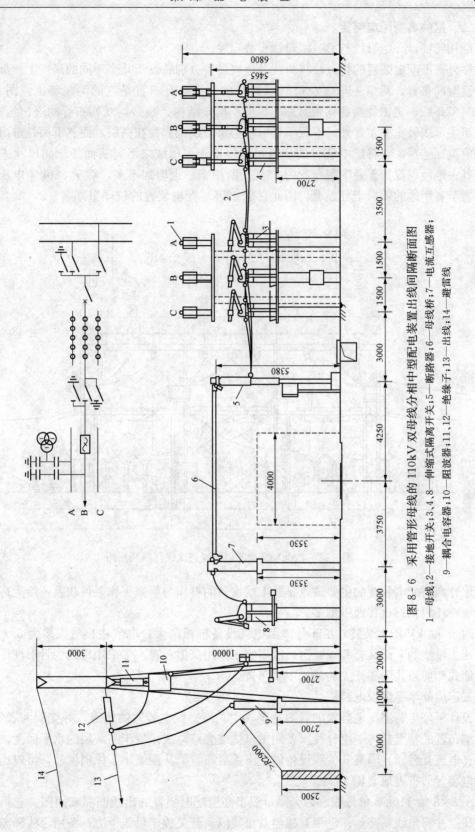

图 8-6 采用管形母线的 110kV 双母线分相中型配电装置出线间隔断面图

1—母线;2—接地开关;3、4、8—伸缩式隔离开关;5—断路器;6—母线桥;7—电流互感器;
9—耦合电容器;10—阻波器;11、12—绝缘子;13—出线;14—避雷线

二、屋外高型配电装置

结构特征：一组母线与另一组母线重叠布置。

屋外高型配电装置的特点是将母线及电气设备分别装设于几个不同的高度上。部分设备呈垂直竖向布置，两组主母线及母线隔离开关上下重叠布置是它的明显特征。图 8-7 为 220kV 双母线、进出线两侧均带旁路、纵向三框架结构、断路器双列布置的进出线断面图。除两组主母线做重叠布置外，平时不带电的旁路母线也放置在高层，而其下面是进出线断路器和电流互感器，并将配电装置的运输道路也置于主母线之下，从而使纵向尺寸进一步缩小，其占地面积仅为普通中型布置的 45％，所用钢材也增加不多，对于 220kV 电压级，高型布置节省用地的效果十分显著，因此它是 220kV 配电装置的较理想方案。

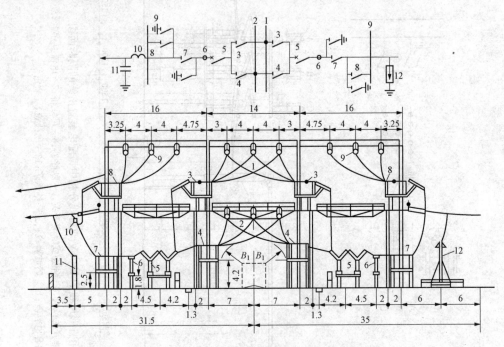

图 8-7　220kV 高型配电装置进出线间隔断面图

屋外高型配电装置的主要缺点是：上层设备的操作与维修工作条件较差，给运行人员带来不便；耗用钢材比普通中型多。

对于 500kV 配电装置，由于母线及电气设备都很高大，电气主接线大多为 3/2 台断路器接线。母线的上面又有跨线通过，故不宜于采用高型布置。多采用母线为管形硬母线并配以伸缩式和剪刀式隔离开关的分相中型布置。

三、屋外半高型配电装置

设计屋外半高型配电装置的意图是兼收中、高型配电装置的优点，并克服两者的缺点。半高型布置的特点是将一组母线（备用主母线或旁路母线）置于高一层的水平面上，并与断路器、电流互感器、隔离开关等设备做上下重叠布置，从而缩小了纵向尺寸，可以比普通中型配电装置节省占地面积 30％。

图 8-8 为 110kV 单母线、带旁路母线半高型配电装置的出线间隔断面图。它将备用母线抬高，并将出线断路器、电流互感器及出线隔离开关放于母线下方，备用母线隔离开关的

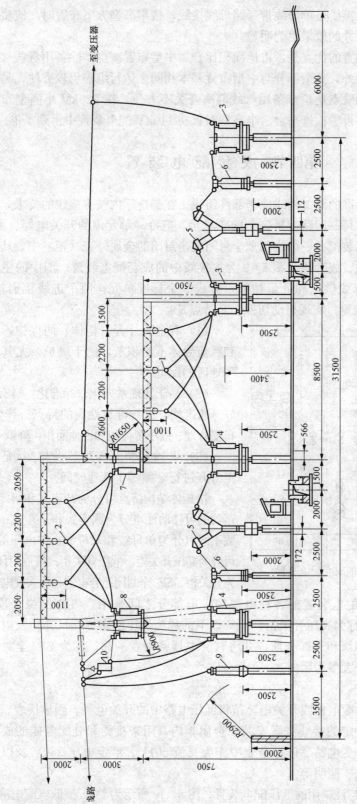

图 8 - 8 110kV 单母线、带旁路母线半高型配电装置的出线间隔断面图

1—母线；2—旁路母线；3、4、7、8—隔离开关；5—断路器；
6—电流互感器；9—耦合电容器；10—阻波器；

位置较高。如果电气主接线是单母线带旁路母线接线，按半高型方案布置时，应将旁路母线抬高，这样压缩纵向尺寸的效果更为明显。

屋外半高型配电装置的优点是：占地面积比普通中型布置减少；除备用母线（或旁路母线）及其母线隔离开关外，其余部分与中型布置基本相同，运行维护仍较方便，易被运行人员所接受。这种布置的缺点是检修备用母线隔离开关不方便，在 220kV 半高型布置中，备用母线隔离开关处应该设置检修平台。半高型布置在 110kV 配电装置中得到了推广应用。

第四节　成套配电装置

成套配电装置由标准的开关柜或成套部件组成。在制造厂内按主接线的要求，将主接线分成若干条标准回路，每一回路就是一个标准单元，把每一单元内的开关电器、测量仪表、保护电器和辅助设备都装配在一个或两个全封闭或半封闭的金属外壳（柜）中，从而使配电装置的间隔实现小型化、成套化。图 8-9 为主接线中的成套配电装置，图中的主接线实现双电源互为备用的向母线供电和计量功能，分成 3 个标准单元，两个进线柜通过 1QF 和 2QF 之间的电气连锁装置，实现自动切换。其特点是：

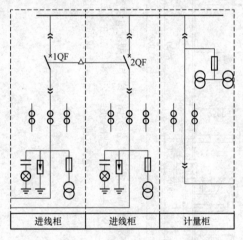

图 8-9　主接线中的成套配电装置

（1）有金属外壳（柜体）的保护，电气设备和载流导体不易积灰，便于维护，尤其适用于污秽地区的配电。

（2）易于实现系列化、标准化，具有装配质量好、速度快，运行可靠性高的特点。其结构紧凑、布置合理、缩小了体积和占地面积，降低了造价。

（3）电器安装、线路敷设与变/配电室的施工分开进行，缩短了基建时间。

按柜体结构特点可分为开启式和封闭式；按断路器的可移动性可分为固定式和手车式；按母线条数不同可分为单母线和双母线；按电压等级的不同可分为高压开关柜、低压开关柜；按照封闭规模可分为开关柜、SF_6 全封闭组合电器和箱式变电站等。

35kV 及以下成套配电装置的各种电器的带电部分之间是用空气作绝缘介质的，3～35kV 的成套配电装置称为高压开关柜，1kV 以下的称为低压配电屏；110kV 及以上成套配电装置用 SF_6 气体作绝缘和灭弧介质，并将整套电器密封在一起，称为 SF_6 全封闭组合电器。这些成套配电装置大多为屋内式。

一、低压配电屏

低压配电屏，又称配电柜或开关柜，是将低压电路中的开关电器、测量仪表、保护装置和辅助设备等，按照一定的接线方案安装在金属柜内，用来接受和分配电能的成套配电设备，它适用于发电厂、变电站、厂矿企业中作为交流 50Hz、额定电压 380V 及以下的低压配电系统中动力、配电、照明等。

低压配电屏是一种广泛采用的低压配电装置，图 8-10 所示为 PGL 型低压配电屏外形示意图，已广泛应用于发电厂与变电站的厂用低压配电系统和工业企业车间变电站。屏体由钢板和型钢焊接而成，它将屏的背面和顶部封闭起来，防灰尘和落物，提高运行可靠性。在正面钢质面板上，自上而下装有测量仪表、隔离开关的操作手柄，在下方可以开启的门内装设继电器、二次接线端子和电能表等。屏背面的顶部为三相母线，往下依次装设隔离开关、自动空气开关或熔断器、电流互感器以及电缆头等。根据容量的不同，在一台配电屏内可装设一条或数条馈线。

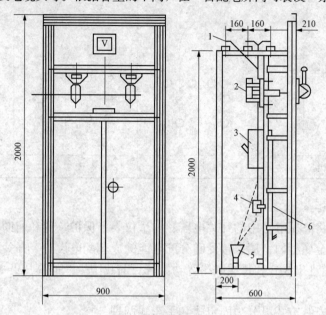

图 8-10 PGL 型低压配电屏外形示意图

1—母线及绝缘框；2—隔离开关；3—断路器；4—电流互感器；5—电缆头；6—继电器

抽屉式低压配电屏为一种新型封闭式低压配电装置，它的特点是将一条回路的设备均装在一个特制的抽屉里，一次回路用隔离插头与母线相连，二次回路也用接插件与外部控制回路连接。需要检修某回路时，即可将该抽屉抽出，立即插入备用抽屉，可迅速恢复供电。抽屉式低压配电屏密封性能好，可靠性高，此外还具有布置紧凑、容纳回路数多、占地面积小等优点。其缺点是制造工艺较复杂、钢材用量大，价格较高。

根据用户的需求，低压配电屏可以实现各种主回路方案，表 8-3 给出了低压配电屏主回路方案示例。

表 8-3   低压配电屏主回路方案示例

方案编号	1	2	3	4
主回路方案				
用途	馈电	馈电	馈电	馈电

方案编号	5	6	7	8
主回路方案				
用途	馈电	馈电	馈电	馈电　照明

二、高压开关柜

高压开关柜是将高压电路中的开关电器、测量仪表、保护装置和辅助设备等，按照一定的接线方案安装在金属柜内，用来接受和分配电能的成套配电设备。开关柜具有受电、馈电（架空进出线、电缆进出线）和母线联络等功能，目前我国生产的高压开关柜有 3～10kV 及 35kV 两个系列。

按照开关柜的安装方式可分为固定式和手车式两种。

固定式高压开关柜：断路器安装位置固定，各功能区相通而且敞开，采用母线和线路的隔离开关作为断路器检修的隔离措施。

手车式高压开关柜：高压断路器安装于可移动手车上，便于检修，其各个功能区是采用金属封闭或者采用绝缘板的方式封闭，有一定的限制故障扩大的能力。

图 8-11 为 JYN2-10 型手车封闭式高压开关柜，这种高压开关柜由以下几个分室构成。

手车室及手车是开关柜的主体部分。断路器及其操动机构、隔离插头均装在手车上，操作电缆通过接插件引入手车。手车上部为手动推进机构，用脚踩手车下部的联锁踏板时，手车后面与母线室相隔离的遮板相继提起，然后插入手柄转动蜗杆，就可以使手车沿着开关柜的轨道前行投入或后移退出。在运行位置时，断路器通过两端的插头式隔离开关分别接到主母线和出线电缆上。检修时，先使断路器跳闸，手车即可拉出柜外，工作非常方便。在手车拉出时，隔离插头随之断开，且遮板自动落下，使手车室与母线室及出线室相隔离，进入此室检修非常安全。如果只检修手车上的设备，并急需恢复供电时，可及时推入备用手车，从而提高了供电可靠性。为了防止误操作，在手车上装有机械联锁装置，只有当断路器处于分闸状态时，手车才能从手车室拉出。

主母线室位于开关柜的后上部。小室内有由支柱绝缘子固定的三相矩形母线（单母线），并有从母线引接的隔离插座。主母线室为封闭式，不易落入灰尘而引起短路，因此可靠性高。

出线室位于开关柜的后下方，里面装有出线侧隔离插座、电流互感器和引出电缆等。仪表和继电器室位于柜顶前部。测量仪表、信号继电器和继电保护连接片等装于面板门上，小室内装设继电器、电能表、端子排、熔断器等，断路器的控制开关和指示灯一般也装于面板

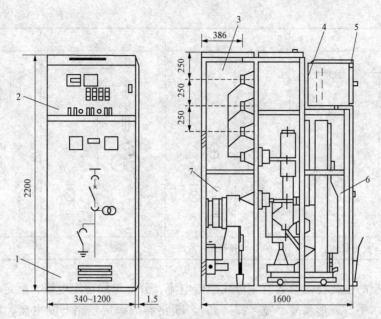

图 8-11 JYN2-10 型手车封闭式高压开关柜
1—手车室（外）；2—仪表板；3—主母线室；4—仪表、继电器室；
5—小母线室；6—手车室；7—出线室

上，其高度适中，便于操作。

二次回路的小母线室位于仪表继电器室之上，装有二次小母线和接线座。由手车式高压开关柜组成的配电装置，检修方便且安全，检修停电时间短，封闭性能好，运行可靠，维护工作量小，它最适用于发电厂 3～35kV 厂用配电系统，在降压变电站中也有应用。

根据用户的需求，高压开关柜可以实现各种主接线方案，如实现受电、馈电（架空进出线、电缆进出线）、母线联络和测量等功能，表 8-4 给出了高压开关柜主接线方案示例。

表 8-4　　　　　　　　　　高压开关柜主接线方案示例

方案编号	1	2	3	4
主回路方案				
用途	受电	测量	受电	受电

续表

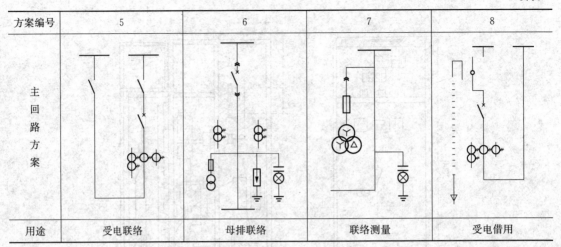

方案编号	5	6	7	8
主回路方案				
用途	受电联络	母排联络	联络测量	受电借用

　　高压开关柜的主要技术参数有主母线额定电流、分支母线额定电流、额定电压、额定频率、额定绝缘水平、外形尺寸（宽×深×高）。断路器的额定短路开断电流、额定关合峰值电流、额定短时耐受电流、额定峰值耐受电流。接地开关的额定关合峰值电流、额定短时耐受电流、额定峰值耐受电流。操动机构分合闸线圈额定电压、直流电阻、功率，储能电机额定电压、功率，柜体防护等级及符合的国家标准编号等。

三、箱式变电站

　　箱式变电站也称为组合式变电站，是一种工厂预制的由高压开关设备、配电变压器和低压配电装置，按一定接线方案排成一体的紧凑式配电设备，它完整地实现一个终端变电站的主接线及二次系统。通常分成高压室、变压器室和低压室 3 个功能隔室。高压室功能齐全，由高压开关柜（包括环网柜）组成一次供电系统，可布置成环网供电、终端供电、双电源供电等多种供电方式，还可装设高压计量元件，满足高压计量的要求。低压室根据用户要求可采用面板或柜装式结构组成用户所需供电方案。

　　箱式变电站有整体组合无焊接拼装式结构、集装箱式结构和框架焊接式结构 3 种结构形式。

　　箱式变电站的外形及典型布置如图 8 - 12 所示。

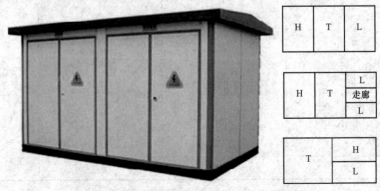

图 8 - 12　箱式变电站的外形及典型布置图

H—高压室；T—变压器室；L—低压室

四、GIS

GIS 可将一座变电站中除变压器以外的一切设备，包括断路器、隔离开关、接地开关、电压互感器、电流互感器、避雷器、母线、电缆终端、进出线套管等，经优化设计有机地组合成一个整体。

与传统的敞开式配电装置相比，GIS 具有下列优势：

（1）小型化。SF$_6$ 气体的绝缘性能和灭弧性能都比空气高许多，故此安全净距可以减少。大大节省变电站的占地面积和空间体积，实现小型化，额定电压越高，节省得越多。

（2）运行安全可靠。GIS 的金属外壳是接地的，既可防止运行人员触及带电导体，又可使设备运行不受污秽、雨雪、雾露等不利的环境条件的影响。

（3）安装工作量小、检修周期长。在工厂内进行整机装配和试验合格后，以单元或间隔的形式运到现场，可缩短现场安装工期。灭弧系统先进，大大提高了产品的使用寿命，因此检修周期长，维修工作量小，而且离地面低，因此日常维护方便。

GIS 的结构及设计详见第九章。

第五节　发电机、变压器与配电装置的连接

发电机、变压器与配电装置之间的电气连接可以有 3 种方式，即母线桥、组合导线及封闭母线。

一、母线桥

母线桥的结构形式与配电装置中的主母线相似，母线固定于支柱绝缘子上，支柱绝缘子安装在构架的横梁上，母线水平排列。根据载流量的不同，母线可以是一条或多条矩形铝导体，也可以是槽形导体。母线桥需跨越通道及其他设备，故支柱绝缘子需要安装在较高的支架上。母线桥的结构如图 8-13 所示。

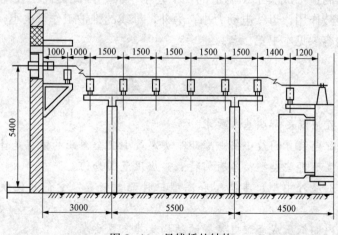

图 8-13　母线桥的结构

母线桥需要使用的支柱绝缘子较多，投资较大，运行可靠性也较低，故宜用于发电机、变压器与配电装置间较短的连接。

二、组合导线

组合导线是由多根铝绞线组合而成的，如图 8-14 所示。为有利于散热，使用圆形套环将一组铝绞线均匀地固定在套环圆周上，套环的左右两侧导线采用钢芯铝绞线，用以承受组合导线的机械载荷。组合导线用悬式绝缘子悬挂在主厂房与配电装置之间的墙上，必要时，设专用的门形架，其档距决定于组合导线的机械载荷，通常不大于 35m。

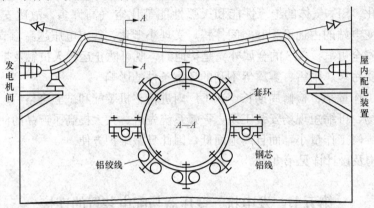

图 8-14　组合导线的结构

组合导线具有散热好、集肤效应小、有色金属消耗量小、支柱绝缘子和构架需要量小、投资省、可靠性高、维护工作量小等优点，它适用于档距较大、载流量也较大的连接。

三、封闭母线

对于 200MW 及以上的发电机与变压器间的连接母线，要求有更高的运行可靠性宜采用封闭母线。上面介绍的敞露母线形式，由于易受气候、污秽气体的影响，还有落下外界物体的可能性，容易造成绝缘子闪络或相间短路，这些事故对于大型机组是不允许发生的。

封闭母线是由制造厂成套加工制造的，工艺水平高，因此提高了长期运行的安全可靠性；封闭外壳有屏蔽作用，母线电动力小；另外，母线的维护工作量也小，这些都是封闭母线的优点，详细内容参见本书第二章。

思 考 题

8-1　配电装置应满足哪些基本要求？

8-2　什么是配电装置的最小安全净距？决定最小安全净距的依据是什么？

8-3　配电装置有哪些类型？各有何特点？应用范围如何？

8-4　怎样区别屋外中型、半高型和高型三种配电装置？它们的优缺点和适用范围是什么？

8-5　熟悉屋内高低压成套配电装置的结构及其布置要求。

8-6　试述屋外配电装置的布置形式及单列和双列布置的特点，熟悉屋外配电装置的布置要求。

8-7　高压成套配电装置的基本形式有哪几种？各自的主要特点是什么？

8-8　对于 220kV 的变电站，哪些地方该装设隔离开关？哪些地方该装设接地开关？

第九章　GIS原理与设计

扫一扫　观看全景演示

GIS 组合开关

在常规设备中，绝缘介质和灭弧介质多用空气，高压电力设备的灭弧介质也有用绝缘油的。20 世纪 70 年代初期出现了一种新型高压配电装置，它以 SF_6 气体为绝缘介质，将多种开关设备封闭在一个外壳之内，国际上称这种设备为 Gas Insulated Switchgear，简称 GIS，就是气体绝缘开关设备，国内又称为气体绝缘金属封闭组合电器。

第一节　SF₆ 介 质

除空气外，六氟化硫（SF_6）已是在电力系统中应用最广泛的气体介质，作为绝缘介质和灭弧介质广泛应用在电力设备中。SF_6 的绝缘强度约为空气的 2.5～3 倍，其灭弧能力更高达空气的百倍，所以在超高压和特高压范围内，它已完全取代绝缘油和压缩空气而成为断路器灭弧介质。

一、SF₆ 的绝缘性能

SF_6 具有较高的绝缘强度，均匀电场中，0.1MPa（1atm）下空气的击穿场强约为 30kV/cm，而 SF_6 气体的击穿场强可以达到 89kV/cm，几乎是空气击穿场强的 3 倍。主要是因为 SF_6 气体具有很强的电负性，容易俘获自由电子而形成负离子（电子附着过程），电子变成负离子后，其引起碰撞电离的能力变弱，从而削弱了放电的发展过程。也就是说，SF_6 气体中的碰撞电离和放电过程中，除了考虑放电的 α 过程外，还应计及电子附着过程。

气体绝缘电气设备的实际场强值远低于理论击穿场强，这是因为许多影响因素会使击穿场强下降。此处仅介绍其中两种主要影响因素，即电极表面缺陷和导电微粒。

（一）气体的压力对绝缘性能的影响

同轴圆筒气隙中 SF_6 的击穿场强 E_b 与气压 P 的关系如图 9-1 所示，可见击穿电压与气体压力有关，气体压力越大，其击穿电压越高。因此，提高 SF_6 气体的压力，可以显著提高击穿场强。这是因为当气体的压力增高时，电子的平均自由行程随之减小，使得电子在二次碰撞时所积累的动能减少，从而减少了碰撞游离。增加气体的压力，间隙中的击穿电压也随之增高。但当压力增高到一定程度后则出现饱和现象，当气压增加到 2MPa 时，击穿电压将达到完全饱和，此时增加压力不会使击穿电压增高，所以 GIS 设备的压力应限制在一定范围之内。

（二）电场的不均匀性对 SF_6 绝缘性能的影响

SF_6 优异的绝缘性能只有在电场比较均匀的场合才

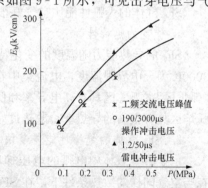

图 9-1　同轴圆筒气隙中 SF_6 的击穿场强 E_b 与气压 P 的关系

能得到充分展现。电场的不均匀程度对 SF_6 绝缘强度的影响远比对空气的大。相比于均匀电场中的击穿电压，在极不均匀电场中，SF_6 的击穿电压下降的程度比空气要大得多。在设计、制造以 SF_6 气体作为绝缘介质的各种电气设备时，应尽可能使气隙中的电场均匀化，采用屏蔽等措施以消除一切尖角处的不均匀电场，使 SF_6 优异的绝缘性能得到充分发挥。

在气体绝缘电气设备中最常见的是稍不均匀电场气隙，如同轴圆筒间的气隙。稍不均匀电场下的绝缘性能和均匀电场中情况相差不多。由于电场中 SF_6 气体电子的增长速度比空气快，因此在不均匀电场下，SF_6 气体为了满足自持放电所需电压，不仅比均匀电场要低很多，而且其降低的程度远比空气大。

（三）电极表面缺陷

一般情况下，电极表面越粗糙，介质的击穿电压越低。这是因为粗糙的电极表面，有很多突出的尖端，突出尖端周围的局部电场强度比气隙的平均电场强度大很多，容易发生局部强场发射，可在宏观上平均场强尚未达到临界值时就诱发击穿。

电极表面粗糙度对击穿电压、电压波形、电极极性都有影响，因此在加工电极表面时，其光洁度必须满足工艺要求，减少电极表面的粗糙度，从而提高设备的击穿电压。

除了表面粗糙度外，电极表面还会有其他零星的随机缺陷，电极表面积越大，这类缺陷出现的概率也越大。电极表面积越大，SF_6 气体的击穿场强越低，出现降低击穿电压的概率就越多，这一现象被称为"面积效应"。

（四）导电微粒

设备中的导电微粒有两大类，即固定微粒和自由微粒，前者的作用与电极表面缺陷相似，而后者因会在极间跳动而对 SF_6 气体的绝缘性能产生更严重的不利影响。

在 GIS 设备里，导电微粒的存在，会明显地降低击穿电压。这是因为电极表面的导电粒子使电极表面粗糙度增大，从而降低击穿电压。同时，由于导电粒子受到电极间的电场力作用，使导电粒子发生移动，其方向由弱电场向强电场移动，即从外壳向母线或其他导体移动，从而导致击穿电压下降。在雷电冲击电压下，导电微粒与电压的波形有关，导电粒子作用的时间很短，还来不及移动，冲击电压就降低了，因此对击穿电压的影响较小，而对工频击穿电压的影响就很大。因此，在制造和安装 GIS 设备时，不允许内部有任何金属微粒和粉末侵入，故保持设备内部的清洁尤为重要。

二、SF_6 的灭弧性能

SF_6 气体的灭弧性能比空气好很多，现将原因归纳如下。

1. 优良的热特性

SF_6 的导热能力随温度的变化特性是它具有优异熄弧能力特性的重要原因。开关电弧以 3000K 为导电界限温度，电流集中在高于 3000K 以上的"弧芯"区内，外围的低温区称为"弧焰区"。弧芯区具有高电导率和低导热率，导热差，温度高，形成直径细的密集导电区；弧焰区具有很高的导热率，散热良好，结果是弧焰区及其外围电弧的温度很快降低。

2. SF_6 气体的绝缘性能恢复快

由于 SF_6 气体中电弧的电压梯度比空气小两倍，所以 SF_6 气体中电弧的输入功率少，在与空气同样的散热条件下，在 SF_6 气体中的电弧容易熄灭，绝缘恢复得快，且不易重燃。

3. 电负性

SF_6 气体具有电负性，容易形成 SF_6 负离子，此负离子的运动速度比自由电子低很多，当发生离子碰撞时，与正离子复合成为中性分子的概率高于自由电子，因此可以降低电弧的导电率，使得 SF_6 气体的灭弧性能比空气好。在弧焰区和弧后恢复阶段，电负性起主要作用。

4. SF_6 气体电弧的时间常数小

电弧的熄灭过程就是弧隙游离产物（离子、电子）的去游离，使间隙恢复到绝缘状态的过程，这主要通过冷却降温，使电导率降低、消失。表示电导减小的速度常用电弧的时间常数来说明，电弧时间常数越小，表明弧柱温度或热量变化越快，灭弧能力越强。

GIS设备的优良开断性能，与 SF_6 气体电弧的时间常数小是分不开的。试验表明，SF_6 电弧的时间常数只是空气的百分之一，其灭弧能力则为空气的 100 倍。以上是小电流断开的结果。在开断大电流的试验中 SF_6 气体的开断能力大约为空气的 $2\sim3$ 倍。在开断相同的电流时，SF_6 气体吹弧所需要的压力只有空气的 $1/3\sim1/2$。电流过零后，介质恢复过程的时间常数，在热恢复阶段，SF_6 气体比空气快一倍。

三、利用 SF_6 气体绝缘电力设备

目前 SF_6 不但应用于 SF_6 断路器等单一电力设备，也广泛应用于封闭式气体绝缘组合电器（GIS）、气体绝缘变压器和充气输电管线等装置中，它是将多种变电设备集于一体并密闭充 SF_6 气体的容器之内来实现的。

1. 气体绝缘开关设备（GIS）

气体绝缘开关设备（GIS）是由断路器、母线、隔离开关、电流互感器、电压互感器、避雷器、套管等 7 种电器元件组合而成，因此经常又称为全封闭组合电器。因为它的外壳通常是金属材料且接地，有时也称为气体绝缘金属封闭组合电器。

2. 气体绝缘管道输电线（GIL）

气体绝缘管道输电线也可称为气体绝缘电缆，是类似 GIS 的气体绝缘大容量输电设备。GIL 的优点主要有载流量很高，能够允许大容量传输。电缆系统的截面积几乎已经达到了技术和经济的极限，因此载流量受到限制。而选择不同的壁厚和直径能够使 GIL 很经济地满足不同要求。GIL 的另一个重要的优点是电容比电缆的小，因而即使长距离输电，也不需要无功补偿。

3. 气体绝缘变压器（GIT）

气体绝缘变压器（GIT）的结构原则上与油浸式变压器相同，其结构与设计上的特点主要在于绝缘与散热冷却两个方面。SF_6 气体的散热冷却能力较差，这是 GIT 特别是大容量GIT 结构上的一个难点，也正是因为其散热能力差，决定了 GIT 的绕组在绝缘材料方面的费用大大超过油浸式变压器。

除了以上所介绍的气体绝缘电气设备外，SF_6 气体还日益广泛应用到一些其他电气设备中，如气体绝缘开关柜、环网供电单元、中性点接地电阻器、中性点接地电容器、移相电容器、标准电容等。

第二节　GIS的构成原理

一、概述

GIS 是将高压变电站中除变压器以外的所有一次设备组装在金属壳体内，用环氧树脂绝缘子支撑导体，内充 SF_6 气体作为绝缘和灭弧介质的一种设备。该设备包括断路器、隔离开

关、接地开关、电流互感器、电压互感器、氧化锌避雷器、三极共箱母线、出线套管、电缆连接装置、电气控制柜等基本元件，还有伸缩节等其他附件，这些元件经优化设计有机地组合成一个整体，全部封闭在 SF_6 金属外壳中。

GIS设备的所有带电部分都被金属外壳所包围，外壳是用铝合金、不锈钢、无磁铸钢的材料做成，并且内部充有一定压力的 SF_6 气体。GIS的外形和内部结构如图 9-2 所示。

图 9-2　GIS的外形和内部结构

GIS设备的绝缘水平，断路器的开断能力，完全决定于GIS设备的电场结构、SF_6 气体的性能及其压力。电场结构一般是不均匀电场，电压增高时，可以增大导体之间或导体对地之间的距离来提高电气设备的绝缘水平。

二、GIS 的类型

（1）根据安装地点可分为屋外式和屋内式两种。屋外式的 GIS 设备只要在屋内式的基础上加上防雨、防尘的装置就变为屋外式的了，其余结构都相同。

（2）GIS 一般可分为单相单筒式和三相共筒式两种形式。单相单筒式是一个母线管里安装一相母线；三相共筒式是三相母线安装在同一个母线管里面。110kV 及以下电压等级母线可以做成三相共筒式，220kV 及以上采用单相单筒式。

三、GIS 的结构原理

目前，GIS 产品涵盖了从 110～1100kV 的全部电压等级范围，独特的积木式结构可以满足高压领域内的所有需求。所有元件的法兰连接都采用了标准化设计，使得各种元件能够任意组合，以满足各种变电站的设计和布置要求。ELK-04 型 SF_6 气体绝缘金属封闭开关设备如图 9-3 所示，下面以其为例说明 GIS 的结构原理。

（一）母线和绝缘子

母线多由铝合金管制成，母线两端插入到触头座里。母线的表面要求光洁度高，没有毛刺和凹凸不平之处，它由环氧树脂浇铸的支撑绝缘子支撑着。

GIS 设备的绝缘子的作用有 3 个：一是用来支撑 GIS 的导体；二是使 GIS 的导体对外壳和其他元件保持一定距离；三是可以将 GIS 设备分成若干个气室，互不相通，万一发生故障，可以抽出故障气室里的 SF_6 气体，解体维修，而不影响其他气室的正常运行。常见绝缘子的类型如下：

1. 支撑绝缘子

支撑绝缘子用于支撑单独的导电体，如图 9-2 右图所示的棒形绝缘子，故又得名棒式绝缘子。在三相共箱的母线管中，每相母线管用支撑绝缘子夹紧，根部固定在绝缘板上，每隔一定距离安装一个，其强度较高。

2. 隔离绝缘子

隔离绝缘子又叫隔板，其形状像个盆，故又得名盆式绝缘子。它除了支撑 GIS 的导体之外，还可以将 GIS 设备分隔成若干个气室。当相邻气室因漏气或维修作业而使压力下降时，隔离绝缘子应能确保本气室的绝缘和机械性能不发生显著变化，不应出现任何影响介质绝缘性能的泄漏。该类绝缘子是用优质的环氧树脂浇铸而成，导电座浇铸在中央、边缘与金属法兰盘浇铸在一起。

(二) 断路器

断路器（图 9-3 中元件 2）是 GIS 设备中最重要的元件，它的灵活与否对整个电厂变电站的紧凑性有很重要的影响。GIS 的断路器每相有一个灭弧断口，一般采用双气室自能式灭弧原理，有一热膨胀室和一压气室，在两室之间有一单向阀片，在压气室的下部外侧设有减压弹簧和一减压阀片。

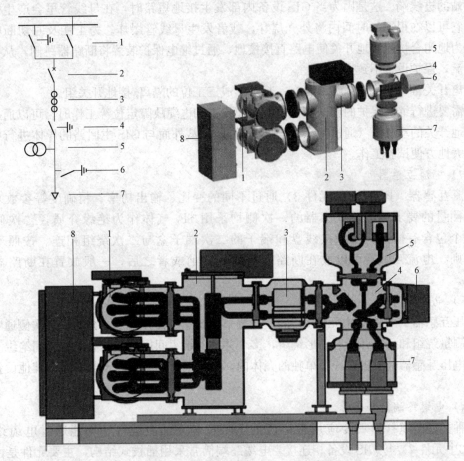

图 9-3　ELK-04 型 SF$_6$ 气体绝缘金属封闭开关设备

1—母线型隔离/接地开关；2—断路器；3—电流互感器；4—馈线型隔离/接地开关；5—电压互感器；

6—快速接地开关；7—电缆终端筒；8—就地控制柜

断路器的布置方式有两种，一种是立式的，另一种是卧式的，根据 GIS 的电压而定。

由于电压超过 220kV 的断路器其高度增加，为了减低 GIS 设备的厂房高度，多用卧式断路器。因此，一般在 220kV 以下用立式断路器，220kV 以上用卧式断路器。两种布置虽然不同，但断路器的结构则一样。

（三）隔离开关和接地开关

隔离开关是 GIS 的标准元件之一，按功能可分为普通隔离开关和快速隔离开关两种。普通隔离开关又有母线型和馈线型两种形式，主要用于在线路无电流时断开和隔离电路。快速隔离开关除具有普通隔离开关的特性外，还具有断开感应电流、小电磁电流及断开双母线环流的能力。

接地开关也是 GIS 的标准元件之一，按功能可分为检修接地开关和快速接地开关（图 9-3 中元件 6）两种。检修接地开关只能切断电容电流和电感电流，主要用于检修，合闸后使不带电的主回路可靠接地，确保检修人员安全。快速接地开关相当于接地短路器，除具有检修接地开关的特性外，还具有关合线路短路电流和断开线路感应电流的能力，主要用于变电站的进线端。这是因为当 GIS 设备内部发生接地短路时，在母线管里会产生强烈的电弧，它可以在很短的时间内将外壳烧穿，或者发生母线管爆炸。为了能及时切断电弧电源，人为地闭合快速接地开关使电路直接接地，通过继电保护装置将断路器跳闸，从而切断故障电流，保护设备不致损伤过大。

隔离开关常常和接地开关组合在一起，形成三工位的隔离/接地开关组。

当需要进行继电保护的调试和试验、电缆检查和电缆故障定位等工作时，可以通过快速隔离接地开关的动触头（通过绝缘片与外壳隔开），从外面与 GIS 主回路的导体进行电气连接，极大地方便试验工作。

（四）电流互感器

电流互感器（图 9-3 中元件 3）通过不同的变比、输出功率、精确度等参数来满足保护和测量的要求。电流互感器的一次侧均采用 SF$_6$ 气体作为绝缘介质，二次侧则是通过一个包含有插接式绝缘接线盘和端子的二次端子盒与二次绕组相连。按照不同的保护原则，电流互感器可以放在断路器灭弧室之前或者之后，一般放置在断路器连接法兰内。

（五）电压互感器

电压互感器（图 9-3 中元件 5）的一次侧采用 SF$_6$ 气体作为绝缘介质，二次侧通常可以有两个测量绕组和一个开口三角形绕组，多个并排的绕组间用聚酯薄膜进行匝间绝缘。通常情况下电压互感器被放置在一个单独的壳体内，并且通过隔离绝缘子与间隔内其他设备分隔开来。

（六）电缆终端筒和套管

各种类型电缆（如现今应用最广泛的 XLPE 和充油电缆等）均能通过电缆终端筒（图 9-3 中元件 7）与 GIS 设备相连接。电缆终端筒常采用插拔式结构，主要元件是由环氧树脂做成的插入式套管和由硅橡胶做成的预制电缆终端应力锥。插拔式电缆终端的突出优点是 GIS 安装可与电缆系统安装完全分开。

SF$_6$/空气套管用于架空线或变压器的连接。有传统瓷和复合绝缘套管两种形式。

（七）就地控制柜

每套 GIS 设备都有一套就地控制系统，它装在 GIS 设备附近的控制柜（图 9-3 中元件

8）中，有时也称汇控柜。一次设备通过两端均带多芯插头的多芯电缆与就地控制柜相连，控制中心所需要的所有信号都可以从控制柜内的端子排上接取。

所有用于控制、信号、联锁等用途的辅助电气设备都装在就地控制柜内。在柜内装有断路器、隔离开关的启动、停止按钮，运行方式选择按钮，开关的闭锁方式按钮，运行情况的各种信号指示器以及电气计量表计等。断路器、隔离开关和接地开关通常配备单独的控制单元，以保证开关的快速关合及电气联锁。

安装和检修 GIS 设备时，可以在就地控制柜通过操作手柄进行手动操作。

四、元件连接

标准化的积木式设计，可以用有限的一次元件满足各种变电站布置需求和技术要求。

（一）GIS 设备间的连接

根据变电站的布置，需要不同的补充元件把设备连接在一起，以构成主导电回路。补充元件实现的连接可以是导体，可以是某标准元件的动触头，出线套管或电缆的端头，也可以是实心或空心的导体，其目的是保证主回路能长期通过额定电流和承受额定动、热稳定电流，又确保相对地或断口间的绝缘强度。

补充元件保证了 GIS 设备最大的灵活性，使几乎任何布置都成为可能。这些补充元件主要是：

（1）转换元件；

（2）母线管道和弯管；

（3）伸缩节头；

（4）直通型、T 型、L 型或十字型元件；

（5）避雷器等。

以上这些元件均配有支撑或气体隔离绝缘子，而电气连接则采用插接式触头。

GIS 设备是由断路器、隔离开关、互感器和母线互相连接起来的。这些元件的材料不同，膨胀系数不一样，当温度变化时若各个元件不能自由伸长和缩短，由于温度应力的原因，势必损坏元件，为此在 GIS 设备的母线管要配置伸缩节头。

伸缩节头一般采用不锈钢波纹管结构，也可以是特殊的套筒结构（运行中可以整个间隔抽出来处理故障）。当温度变化时，节头可以伸长和缩短，弥补因温度的变化产生应力而破坏元件。伸缩节主要用于装配调整、吸收基础间的相对位移或热胀冷缩的伸缩量等。此外，伸缩节头还能补偿 GIS 设备加工而造成的误差，因为 GIS 设备的各个元件都是刚性结构，加工时有一些误差，就无法安装。

（二）GIS 与外部的连接

（1）GIS 设备通过 SF_6/空气套管与架空线相连接。由于 GIS 设备是密封式的，电源的引入和电能的输出，都只能通过 SF_6/空气套管。GIS 安装完毕，进行高压耐压试验时，其试验电源也要通过套管引入。套管的内部分成两个气室：一个气室与 GIS 设备的元件相连通，并充以高压 SF_6 气体，其压力与运行压力相同；另一个气室与架空线相连通，充以比大气压力略高一点的 SF_6 气体。

（2）GIS 设备通过电缆终端筒与高压电缆相连接。与高压充油电缆相连接时，终端筒密封垫的一侧为 SF_6 气体，一侧为电缆油，密封垫所承受的压力，是高位电缆头与低位电缆头之间的油柱压力差。当高差较大时，密封垫所受的压力较高，因此应尽量减少两个电缆头的高差，有条件的情况下用干式电缆。

（3）GIS 设备通过 SF$_6$ 油套管与主变压器相连接。主变压器套管的外侧是 SF$_6$ 气体，内侧是变压器油，外面有金属罩保护，分别由变压器厂和 GIS 厂制造，为此两个厂应密切配合。

五、GIS 的气室

根据各个元件不同作用，GIS 分成若干个气室，不同气室由隔离绝缘子分隔开来。每个气室里，都装有测量压力的压力表、测量气室是否漏气的密度计、防止气体压力过高的防爆膜，以及进行充气和排气的气嘴。

（一）气室

当气室内没有 SF$_6$ 气体时，GIS 是不能受电的，否则就会出现或扩大绝缘击穿故障。因此，与常规设备不同，GIS 除了考虑主接线的电气性能外，还要考虑 SF$_6$ 的气路是否与一次接线的电路相配合。

GIS 应分为若干气室。其划分方法既要满足正常运行条件，又要使气室内部的电弧效应得到限制。

划分气室的原则如下：

（1）根据 SF$_6$ 气体的压力不同，分为若干个气室。对于断路器，SF$_6$ 气体既充当绝缘介质又充当灭弧介质，对于其他设备则只作为绝缘介质。断路器在开断电流时，要求电弧迅速熄灭，因此要求 SF$_6$ 气体的压力要高。隔离开关切断的仅是电容电流，所以压力要低些。

（2）根据绝缘介质的不同分为若干个气室，如 GIS 设备必须与架空线、电缆、主变压器等相连接，而不同的元件所用的绝缘介质不同，例如油电缆终端头要用电缆油，与 GIS 母线连接要用 SF$_6$ 气体，故此要把电缆油和 SF$_6$ 气体分隔开来，所以要分成多个气室。

（3）GIS 设备检修时应尽量减小停电范围，所以要分成若干个气室。由于所有的元件都要与母线连接起来，母线管里充以 SF$_6$ 气体。但当某一元件发生故障时，要将该元件的 SF$_6$ 气体抽出来才能进行检修。若母线管里不分成若干个气室，一旦某一元件故障，连接在母线管里的所有元件都要停电，扩大了故障范围。因此必须将母线管中不同性能的元件分成若干个气室，当某一元件故障时，只停下故障元件，并将其气室的 SF$_6$ 气体抽出来，使非故障元件仍能正常运行。

此外，长母线应划分成几个气室，以利于母线维修和气体管理。GIS 一次模拟图上应标明气室间隔的具体部位，在设备的对应位置上应有色标表示，如图 9-4 所示。

（二）充气和排气

为了对气室充气和排气，每一个气室都配置有阀门或气嘴，以方便对气室的维护、取样、充气和排气。

在运行时，各个制造厂根据设备电压不同规定了断路器室、母线室、避雷器室、互感器室及充气高压套管的 SF$_6$ 气体额定运行压力值，见表 9-1。

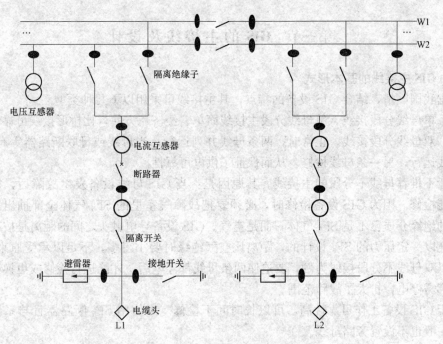

图 9 - 4　GIS气室分布示意图

表 9 - 1　　　　　　　　　　SF₆ 气体的额定运行压力值示例

序号	制造厂名称	额定运行压力（20℃，Mpa）				
		气室类别	110kV	220kV	330kV	500kV
1	西安高压开关厂	断路器室	0.49	0.49	0.49	0.49
		其他器室	0.40	0.40	0.50	0.40
2	平顶山高压开关厂	断路器室	0.60	0.50		
		其他器室	0.40	0.30		
3	上海华通高压开关厂	断路器室	0.65	0.65—0.02		
		其他器室	0.35	0.35±0.05		
4	北京开关厂	断路器室	0.56			
		其他器室	0.25			
5	ABB 公司	断路器室	0.52	0.70		0.70
		其他器室	0.60	0.65		0.46
		套管		0.11		0.15
6	法国阿尔斯通	断路器室		0.655		0.55
		其他器室		0.35		0.35
7	德国 AEG 公司	断路器室	0.60			
		其他器室	0.60			
8	日本三菱公司	断路器室	0.45±0.03			
		其他器室	0.30±0.03			

第三节　GIS 的主接线及设计

一、GIS 主接线的基本形式

根据我国国情，结合 GIS 设备的特点，其主接线可采用以下几种类型。

（1）单母线分段接线。单母线分段主接线简单、经济、方便，比桥形接线可靠。

（2）双母线分段接线。正常时，两条母线并列运行，当母线或母联断路器等有故障时，一条母线运行，另一条母线检修，从而保证了供电可靠性。

一般不推荐母线不分段的主接线。其原因是：当 GIS 母线设备发生故障后，须母线全停电才能检修。因为 GIS 设备检修时，必须要把故障气室里的 SF$_6$ 气体全部抽出来，这时气室里的绝缘介质已不是 SF$_6$ 气体，而是空气。GIS 设备导电触头之间的距离是按有 SF$_6$ 气体，并充以一定压力的 SF$_6$ 设计的，距离比空气绝缘时要小得多，不足以承受原来的电压。因此，以双母线不分段接线为例，要迫使两条母线都停电后，才能进行检修或更换工作，即全厂站都需停电，扩大了故障范围。

由于 GIS 设备工作可靠性高，可以长时间不检修。当使用 SF$_6$ 断路器且与系统联系紧密时，一般也不设置旁路母线。

（3）3/2 台断路器的主接线。该接线运行调度灵活，检修操作方便，有高度的可靠性，继电保护对母线系统之间回路的分配没有任何限制，在母线区域内故障时，故障母线的所有断路器都可以自动打开，不影响任何回路运行。

（4）桥形接线。所用的设备最省，整个接线只有三台断路器，但其灵活性和可靠性差，多用于小型发电厂和变电站。

（5）多角形接线。在角数不太多的情况下，具有较高的可靠性和灵活性；因此需要的断路器、隔离开关都较少，故造价便宜。在出线不多、扩建的可能性很小的情况下可以选用角形接线。

二、GIS 的主要技术参数及选择

GIS 的主要技术参数如下：

1. 额定电压（U_r）

额定电压为开关设备和控制设备所在系统的最高电压上限。额定电压的标准值如下。

范围Ⅰ，额定电压 252kV 及以下：3.6、7.2、12、24、40.5、72.5、126、252kV；

范围Ⅱ，额定电压 252kV 以上：363、550、800、1100kV。

2. 额定绝缘水平

大多数额定电压都有几个额定绝缘水平，以便应用于性能指标或过电压特性不同的系统。选取时应当考虑受快波前和缓波前过电压作用的程度、系统中性点接地的方式和过电压限制装置的形式。开关设备和控制设备的额定绝缘水平应该从相关标准给定的数值中选取。

3. 额定频率（f_r）

额定频率的标准值为 50Hz。

4. 额定电流和温升

开关设备和控制设备的额定电流是在规定的使用和性能条件下，开关设备和控制设备应该能够持续通过的电流的有效值，额定电流应当从 R10 系列中选取。

5. 额定短时耐受电流（I_k）

额定短时耐受电流是在规定的使用和性能条件下，在规定的时间内，开关设备和控制设备在合闸位置能够承载的电流的有效值。额定短时耐受电流的标准值应当从 R10 系列中选取，并应该等于开关设备和控制设备的短路额定值。

6. 额定峰值耐受电流（I_p）

额定峰值耐受电流是在规定的使用和性能条件下，开关设备和控制设备在合闸位置能够承载的额定短时耐受电流第一个大半波的电流峰值。额定峰值耐受电流应该等于 2.5 倍额定短时耐受电流。

7. 额定短路持续时间（t_k）

额定短路持续时间是开关设备和控制设备在合闸位置能承载额定短时耐受电流的时间间隔。额定短路持续时间的标准值为 2s。如果需要，可以选取小于或大于 2s 的值，推荐值为 0.5、1、3s 和 4s。

8. 各元件的额定参数

上述参数构成了 GIS 设备的整体参数，它们反映了 GIS 设备的整体通流和耐压能力，一般还应在整体参数的范围内选择各元件（断路器、隔离开关、接地开关、快速接地开关、互感器、避雷器和绝缘子）的额定参数，比如开关设备的操动机构和辅助设备的额定值等。

GIS 应设计成能安全地进行下述各项工作：正常运行、检查和维修、引出电缆的接地、电缆故障的定位、引出电缆或其他设备的绝缘试验、消除危险的静电电荷、安装或扩建后的相序校核和操作联锁等。

GIS 设备的选择，应使协议允许的基础位移或热胀冷缩的热效应不致影响其保证的性能。额定值及结构相同的所有可能更换的元件应具有互换性。

三、GIS 配电装置的布置

GIS 设备的安全净距远比常规设备小。这是因为 GIS 设备的绝缘介质采用 SF_6 气体，它的绝缘性能和灭弧性能都比空气高许多，故此安全净距可以减少。

GIS 设备可以安装在钢支架上面，也可以直接装在地面上。图 9-5 给出了带整合型就地控制柜的双母线的气室分隔及布置实例。

在不同的电压下，GIS 设备的间隔尺寸、同间隔的距离和不同间隔的距离、元件组合尺寸都由 GIS 制造厂决定，不同额定参数要求下的典型间隔尺寸都由制造厂给定，设计者根据制造厂的说明书选用。但配电室里的走道尺寸、维修走道尺寸、厂房的几何尺寸、吊车钩至地面的高度等则由设计者依照规程决定。

在变电站每一回馈线的出口，除了有 SF_6/空气瓷套管之外，还有避雷器、电抗器、耦合式电容器等高压设备。这些设备都是以空气作为绝缘介质，处于不均匀电场下的常规设备，它们与 SF_6/空气瓷套管的绝缘距离按常规设备考虑。

另外，SF_6 会产生毒性分解物，规程规定配电室里的 SF_6 气体的体积浓度不得高于 1/1000，空气中的含氧量不得低于 18%。另外在 GIS 配电室中必须装设通风设备，其通风量为配电室空间体积的 3～5 倍，以及时将室内的空气排出，补充新鲜空气。

四、GIS 设备的保护与接地

（一）GIS 设备的过电压保护

GIS 设备的内部电场都是稍不均匀电场，伏秒特性比较平坦，冲击系数小。因此限制雷

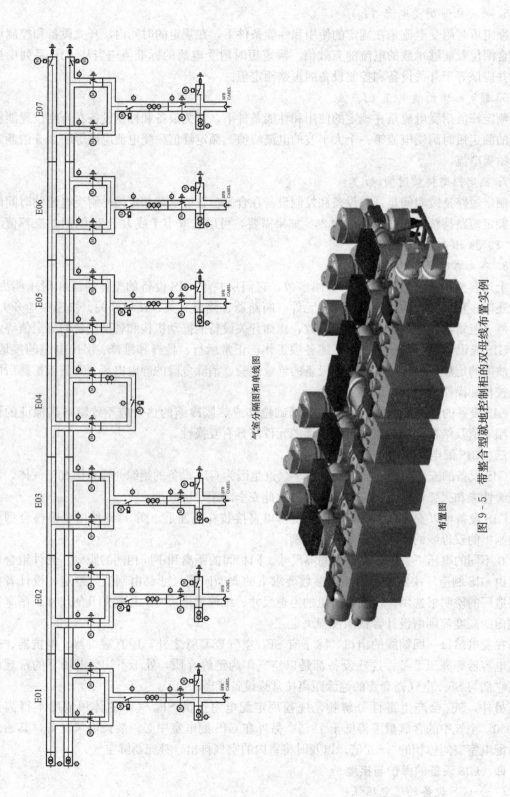

气室分隔图和单线图

布置图

图9-5　带整合型就地控制柜的双母线布置实例

电过电压和操作过电压就显得比常规式设备更为重要。

GIS设备过电压保护一般为氧化锌避雷器。它具有封闭型罐式结构，具有垂直或水平接口，采用SF$_6$绝缘。有单相和三相之分，出于设备检修、维护方便，GIS避雷器一般是独立气室，但在出线端安装的避雷器一般选用敞开式避雷器。避雷器安装在被保护设备的近邻处，如GIS出线侧、变压器进出线侧，这样一来，由行波产生的过电压能被有效地消除，这对于一些设备，如连接长电缆的GIS设备非常重要。

（二）主回路的接地

GIS设备区域应设置专用接地网，并应成为变电站总接地网的一个组成部分，二者之间的连接线，不应少于4根。GIS置于建筑屋内时，专用接地网可采用钢导体；置于屋外时，专用接地网宜采用铜导体。

为了保证维修工作的安全性，需要触及或可能触及的主回路的所有部件应能够接地。可以通过下述方法接地：

（1）如果连接的回路有带电的可能性，采用关合能力等于额定峰值耐受电流的接地开关；

（2）如果能够肯定连接的回路不带电，采用没有关合能力或关合能力小于额定峰值耐受电流的接地开关；

（3）当GIS露天布置或装设在室内与土壤直接接触的地面上时，其接地开关、金属氧化物避雷器的专用接地端子与GIS接地母线的连接处，宜装设集中接地装置。

此外，在打开外壳之前，应先通过接地开关接地。在对回路元件维修期间，主回路还应与可移开的接地装置连接。

（三）GIS外壳接地

GIS设备中，所有不属于主回路和辅助回路的金属部件都应接地。GIS设备的母线和外壳是一对同轴电极，构成稍不均匀电场。当电流通过母线时，在外壳上感应电压，当运行人员接触外壳时会触电危及人身安全；同时，使外壳产生涡流而发热，使GIS设备容量减小。为了使GIS设备不降低输送容量，又不危及人身安全，因此要使GIS设备外壳的感应电压在安全规定的范围之内，同时保证外壳不发热。另外，GIS设备的支架、管道、电缆外皮与外壳连接之后，也有感应电压、环流产生。在外壳与上述零件接触不良的地方，还可能会产生火花，使管道、电缆外皮产生电腐蚀。

为了解决上述问题，目前用两种方法：第一种方法是GIS设备外壳全链多点接地，其优点在于GIS外壳的感应电压为零，但此方法会引起环流，金属外壳仍然发热；第二种方法是将GIS外壳分段绝缘，每一段只有一个接地点，这样GIS外壳不产生环流，但仍有感应电压。

1. 三相共筒式母线的GIS外壳接地

三相母线共同安装在一个母线管里，正常运行情况下，三相电流在外壳的感应电压为零，外壳没有涡流，所以不会危及运行人员的安全，外壳也不会发热。但在故障时，三相电压失去平衡，在外壳将感应电压，产生环流，虽然时间不长，但也可能危及运行人员的安全。所以GIS外壳及其金属结构都要多点接地。三相共筒式或分相式的GIS，其基座上的每一接地母线，应分设其两端的接地线与发电厂变电站的接地网相连接。

2. 单相单筒式母线的GIS外壳接地

由于单相单筒式母线的GIS设备，三相母线分别装于不同的母线管里，在正常运行时，外壳有感应电流，其值为主回路电流的 $70\%\sim90\%$，根据外壳的材料而定，铝合金外壳的感应电流是钢外壳的 $3\sim4$ 倍。这么大的感应电流会引起外壳及其金属结构发热，并使 GIS 设备的额定容量减小，使二次回路受到干扰。

单相单筒式母线外壳一般采用分段绝缘，现场还采用下面的解决措施。

（1）其外壳应多点接地。当 GIS 的间隔较多时，可设置两条接地母线，接地母线与主地网连接点不少于两处。接地线必须直接接到主地网，不允许元件的接地线串联之后接地。

（2）由于单相母线管的三相感应电流相位相差 $120°$，因此在接地前，用一块短金属板，将三相母线管的接地线连在一起，然后接地。此时，通过接地线的接地电流只是三相不平衡电流，其值较小。

（3）外壳与金属结构之间应绝缘，以防产生环流。以防止 GIS 设备外壳的感应电流通过设备支架、运行平台、楼梯、扶手和金属管道。

（4）为防止感应电流通过控制电缆和电力电缆的外皮产生环流，而影响电缆的传输容量，电缆外皮只允许一点接地。GIS 室内的所有金属管道也只允许一点接地。

（四）GIS 设备的外壳保护

GIS 设备的外壳用铝合金或钢材制成。当母线管或元件内部故障时，电弧使 SF_6 气体的压力升高，则可造成外壳烧穿或爆炸，这个现象称为电弧的外部效应。当内部发生故障而不能及时切断故障点时，电弧能将外壳烧穿，烧穿的时间与外壳的材料、厚度和故障电流的大小有关，烧穿时间与故障电流成反比，而与外壳的厚度成正比。

当 SF_6 气体压力增高，超出正常压力，要配置以开启压力和关闭压力表示其特征的压力释放阀。为了不致使故障扩大，造成外壳烧穿或爆炸，要配置防爆装置以保护 GIS 设备的外壳。防爆装置包括：①防爆膜，当 SF_6 气体压力过高，防爆膜被冲破，使气室里压力下降；②快速接地隔离开关，使开关直接接地，通过保护装置切断电源。

防爆装置的选择与气室大小有关。切断同一短路电流时，气室越小，压力的升高幅度越大，气室越大，压力升高的幅度却相对较小。在大气室，即使故障电流很大也难以达到防爆膜的破坏值，而快速接地隔离开关是由故障电流作为启动电流的，只要故障电流达到动作值，快速接地隔离开关必然动作。因此小气室对防爆膜敏感，而大气室用快速接地隔离开关时的可靠性高。

第四节　GIS 的运行维护

一、水分控制与处理

SF_6 气体中的杂质和水分的含量是很微小的，但其危害性则很大，它们足以改变 SF_6 气体的性能。其中，水分是 SF_6 气体中危害最大的杂质。GIS 设备在制造、运输、安装、运行、检修过程中都可能引起水分含量增加。

在常温下，SF_6 气体的化学性能很稳定，当温度在 $500℃$ 以下时，一般不会自行分解。但是 SF_6 气体含有较多的水分时，温度在 $200℃$ 以上就开始水解，其反应式为

$$2SF_6+6H_2O\rightarrow2SO_2+12HF+O_2$$

从上面的反应式看到其生成物 HF，叫作氢氟酸，是所有酸中腐蚀性最强的。另一种生成物 SO_2 遇水化合变为亚硫酸 H_2SO_3，也有较强的腐蚀性，它们会引起绝缘件和金属部件

产生化学腐蚀与导致机械故障。

此外，低温时水分引起固体介质表面凝露，使闪络电压急剧降低。

因此在 GIS 设备中，应该严格控制水分。国家标准 GB/T 12022—2006《工业六氟化硫》规定了 SF_6 气体的含水量不得高于 5ppmw（按质量计的百万分之五）。

除水分外，还有 5 种杂质对 SF_6 气体的影响很大，它们分别是空气（氧、氮）、四氟化碳、游离酸（用 HF 表示）、可水解氟化物（用 HF 表示）、矿物油。国家规定上述 5 种杂质在新 SF_6 气体中必须对其进行检测。

（一）气体含水量的控制

（1）严格控制 SF_6 气体的含水量，不能超过国家标准，避免在高湿度环境下进行装配工作，安装前所有部件都要经过干燥等处理。

（2）改善 GIS 设备密封材料的质量，严格遵守安装密封环的工艺规程，保证良好的密封，否则会使设备内的 SF_6 气体泄漏到大气中去，而大气中的水气也会渗入设备内。

（3）在 GIS 设备的气室内装有适当数量的吸附剂，以吸附 SF_6 气体中的水分。

（4）GIS 设备尽量使用室内式布置，可以控制室内的温度、湿度，减少产生水分的机会，避免灰尘和其他杂质侵入到设备里去。

（二）气体含水量的检测

在我国多用电解法微水测量仪，其原理是将被试的 SF_6 气体导入电解池中，气体中的水分即被吸收，并电解。根据电解水分所需的电量与水分量的关系，求出 SF_6 气体中的水分量。

测量周期：在安装完毕后三个月测量一次，或根据当地的气象条件，由当地的电力管理部门确定。

（三）水分含量超标处理

（1）用 SF_6 气体处理车对气体进行干燥、过滤；

（2）对含水量较高的气室抽真空，并用干燥的氮气进行置换工艺；

（3）吸附剂的含水量太多时，更换新吸附剂。

二、气体泄漏及处理

（一）气体泄漏的危害

正常运行时，必须保证 SF_6 气体在额定压力下运行。GIS 设备运行的可靠性很大程度决定于 SF_6 气体是否漏气。由于设备密封不严，造成 SF_6 气体泄漏，则 GIS 设备的绝缘水平下降，断路器开断能力降低，严重时影响 GIS 设备的正常运行。

SF_6 气体本身无色无味，但可以造成局部缺氧，使人窒息，而 SF_6 的毒性分解物如氟化氢有极强的腐蚀性。一旦发生气体泄漏，将对进入 GIS 室的工作人员产生极大的危险。

（二）SF_6 气体泄漏的检测及闭锁

国家标准 GB 7674—2008《额定电压 72.5kV 及以上气体绝缘金属封闭开关设备》规定，封闭压力系统允许的相对年漏气率应不超过 0.5%。安装、运行和检修过程中的 GIS 设备是否有 SF_6 气体泄漏，可以用 SF_6 气体检漏仪进行检测。

运行中的 GIS 中 SF_6 气体是否泄漏，可以用两种方法监测：一种是用高精度的压力表，另一种就是用密度计。SF_6 气体泄漏，其密度必然有变化，从气体状态方程式中得知，气体的体积不变，压力与温度成正比，即气体温度增高，压力增大。由于压力计因温度的变化而不能正确的反映 GIS 设备气室的压力变化，所以用密度计。密度计设计了一个温度补偿装置，使得气体的密度不因温度的变化而影响密度的变化，因此密度计能正确反映密度的变化，由此判断 SF_6 气体是否泄漏。

压力计或密度计均有信号触点，当 SF_6 气体泄漏到一定压力时，信号触点接通，发出信号，并同时进行闭锁。如当气室里的压力太低时，可将断路器的操作回路切断，使断路器不能动作。

9-1　与普通空气相比，SF_6 的绝缘性能有何特点？影响 SF_6 绝缘性能的因素有哪些？影响规律是什么？

9-2　与普通空气相比，SF_6 的灭弧性能有何特点？SF_6 灭弧性能高的原因是什么？

9-3　气体绝缘全封闭组合电器是由哪些元件组成的？与其他类型的配电装置相比，有何特点？

9-4　GIS 有哪些主要的主接线形式？各用在什么场合？

9-5　GIS 设备为什么要进行外壳保护？有哪些保护措施？

9-6　GIS 的主回路和外壳是如何接地的？

9-7　GIS 为什么要分为若干气室？每类气室的原理一样吗？大致分为多少气室？

9-8　有哪些防 SF_6 气体泄漏的措施？为了自身安全，谈谈你准备怎样进入室内 GIS 配电室？

9-9　GIS 设备内的水分有什么危害？怎样控制和处理 SF_6 气室内的含水量？

第十章 二 次 接 线

扫一扫 观看全景演示

主控室

为了使电力生产、传输、分配和使用的各环节能安全、可靠、连续、稳定运行，并随时监视其工作情况，在主系统外还需装设相当数量的二次设备对电气主设备及主接线进行测量、监视、保护、控制和调节。

发电厂变电站内二次系统按传统功能可分为测量装置、控制装置、继电保护装置、自动装置、故障录波装置和远动装置等六大类，如图 10-1 所示。

测量装置是由各种测量仪表及其相关回路组成的。其作用是指示或记录一次设备的运行参数，以便运行人员掌握一次设备运行情况。它也是分析电能质量、计算经济指标、了解系统潮流和主设备运行工况的主要依据。

控制装置主要由控制和信号两部分组成，控制部分是由控制开关、控制电路和执行器（如断

图 10-1 发电厂变电站二次系统示意图

路器、隔离开关的操动机构）组成的，其作用是手动对一次设备进行"跳闸""合闸"操作。

保护装置的作用是自动判别一次设备的运行状态，当系统出现故障或异常时，自动跳开断路器切除故障或发出异常运行信号；故障或异常运行状态消失后，快速投入断路器，恢复系统正常运行。

自动装置的作用是根据一次设备运行参数的变化，通过一定的逻辑和数学运算，对一次设备的工作状态进行"增大"或"减小"调节，以满足运行要求。

远动装置就是为了完成调度中心与变电站之间各种信息的采集并实时进行自动传输和交换的自动装置。它是电力系统调度综合自动化的基础，利用它可以实现电气设备的远方控制与调节。

故障录波装置，可在电力系统发生故障（如短路，及系统过电压、负荷不平衡等）时，自动记录故障前、后的各种电气量（模拟量，主要是电压、电流数值；数字量，主要是开关量的变化）的变化过程。通过对这些电气量事后分析和比较，可以判断相关保护及开关动作的正确性，并可以进行事故分析。

二次设备间相互连接的电路称为二次接线。二次接线是电力系统安全生产、经济运行、可靠供电的重要保障，它是发电厂和变电站中不可缺少的重要组成部分。

第一节 互 感 器

一、概述

互感器是连接一次设备和二次设备的桥梁。发电厂变电站的二次设备通过互感器取得一次系统的电压、电流等运行参数，通过传感器取得一次设备的温度、压力等状态参数。测量

装置、故障录波的准确性，控制、保护及自动装置动作的可靠性，在很大程度上与互感器的性能有关。

（一）互感器的作用

（1）互感器将一次回路的高电压和大电流变换成二次回路所需要的低电压和小电流，并规范为标准值。电压互感器的二次电压已统一为 100（或 $100/\sqrt{3}$）V，电流互感器的二次电流已统一为 5A 和 1A，这样可使测量仪表、继电保护及自动装置标准化、小型化。

（2）通过互感器将一次回路与二次回路进行电气隔离，既保证了二次设备和人身安全，又保证了维修时不必中断一次设备的运行。

按照原理的不同，互感器可以分为电磁式互感器和光电式互感器；按照用途的不同，互感器可以分为电压互感器和电流互感器。

（二）电磁式互感器的工作原理

电磁式电压互感器实际上是一台小型的变压器，电磁式电流互感器实际上是一台小型的变流器。无论变压器还是变流器，它们的工作原理与变压器类似，其实质就是一台变压器，电磁式电流互感器如图 10-2 所示。

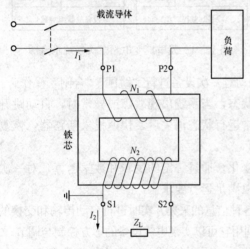

图 10-2　电磁式电流互感器

电流互感器的一次线圈匝数很少，甚至只有一匝，二次线圈匝数很多。一次侧串联在电力系统中，二次侧可串联仪表、装置、继电器的电流线圈等负载。由于二次负载的阻抗很小，通过的电流较大，因此，电流互感器相当于一台二次短路运行的升压变压器。

电压互感器的一次线圈匝数很多，二次线圈匝数很少，导线很细。一次侧并联在电力系统中，二次侧可并联仪表、装置、继电器的电压线圈等负载。由于二次负载的阻抗很大，通过的电流很小，因此，电压互感器相当于一台空载运行的降压变压器。

互感器关注的是电气量传变的准确性，即变比的准确性，这就要求互感器的铁芯材料和结构具有优良的线性特性，以适应电气量的大范围变动。而变压器的作用是将一种等级的电压变换成另一种等级的同频率的电压，它能实现电压的变换和最大限度的功率交换，这就要求变压器在铁芯材料和结构上，具有最小的能量损耗。

互感器一次绕组接在高压一次回路中。当互感器一、二次绕组之间绝缘损坏被击穿时，高电压将侵入二次回路，危及人身和二次设备的安全。为此，在互感器二次侧必须有一个可靠的接地点，通常称为保护接地。

（三）互感器的极性

互感器的极性指的是互感器二次侧电气量相对于一次侧同名电气量的方向，互感器的极性决定于绕组的绕向。

我国按一、二次电压相位相同的方法标注极性端，所谓极性端是指在同一瞬间，端子

H1 有正电位时，端子 K1 也有正电位，则两端子有相同的极性，称这两端子为同名端，如图 10-3 所示，用星号"＊"或"·"表示同名端。

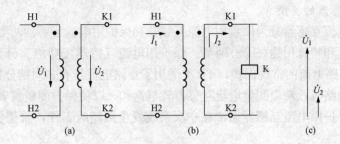

图 10-3　互感器的极性

(a) 电压标注法；(b) 电流标注法；(c) 向量图

互感器两侧电压 U_1 和 U_2 的正方向，一般均由极性端指向非极性端，如图 10-3（a）所示，电压标注法使一、二次电压同相位，向量图如图 10-3（c）所示。

当互感器带上负载后，一次绕组电流 $\dot{I}_1$ 的正方向从极性端 H1 流入，二次绕组电流 $\dot{I}_2$ 的正方向从极性端 K1 流出，如图 10-3（b）所示，电流标注法可简记为电流是"头进头出"。

在连接继电保护（如差动、功率方向继电器）、有功和无功功率表、电能表计时，必须要注意互感器的极性。只有互感器的极性连接正确，保护装置和仪表才能正确动作。如果互感器的极性接错了，会引起有功、无功功率表的反转，有功和无功电能表反转；在差动保护中，若某侧电流互感器二次回路极性接反，保护会出现正向故障拒动而反向故障误动。

二、电磁式电流互感器

电流互感器经常又被称作 TA，它把一次侧的大电流 I_1 转变成标准化的二次侧小电流 $I_2(I_2'/n)$。

（一）电流互感器的工作特点

电流互感器的一次绕组串接于电力系统的一次回路中，当负载为仪表、继电保护或自动装置多个元件时，它们的电流线圈串联后接于电流互感器的二次绕组，其接线如图 10-2 所示。

其工作特点是，一次绕组的工作电流 $\dot{I}_1$ 等于一次负荷电流 $\dot{I}$，其数值的大小取决于电源电压、线路阻抗以及负荷阻抗，而与电流互感器二次绕组的负荷大小无关，因为改变二次绕组中的阻抗大小对一次电路电流 $\dot{I}_1$ 的数值不会产生什么影响。

电磁式电流互感器的二次侧在正常运行中接近于短路状态。这是因为二次侧所串接测量仪表和继电器电流线圈的阻抗都很小，二次负荷电流 $\dot{I}_2$ 所产生的二次磁动势对一次磁动势有去磁作用，因此合成磁动势及铁芯中的合成磁通数值都不大，在二次绕组内所感应的电动势不超过几十伏。

当运行中电流互感器二次开路时，根据升压变压器的原理，其二次侧将产生很高的电压，对设备和人员有危险；一次电流全部变成励磁电流，使电流互感器的铁芯严重饱和，并严重发热，可能破坏互感器的绝缘；此外，铁芯中剩磁的存在，使互感器传变误差增大，失去准确性。因此，电流互感器二次侧不能开路，为避免二次开路，电流互感器的一、二次侧都不得装设熔断器保护。

（二）电流互感器的类型

（1）按功能电流互感器分为测量用电流互感器和保护用电流互感器两类。测量用电流互感器分为一般用途和特殊用途（S类）两类。保护用电流互感器按功能又分为P类和TP类，P类适用于稳定短路电流的常规保护，TP类适用于短路电流具有非周期分量时的暂态保护。若一次系统发生短路时，希望测量电流互感器较早饱和，以便保护测量仪表不会因为二次电流过大而损坏；保护用电流互感器通常在一次系统发生短路时工作，希望流过短路电流时，互感器不致饱和。

（2）按安装地点可分为屋内式和屋外式。35kV及以上多制成屋外式，并以瓷套为箱体，以节约材料，减轻质量和缩小体积；20kV及以下多制成屋内式。

（3）按安装方式可分为穿墙式、支柱式和套管式。穿墙式装设在穿过墙壁、天花板和地板的地方，并兼作套管绝缘子用；支持式安装在地面上或支柱上；套管式安装在35kV及以上电力变压器或落地罐式断路器的套管绝缘子上。

（4）按绝缘方式分为干式、浇注式和油浸式。干式用绝缘胶浸渍，适用于低压屋内使用；浇注式利用环氧树脂作绝缘浇注成型，适用于35kV及以下的屋内使用；油浸式用于屋外。

（5）按一次绕组匝数可分为单匝式和多匝式。

（6）按变比可分为单变比和多变比。一组电流互感器一般具有多个二次绕组（铁芯）用于供给不同的仪表或继电保护装置，各个二次绕组的变比通常是相同的。电流互感器可通过改变一次绕组串并联实现不同变比，某些特殊情况下，二次绕组也可采用不同变比，这种互感器称为复式变比电流互感器。

（三）电流互感器的二次接线

电流互感器的接线方式根据测量仪表、继电保护及自动装置的要求而定。常见的接线方式有以下3种：

1. 三相星形接线

三个型号相同的电流互感器的一次绕组分别串接入一次系统三相回路中，二次绕组与二次负载连接成星形接线，如图10-4（a）所示。

这种接线的特点是流过负载的电流等于流过二次绕组的电流；三相电流$\dot{I}_{L1}$、$\dot{I}_{L2}$、$\dot{I}_{L3}$对称时，在N′与N的连接线中无电流；能反映各种类型短路故障。

这种接线方式既可用于测量回路，又可用于继电保护及自动装置回路，因此广泛应用在电力系统中。

2. 两相V形接线

两个型号相同的电流互感器一次绕组分别串接在一次系统L1、L3两相回路中，二次绕组与二次负载（K1、K2）连接成V形接线，如图10-4（b）所示。

参照三相星形接线可知，这种接线的特点是流过负载的电流等于流过二次绕组的电流；三相电流（$\dot{I}_{L1}$、$\dot{I}_{L2}$、$\dot{I}_{L3}$）对称时，在N′与N的连接线中流过V相电流，即

$$\dot{I}_N = -\dot{I}_{L2}$$

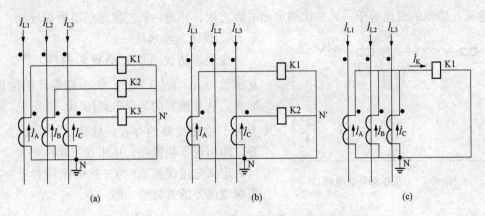

图 10-4 电流互感器的二次接线

(a) 三相星形接线；(b) 两相 V 形接线；(c) 三相零序接线

但在一次系统发生不对称短路时，N′与 N 连接线中流过的电流往往不是真正的 B 相电流，不能反映 L2 相接地故障。

这种接线方式广泛应用在 35kV 及以下中性点不直接接地系统。

3. 三相零序接线

它是将三相中三个同型号电流互感器的极性端连接起来，同时将非极性端也连接起来，然后再与负载相连接，组成零序电流滤过器，如图 10-4（c）所示。

这种接线流过负载 K 的电流 $\dot{I}_{K}$ 等于三个电流互感器二次电流的相量和，即

$$\dot{I}_{K}=\dot{I}_{A}+\dot{I}_{B}+\dot{I}_{C}=\frac{1}{n_{TA}}(\dot{I}_{L1}+\dot{I}_{L2}+\dot{I}_{L3})=\frac{1}{n_{TA}}3\dot{I}_{0}$$

正常运行（或对称短路）时，二次负载电流为

$$\dot{I}_{K}=0$$

当一次系统发生接地短路时，二次负载电流为

$$\dot{I}_{K}=\frac{1}{n_{TA}}3\dot{I}_{0}$$

这种接线方式主要用于继电保护及自动装置回路，测量仪表回路一般不用。

（四）电流互感器的主要参数

1. 额定一次电流

额定一次电流标准值为 10、12.5、15、20、25、30、40、50、60、75A 以及它们的十进位倍数或小数，加粗者为优先值。

2. 额定二次电流

当一次绕组流过额定电流时，二次绕组的额定相电流分别为 5A 和 1A。

3. 变比

若电流互感器一次绕组为 ω_1 匝，额定相电流为 $\dot{I}_{N1}$；二次绕组为 ω_2 匝，额定相电流为 $\dot{I}_{N2}$，则变比 n_{TA} 为

$$n_{TA}=\frac{I_{N1}}{I_{N2}}=\frac{\omega_2}{\omega_1}$$

电流互感器的变比等于一、二次额定相电流之比，并与一、二次绕组匝数成反比。

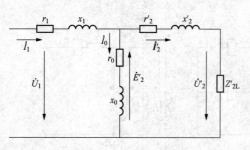

图 10 - 5　互感器等值电路

4. 误差及准确级

在理想情况（即忽略铁芯损耗）下，电流互感器 $\dot{I}_2'(n_{TA}\dot{I}_2)$ 与 $\dot{I}_1$ 大小相等且相位相同。然而，从互感器的等值电路图 10 - 5 可见，实际上由于励磁支路的存在，导致了 $\dot{I}_2'$ 和 $\dot{I}_1$ 不相等，即出现了幅值差，还出现了相位差。

定义电流误差 ΔI 为二次电流相对于一次电流幅值误差的百分数，即

$$\Delta I = \frac{n_{TA}I_2 - I_1}{I_1} \times 100\%$$

定义相位误差为旋转的二次侧电流相量与一次电流相量的相角之差，以分为单位，并规定二次侧相量超前于一次侧相量时角误差为正，反之为负。

当互感器选定之后，从等值电路图可知，影响误差的因素主要为一次电流 $\dot{I}_1$ 的大小和二次负载 Z_{2L}' 的大小。

测量用电流互感器的准确级是指在规定的二次负载范围内，一次电流为额定值时，电流误差的最大值用百分数"%"表示，例如：0.5 级表示一次电流为额定值时，电流误差极限为 $\pm 0.5\%$，相位差极限为 $\pm 30'$。电流互感器在一次系统正常运行时工作，准确级分为 0.1、0.2、0.5、1、3、5 等 6 级，表 10 - 1 为测量用电流互感器的误差和准确级。

表 10 - 1　　　　　测量用电流互感器的误差和准确级

准确级	一次电流为额定值的百分数（%）	误差限值		二次负荷范围
		电流误差（±%）	相位差（±'）	
0.1	5	0.4	15	
	20	0.2	8	
	100～120	0.1	5	
0.2	5	0.75	30	
	20	0.35	15	
	100～120	0.2	10	$(0.25\sim1)\ S_{N2}$
0.5	5	1.5	90	
	20	0.75	45	
	100～120	0.5	30	
1	5	3	180	
	20	1.5	90	
	100～120	1	60	
3	50～120	3	未规定	$(0.5\sim1)\ S_{N2}$
5	50～120	5		

保护用电流互感器的准确级是以其额定准确限值一次电流下的最大复合误差的百分比来标称，其后标以字母"P"（表示保护用），其标称准确级为 5P 和 10P。在额定频率及额定负荷下，其电流误差、相位差和复合误差不应超过表 10-2 所列限值，其中 PR 级指的是低剩磁保护用电流互感器。

表 10-2　　　　　　　　　　　保护用电流互感器的误差和准确级

准确级	额定一次电流下的 电流误差（±%）	额定一次电流下的 相位差（±°）	额定准确限值一次电流下的 复合误差（%）
5P	1	60	5
10P	3	无规定	10
5PR	1	60	5
10PR	3	无规定	10

保护级电流互感器在一次系统短路时工作。要求在规定的二次负载情况下，在可能出现的短路电流范围内，最大误差极限不超过相应的准确级。

5. 额定容量

电流互感器的额定容量是指在二次电流为额定值，二次负载为额定阻抗时，二次侧输出的视在功率。

通常电流互感器额定容量的标准值为 2.5、5.0、10、15、20、25、30、40VA 和 50VA。为了适应使用的需要，可以选择高于 50VA 的输出值。

（五）电流互感器的选择

电流互感器应进行形式、额定电压、额定电流、准确级的选择，以及二次负荷、热稳定与动稳定的校验。

1. 形式选择

应根据安装地点及使用条件，选择电流互感器的绝缘结构、安装方式（屋内、屋外、装入式、支柱式、穿墙式等）、一次绕组匝数（单匝、多匝式、母线式）等。

6～20kV 屋内配电装置中的电流互感器，应采用瓷绝缘或树脂浇注绝缘结构的屋内式产品。35kV 及以上配电装置，一般采用油浸瓷箱式绝缘结构的屋外独立式电流互感器；在有条件时，应采用装设于电力变压器、断路器中的套管式电流互感器。

2. 额定电压和额定电流选择

电流互感器一次回路额定电压 U_N 不应低于安装地点的电网额定电压 U_{NS}。

电流互感器一次回路额定电流 I_{N1} 不应小于所在回路的最大持续工作电流 $I_{L\,max}$ 原则选取，并向上取为最小标准值。

电流互感器二次额定电流 I_{N2}，可以根据二次负荷要求分别选用 5A 和 1A。

3. 准确级和额定容量选择

为了保证测量仪表的准确度，互感器的准确级不得低于所供测量仪表的准确级，当所供仪表要求不同准确级时，应按最高级别来确定互感器的准确级。例如，装于重要回路（如发电机、调相机、变压器、厂用馈线、出线等）中的电能表或计费的电能表一般采用 0.5～1级的，相应的互感器的准确级也应为 0.5 级。

为了保证每一准确级的误差限值不超过规定，要求电流互感器的二次负荷必须限制在规定额定容量的变化范围内。同一台电流互感器，应用于不同的准确级，具有不同的额定容量。电流互感器的误差与其二次负荷有关，若二次负荷超过某一准确级的额定容量时，准确级便将相应降低。

为使所选的准确级在运行中能得到保证，必须进行二次负荷校验。为此，首先应正确拟定电流互感器及其二次测量仪表、继电器的接线方式，力求各相负荷均衡，并要求其最大一相二次负荷 S_2 不超过与该准确级相应的电流互感器额定容量 S_{N2}。即应满足 $S_{N2} \geqslant S_2 = I_{N2}^2 Z_{L2}$。

二次负荷 Z_{L2} 包括串联在互感器二次回路中的测量仪表电流线圈的电阻、继电器电流线圈的电阻、连接导线的电阻、连接导线与测量仪表等的接线端子之间的接触电阻等。

4. 热稳定校验

电流互感器热稳定能力常以 $t_{pro} = 1s$ 允许通过一次额定电流 I_{N1} 的倍数 K_r 来表示，故热稳定应按下式校验，即

$$(I_{N1} K_r)^2 \geqslant I_\infty^2 t_{pro} (或 \geqslant Q_K)$$

5. 动稳定校验

电流互感器常以允许通过一次额定电流最大值（$\sqrt{2} I_{N1}$）的倍数 K_d——动稳定电流倍数，表示其内部动稳定能力，故内部动稳定可用下式校验

$$\sqrt{2} I_{N1} K_d \geqslant i_{sh}$$

短路电流不仅在电流互感器内部产生作用力，而且由于其邻相之间电流的相互作用使绝缘瓷帽上受到外力的作用，因此对于瓷绝缘型电流互感器应校验瓷套管的机械强度。瓷套上的作用力可由一般电动力公式计算，故外部动稳定应满足

$$F_y \geqslant 0.5 \times 1.73 i_{sh}^2 \times \frac{l}{a} \times 10^{-7}$$

式中　F_y——作用于电流互感器瓷帽端部的允许力；

　　　　l——电流互感器出线端至最近一个母线支柱绝缘子之间的跨距；

　　　　a——电流互感器的相间距离。

系数 0.5 表示互感器瓷套端部承受该跨上电动力的一半。

三、电磁式电压互感器

电压互感器（TV）把一次侧的高电压 U_1 转变成标准的二次侧低电压 U_2（U_2'/n）。其一次绕组并接于电力系统一次回路中，电压额定值不低于 3kV。当负载为仪表、继电保护或自动装置等多个元件时，它们的电压线圈并联后接于电压互感器的二次绕组。

由于所带负荷很小且恒定不变，负载阻抗较大，致使电压互感器线圈的导线较细，正常工作时接近于空载状态。当发生二次短路时，短路电流很大，电压互感器极易被烧坏，所以电压互感器二次侧不允许短路运行，否则就有被烧毁的危险，故一般在其二次侧装设熔断器或自动开关作短路保护。为了防止电压互感器本身出现故障而影响电网的正常运行，其一次侧一般也需装设熔断器和隔离开关。

（一）电磁式电压互感器的类型

电压互感器按其特征分类如下：

（1）根据安装地点的不同，可分为屋内式和屋外式；

（2）根据相数的不同，可分为单相式和三相式，只有 20kV 及以下才有三相式；

（3）按每相绕组数的不同，可分为双绕组式和三绕组式；

（4）按绝缘方式的不同，可分为干式、浇注式、油浸式、SF_6 气体绝缘式等。

（二）电压互感器的结构

除单相式电压互感器外，常用的电压互感器还有以下三种。

1. 三相五柱式电压互感器

三相五柱式电压互感器是由五柱式铁芯、一组一次（三相）绕组、两组二次（三相）绕组组成，如图 10-6 所示。

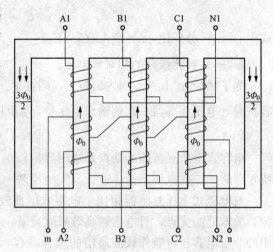

主二次（三相）绕组分别绕于铁芯中部的三个芯柱上，连接成星形接线，其引出端 A2、B2、C2 向二次回路负载提供三相电压。中性点 N2 是否接地，视二次回路的要求而定。一般在 110kV 及以上电压等级的中性点直接接地的电力系统中，N2 直接接地。

辅助二次（三相）绕组，分别绕于铁芯中部的三个芯柱上，连接成开口三角形接线，形成零序电压滤过器，开口三角形每相绕组的额定电压为 100/3V，单相接地时，开口三角形两端出现的 3 倍相电压为 100V。

三相五柱式电压互感器由于既能检测一次系统的相电压、线电压，又能检测零序电压，因此广泛应用在电力系统中。

图 10-6　三相五柱电压互感器结构

2. 三相三柱式电压互感器

三相三柱式电压互感器是由三柱铁芯（即图 10-6 中铁芯去掉左右两个边柱）和一、二次绕组组成。一次绕组分别绕于铁芯的三个芯柱上，连接成星形接线，其引出端 A1、B1、C1 并联接于一次回路中。二次绕组也分别绕于三个芯柱上，连接成星形接线，其引出端 A2、B2、C2 向二次回路负载提供三相电压。

普通三相三柱式电压互感器一次侧中性点不允许接地，一般为 Yyn 形接线。故无法测量相对地电压，也不能作绝缘监视用。

三相三柱式电压互感器主要应用在 35kV 及以下中性点不直接接地系统中。

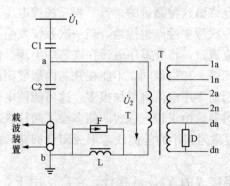

图 10-7　电容式电压互感器

3. 电容式电压互感器

随着电力系统输电电压的增高，电磁式电压互感器的体积和质量越来越大，成本也随之增加。

电容式电压互感器是利用串联电容器分压的原理来按比例获取电网电压的，电容式电压互感器主要由电容分压器和电磁单元组成，原理接线如图 10-7 所示。电容分压器由瓷套、电容芯子 C1、C2、电容器油和金属膨胀器组成，电磁单元由装在密封油箱内的变压器 T，补偿电抗器 L 和阻尼装置 D 组成。L 是串联补偿电抗，用于减小或消除电容输出的内阻抗，从而减小误差；T 是中间变压器，实际上是一台电磁式电压互感器，用于将较高的电压 U_{C2}（通常为 13kV）变换为额定二次电压，基本二次绕组为 $100/\sqrt{3}\text{V}$，辅助二次绕组为 100V，供给测量仪表和继电器使用；阻尼绕组 D 用来消除可能产生的铁磁谐振过电压；F 是放电间隙，当分压电容 C2 上出现异常过电压时，F 先击穿，以保护补偿电抗器、分压电容器和中间变压器。

电容分压的原理如下：根据电路原理，C1 和 C2 按反比分压，C2 上电压 $\dot{U}_{C2}$ 为

$$\dot{U}_{C2} = \frac{C_1}{C_1 + C_2}\dot{U}_1 = n\dot{U}_1$$

式中　　n——分压比，$n = C_1/(C_1 + C_2)$；

　　$\dot{U}_1$——被测线路的相对地电压。

为了减少 a、b 两点间内阻抗 Z，则在 a、b 回路中加入电抗器 L 进行补偿。当感抗等于容抗时，电压互感器一次侧输出电压 $\dot{U}_2$ 与阻抗 Z 无关，即

$$\dot{U}_2 = \dot{U}_{c2} = n\dot{U}_1$$

电容式电压互感器的缺点是输出容量较小；影响误差的因素较多，误差较大；在一次系统短路时，二次电压不能迅速、真实地反映一次电压的变化。

与电磁式电压互感器相比，电容式电压互感器具有结构简单、体积小、质量轻、占地少、成本低的优点，且电压越高效果越显著。电容式电压互感器的运行维护也较方便，且其中的分压电容还可兼作载波通信的耦合电容，因此广泛用于 110～1000kV 中性点直接接地系统中。

（三）电压互感器的二次接线

电压互感器的二次接线方式很多，常用的有以下几种：

图 10 - 8（a）是用一台单相电压互感器来测量相对地电压和相间电压。

图 10 - 8（b）是用两台单相电压互感器接成不完全星形（也称 V—V 形接线），用来测量各相间电压，但不能测量相对地电压，它广泛应用在 20kV 及以下中性点不接地或经消弧线圈接地的电网中。

图 10 - 8（c）是一台三相三柱式电压互感器 Yyn 接线，用于测量线电压。

图 10 - 8（d）是一台三相五柱式电压互感器的 YNyn，$3U_0$ 接线，测量线电压和相电压，用作绝缘监察装置，广泛应用于小接地电流电网中。

必须指出，普通三相三柱式的电压互感器是不允许做这种测量的。若三相三柱式电压互感器一次绕组接成 YN 接线的话，即把电压互感器一次侧中性点也接地，当一次系统发生单相接地时，在互感器的三相一次绕组中将有零序电流流过，将有零序磁通在铁芯中出现。由于铁芯是三相三柱的，同方向的三相零序磁通大小相等、相位相同，不能在铁芯内形成闭合回路，只能通过空气或油闭合，使磁阻变得很大，因而零序电流将增加很多，这可能使电压互感器的线圈过热而被烧毁。而三相五柱式电压互感器，由于较三柱式两侧多设了两柱铁芯（如图 10 - 6 所示），在上述情况下，零序磁通可经过磁阻很小的外侧铁芯形成闭合回路，故零序电流值不大，对互感器并无损害。

图 10 - 8（e）是用三个单相三绕组电压互感器接成的 YNynd 接线，它广泛用于 3～220kV 系统，其二次绕组用来测量相间电压和相对地电压，辅助二次绕组接成开口三角形，

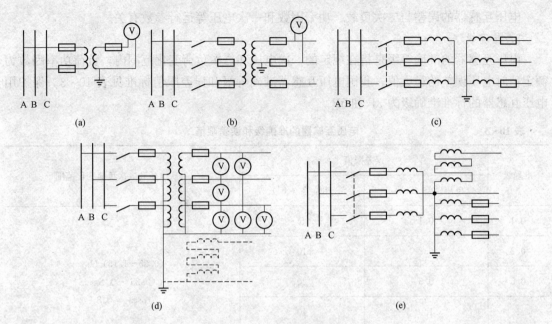

图 10-8 电压互感器的接线方式

(a) 单相式接线；(b) V—V 接线；(c) Yyn 接线；(d) YNyn，3U0 接线；(e) YNynd 接线

供接入交流电网绝缘监视仪表和继电器用。

在中性点不接地或经消弧线圈接地的系统中，为了测量相对地的电压，电压互感器的一次绕组必须接成星形，且中性点必须接地。在 3～60kV 电网中，采用三只单相三绕组（接地专用）电压互感器便可满足要求，而在 3～20kV 电网中，为了节约投资，也常采用三相五柱式电压互感器来测量相对地电压。

3～35kV 电压互感器一般经隔离开关和熔断器接入高压电网。在 110kV 及以上配电装置中，考虑到互感器及配电装置可靠性较高，且高压熔断器制造比较困难，价格昂贵，厂家不生产 110kV 及以上的熔断器，因此电压互感器只经过隔离开关与电网连接。

（四）电压互感器的主要参数

1. 额定二次电压

当电压互感器一次绕组电压等于额定值时，二次额定线电压为 100V，额定相电压为 $100/\sqrt{3}$V。对三相五柱式电压互感器辅助二次绕组额定相电压：用于 35kV 及以下中性点不直接接地系统为 100/3V；用于 110kV 及以上中性点直接接地系统为 100V。

2. 误差

电压互感器的误差有电压误差和相位误差两项。

（1）电压误差。电压误差为二次电压的测量值 U_2 与额定互感器变比 K_u 的乘积，按此值与实际一次电压 U_1 之差，而以后者的百分数 f_u 表示，即

$$f_u = \frac{K_u U_2 - U_1}{U_1} \times 100\%$$

（2）相位误差。相位误差为旋转 180° 的二次电压相量——$\dot{U}_2'$ 与一次电压相量 $\dot{U}_1$ 之间的夹角 δ_u，并规定——$\dot{U}_2'$ 超前于 $\dot{U}_1$ 时相位差为正，反之为负。

电压互感器的误差与二次负载、功率因数和一次电压等运行参数有关。

3. 准确级

电压互感器的准确等级是指在规定的一次电压和二次负荷变化范围内，负荷功率因数为额定值时电压误差的最大值，我国电压互感器准确等级和误差限值标准见表 10 - 3。保护用电压互感器的标准准确级为 3P 和 6P。

表 10 - 3　　　　　　　　　　电压互感器的准确级和误差限值

准确级	误差限值		一次电压和二次负荷变化范围
	电压误差（±%）	相位差（±′）	
0.1	0.1	5	
0.2	0.2	10	$(0.85 \sim 1.15) U_{N1}$
0.5	0.5	20	$(0.25 \sim 1) S_{N2}$
1	1.0	40	$\cos\varphi_2 = 0.8$
3	3.0	不规定	

4. 额定容量

在功率因数为 0.8（滞后）时，额定容量标准值为 10、15、25、30、50、75、100、150、200、250、300、400、500VA。对三相互感器而言，其额定容量是指每相的额定输出。

由于电压互感器误差与负荷有关，所以同一台电压互感器对应于不同的准确级便有不同的容量，通常额定容量是指对应于最高准确级的容量。电压互感器按照在最高工作电压下长期工作允许的发热条件，还规定了最大容量。

（五）电压互感器的选择

电压互感器应按一次电压、二次电压、安装地点和使用条件、二次负荷及准确级等要求进行选择。

1. 选择种类和形式

电压互感器的种类和形式应根据安装地点和使用条件进行选择，例如在 6～35kV 屋内配电装置中，一般采用油浸式或浇注式；110kV 及以上的配电装置，当容量和准确级满足要求时，一般采用电容式电压互感器。对中性点非直接接地系统，需要检查和监视一次回路单相接地时，应选用三相五柱或三个单相式电压互感器。

2. 工作电压选择

为了确保电压互感器安全和在规定的准确级下运行，通常电压互感器一次额定电压由所用系统的标称电压确定。

电压互感器的二次电压选择，应满足保护和测量使用标准仪表的要求，即保证负载在获得的电压为 100V。母线 TV 的电压采用星形接法，一般采用 $100/\sqrt{3}$ V 绕组，母线 TV 零序电压一般采用 100/3 伏绕组三相串接成开口三角形。线路 TV 一般装设在线路 A 相，采用 100 伏绕组。

3. 准确级及额定容量选择

按照电压互感器的准确级不低于所接仪表的准确级来选择。二次侧接有计费电能表的应选用 0.5 级互感器。因母线电压互感器为母线段中各接线单元公用，其中必有计费测量，故宜选用 0.5 级。1 级用于盘式仪表和技术上用的电能表，3 级用于继电保护上。

根据仪表和继电器接线要求选择电压互感器的接线方式，并尽可能将负荷均匀分布在各相上，然后计算各相负荷大小。

电压互感器的额定二次容量（对应于所要求的准确级）S_{N2} 应不小于电压互感器的二次负荷 S_2，即

$$S_{N2} > S_2$$

由于电压互感器三相负荷常不相等，为了满足准确级要求，通常以最大相负荷进行比较，计算电压互感器一相的负荷时，必须注意电压互感器和负荷的接线方式。

四、互感器在主接线中的配置

电压互感器和电流互感器的配置应以满足测量、保护、同期和自动装置的要求，并能保证在运行方式改变时，保护装置不得失电，同期点的两侧都能提取到电压为原则。

（一）电流互感器的配置

（1）为了满足测量和保护装置的需要，在发电机、变压器、出线、母线分段及母联断路器、旁路断路器等回路中均设有电流互感器。对于中性点直接接地系统，一般按三相配置；对于中性点非直接接地系统，依具体情况按二相或三相配置。当测量仪表与保护装置共用一组电流互感器时，宜分别接于不同的二次绕组。

（2）对于保护用电流互感器的装设地点应按尽量消除主保护装置的不保护区来设置。保护接入电流互感器二次绕组的分配，应注意避免当一套线路保护停用而线路继续运行时，出现电流互感器内部故障时的保护死区。

（3）为了防止支柱式电流互感器套管闪络造成母线故障，电流互感器通常布置在断路器的出线侧或变压器侧。

（4）为了减轻内部故障时发电机的损伤，用于自动调节励磁装置的电流互感器应布置在发电机定子绕组的出线侧。为便于分析和在发电机并入系统前发现内部故障，用于测量仪表的电流互感器宜装设在发电机中性点侧。

当采用一台半断路器接线时，对独立式电流互感器每串宜配置三组。

参见图 10-9 互感器配置示意图。

（二）电压互感器和避雷器的配置

（1）除旁路母线外，一般工作及备用母线都装有一组电压互感器，用于同步、测量仪表和保护装置。当需要用旁路断路器代替出线断路器实现同期操作时，可以在旁路母线上装设一台单相式电压互感器。

（2）35kV 及以上输电线路，当对端有电源时，为了监视线路有无电压、进行同步和设置重合闸，装有一台单相电压互感器。

（3）发电机一般装设 2～3 组电压互感器，一组用于自动调节励磁装置，另一组供测量仪表、同期和保护装置使用。当电压互感器负荷过大时，可增设一组不完全星形连接的电压互感器，专供测量仪表使用。大、中型发电机中性点常接有单相电压互感器，用于 100% 定子接地保护。

（4）变压器低压侧有时为了满足同期或保护的要求，设有一组电压互感器。

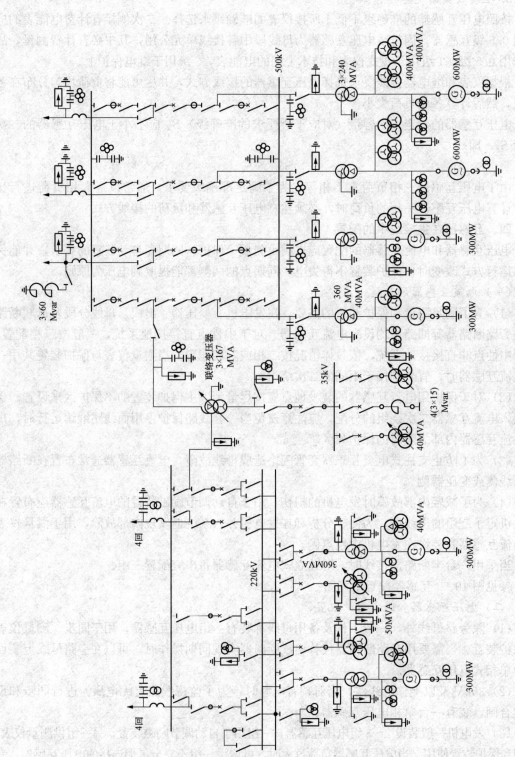

图 10-9　互感器配置示意图

当主接线为一台半断路器接线时，线路和变压器回路宜装设三相电压互感器。参见图 10-9 互感器配置示意图。

图 10-9 中，和电压互感器并联在一起的是避雷器，用于保护母线上所有电气设备的绝缘，免受雷电过电压、操作过电压和工频暂态过电压损害，并限制续流时间和续流幅值。此外，避雷器也用于变压器、输电线路、开关柜、并联补偿电器、旋转电机等电气设备的过电压保护。为便于检测、检修、投退和更换易出故障的避雷器和互感器，避雷器和电压互感器通常合用一组隔离开关接入母线。但对于 330kV 及以上的避雷器和线路电压互感器均不应装设隔离开关，因为超、特高压避雷器除保护大气过电压外尚要限制操作过电压，而线路电压互感器接着线路主保护，都不能退出运行，它们的检修可与相应回路的检修同时进行。

第二节 二 次 接 线 原 理

测量仪表、自动装置、继电保护、远动及控制等二次设备通常与互感器的二次绕组、开关设备的直流控制回路或厂用站用的低压回路连接起来，它们构成的回路就是二次回路，接线就是二次接线。

一、二次接线中的文字和图形符号

描述二次回路的图纸称为二次接线图或二次回路（其中包括辅助回路）图，它用国家规定的元件文字和图形符号并按工作顺序排列，详细地表示二次设备的基本组成和连接关系。与一次接线图不同，对应于三相交流系统，二次接线图是按照三线图画出的。

二次接线的图纸一般有原理图、原理展开图和安装接线图 3 种形式。无论是原理图、展开图还是安装接线图，其上的图形符号和文字符号都是按照国家标准规定画出的。二次接线图中常用文字符号的新旧标准对照见表 10-4，图形符号如图 10-10 所示。

表 10-4 二次接线图中常用文字符号的新旧标准对照表

元件名称	新	旧	元件名称	新	旧	元件名称	新	旧	元件名称	新	旧
合闸线圈	YC	HQ	测量元件	P	—	继电器	K	J	母线	W	M
跳闸线圈	YT	TQ	电流表	PA	A	电流继电器	KA	LJ	电压小母线	WV	YM
连接片	XB	LP	电压表	PV	V	电压继电器	KV	YJ	控制小母线	WCL	KM
按钮	SB	AN	有功功率表	PW	W	时间继电器	KT	SJ	合闸小母线	WCL	HM
合闸按钮	SBS	TA	无功功率表	PR	var	差动继电器	KD	CJ	信号小母线	WS	XM
试验按钮	SBT	YA	电能表	PJ	wh	功率继电器	KPR	GJ	事故音响母线	WFS	SYM
停止按钮	SBS	TA	有功电能表	PJ	wh	瓦斯继电器	KB	WSJ	预告音响母线	WFS	YBM
控制开关	SA	KK	无功电能表	PJR	varh	中间继电器	KM	ZJ	闪光小母线	WF	(+)SM
指示灯	HL	D	频率表	PF	Hz	信号继电器	KS	XJ	直流小母线	WB	ZM
红色指示灯	HR	HD	功率因数表	PPF	COSΦ	闪光继电器	KFR	DMJ			
绿色指示灯	HG	LD				温度继电器	KTE	WJ			
蓝色指示灯	HB	LAD				重合闸继电器	KRV	CJ			
黄色指示灯	HY	UD				阻抗继电器	KZ	ZKJ			
白色指示灯	HW	BD				零序继电器	KCZ	NJ			

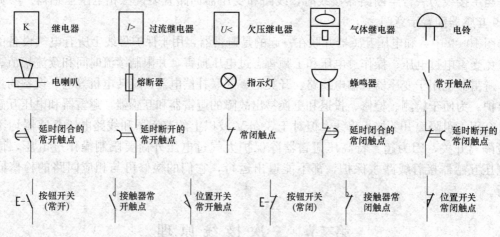

图 10-10　常用二次元件的图形符号

在二次接线图中，断路器、隔离开关、接触器的辅助触头及继电器的触点，所表示的位置是这些设备在正常状态的位置。所谓正常状态就是指断路器、隔离开关、接触器及继电器处于断路或失电状态。所谓常开、常闭触点是指这些设备在正常状态即断路或失电状态下辅助触点分别是断开或闭合的。

二、原理图和原理展开图

(一) 原理图

原理 (归总式) 接线图反映了整个装置 (回路) 的完整概念。在原理接线图中，有关的一次设备及其回路同二次回路一起画出，所有的电气元件都以整体形式表示，且画有它们之间的连接线路，如图 10-11 (a) 所示。这种接线图的优点是能够使看图者对二次回路的原理有一个整体概念，主要用于了解测量表计回路、控制信号回路、保护回路和自动装置回路的动作原理，缺点是原理图中各回路相互交叉，不能表明各元件的实际位置，不能表明元件的内部接线及回路细节等，画出的图繁乱，使用不便。

(二) 原理展开图

原理展开图简称展开图，是按照原理图中的继电器等元件在电气回路的特性，把继电器分成线圈、触点两部分，并分别布置在相互独立的电流回路中，线圈和触点用不同的图形符号表示，但属于同一元件的线圈和触点却用同一文字符号标注。在原理图中的电源、按钮、触点、线圈等元件的图形符号，依电流流通的方向，由上到下、从左至右排列起来，就构成了完整的展开图。在图的上方或右侧还附有文字，以说明回路的作用。

展开图可分为交流、直流两种类型，交流回路展开图一般指的是交流电流回路和交流电压回路的接线图。直流回路展开图指的是控制回路、保护回路、信号回路等接线图，参见图 10-11原理图和原理展开图示例。

展开图具有以下优点：①容易跟踪回路的动作顺序；②在同一幅图中可清楚地表示出某一设备的多套保护和自动装置的二次回路，这是原理图难以做到的；③易于阅读，容易发现施工中的接线错误。

三、二次回路标号

为便于安装、运行和维护，二次展开图设计完成后，二次回路的所有元件之间的连

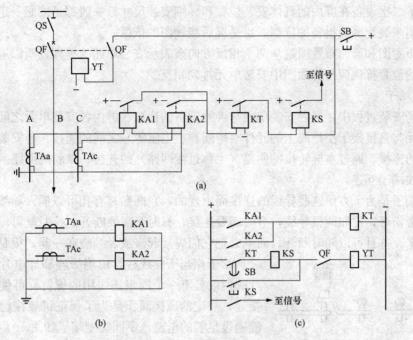

图 10-11 10kV 过电流保护

(a) 原理图;(b) 交流电流回路展开图;(c) 直流电流回路展开图

线都要进行标号,即进行回路标号,以便于安装图的设计,并满足安装、检修等工作的要求。

展开图的每个元件(包括触点、线圈、端子排的端子等)之间的线段都要标号。回路标号通常要表明该回路的性质和用途,按照"等电位原则"进行标号。所谓等电位原则,就是在电气回路中,连接于一个点上的所有连线均给以相同的回路标号。

二次回路标号通常从统一分配的标号组中选取。二次回路标号组采用数字和文字结合的方式,不同的数字范围表明该回路的性质和用途。对于直流回路,数字标号一般由 3 个及以下的数字组成,如保护回路用 001~099 范围内的数字、励磁回路用 601~609 范围内的数字、直流信号回路用 701~799 范围内的数字等;对于交流回路为了区分相别,在数字前面加上 A、B、C、N 等文字符号,如交流电流回路用 A4XX、B4XX、C4XX、N4XX,交流电压回路用 A6XX、B6XX、C6XX、N6XX;对于比较重要的常见回路(如直流正、负电源及跳、合闸回路)都给予固定的标号,如正电源为 101、201,负电源为 102、202,事故信号小母线正电源 M703、负电源 M716 等。参见图 10-15 左上方展开图中的回路编号 A411、C411 和 N411。

四、安装接线图

原理展开图反映了元件间的电气连接关系,用以表示测量表计、控制信号、保护和自动装置的工作原理,但还不能反映元件在现场的实际安装位置。

为了施工、运行、维护的方便,要在展开图的基础上进一步绘制安装接线图。安装接线图一般包括屏面布置图、屏后布置图、屏后接线图和端子排图。

屏面布置图是指从屏的正面看到的正视图,屏后布置图是指从屏的后面看到的后视图。

它们表明了二次设备在屏内的具体安装位置和详细安装尺寸，一般都是按照一定比例绘制而成的，是用来装配屏面设备的依据，也是屏后接线图的依据。

屏后布置图和屏面布置图是从两个相反方向来表示安装单元的排列，所以屏后接线图中安装单元的位置排列应与屏面图中安装单元排列相反。

（一）端子

在现场安装过程中，屏内安装单元与屏外设备的连接、屏内各安装单元之间的连接、屏内安装单元与直接接于小母线上的元件（熔断器、电阻等）之间的连接、各安装单元与正负电源之间的连接、通过本屏转接的回路（也称过渡回路）的连接、试验的回路的连接等都需要通过接线端子互连。

接线端子是为了方便这些导线的连接而出现的，它两端都有孔可以插入导线，有螺钉用于紧固或者松开，比如两根导线，有时需要连接，有时又需要断开，这时就可以用端子把它们连接起来，并且可以随时断开，而不必把它们焊接起来或者缠绕在一起，很是方便快捷。

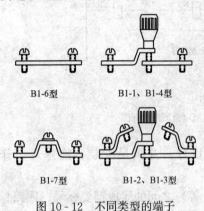

图 10 - 12　不同类型的端子

端子相当于接线柱，由绝缘座和导电片组成，导电片的两端各有一个固定连线用的螺钉，可使两端的导线接通，一定的压接面积是为了保证可靠接触，以及保证能通过足够的电流，不同类型端子如图 10 - 12 所示。图中 B1 - 1 型普通端子，用以连接屏内安装单元与屏外设备，也可与连接端子相连；B1 - 2 型试验端子，可在不使电路开路的情况下接入或拆除仪表；B1 - 4 型连接端子，用以进行相邻端子间的连接，以起到电路分支的作用；B1 - 3 型连接试验端子，具有连接与试验双重作用的，一般与 B1 - 2 配合使用；B1 - 5 型终端端子安装在端子排的两端及不同安装单元的端子排之间，用以固定端子排；B1 - 6 型标准端子供直接连接屏内外导线用；B1 - 7 型是特殊端子。

许多端子集中布置在一起，就构成了端子排，端子排一般两列竖直布置在屏后的两侧，当端子排数目较多时，也会水平布置在屏内。

在一个屏内，某个一次回路所属二次设备，或这些二次设备再按功能模块分类后的独立组件，称为一个安装单元，独立安装单元一般都有自己的端子排。

端子排图表明端子的排列关系及通过端子连接的安装单元。端子排的表示方法如图 10 - 13所示。它表明屏内组件之间的连接关系，以及屏内组件与屏外设备之间的连接关系。端子排图需表明端子类型、数量以及排列顺序，还要有回路编号（与展开图对应），端子连接的电缆的编号、电缆去向等，与现场实际设备的安装情况完全对应。

（二）屏后接线图

屏后布置图和屏面布置图反映了不同安装单元在本屏内的空间布置。

屏后接线图既要反映安装单元在屏内或屏间的空间位置关系，又要反映不同安装单元之间的电气连接关系。它一般是由制造厂家根据展开图、屏面布置图、屏后布置图而绘制的图纸。

1. 元件标识

二次回路的屏柜在背后安装接线时，为了区别不同的安装单元及其所在的位置，要对安

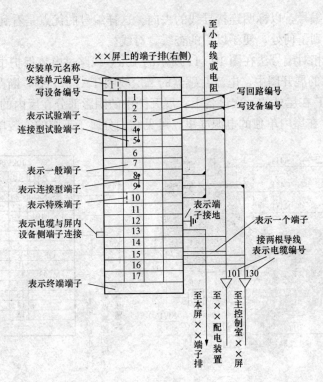

图 10-13 端子排的 4 格表示法

装单元按一定的空间顺序注上标识符号。标识符号一般
为圆圈，中间一条水平线，上半圆中的罗马字表示安装
单元编号，罗马字右方的数字表示该安装单元中的元件
顺序，下半圆的符号为元件的文字符号，屏后接线图中
元件标识法如图 10-14 所示，图中下方的图形是元件
（图中为电磁继电器）的背视图。

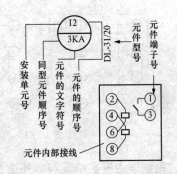

图 10-14 屏后接线图中元件标识法

对元件进行标识以后，位于不同屏柜、不同位置的
安装单元及其内部的元件就可以画在一张图纸上了，如
图 10-15 所示。此时，元件的型号和文字符号应与展开
图中的标号一致。

元件绘制和标识完毕后，将订货单位设计的端子排图画在屏后接线图相应的一侧，端子
排通向屏内组件一侧的元件符号一般不写出。根据订货单位提供的端子排图，标出屏顶小母
线的名称和根数。

2. 元件的电气互连

当屏内安装单元之间或屏内安装单元到端子排间需要通过导线互相连接时，由于连线很
多，不能按常规的用线条连接的办法表示。

这里介绍使用"相对编号法"来标号。所谓"相对编号法"，就是甲、乙两个端子如果
要用导线互连起来，那么就在甲端子旁标着乙端子的号，乙端子旁标着甲端子的号。这样，
在接线图中，就可以省去这根连线。

而在现场，是有这根连线的，而且连接导线的两端，都通过号码管标出了导线对端的接

线柱或端子的相对编号，以标明连接导线的去向。这样编号的优点是看到这个标号，就知道这根导线的对端连到了何处，便于以后的查线、对线。

下面举例说明相对编号法在图 10 - 11 所示的 10kV 线路过电流保护中的具体应用。

图 10 - 15 所示的展开图中，电流互感器的二次线圈 TA_A、TA_C，断路器的跳闸线圈 YT 和辅助常开触点 QF 在屋外的一次设备上；展开图中的阴影部分在屋内的保护屏里；信号小母线 M703、M716 在屋内单独的电源屏里。可见它们分属于不同的安装单元。

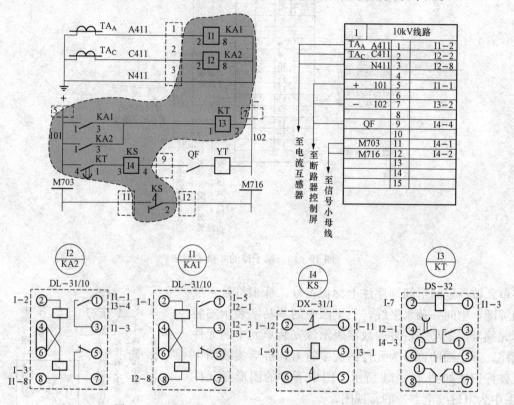

图 10 - 15　屏后接线图的表示方法和相对编号法的应用

根据屏内安装单元与屏外设备要通过端子排互连的规则，屋外互感器和断路器等设备、屋内的保护屏、屋内的电源屏之间需通过端子排连接。对应的端子连接已设计为图 10 - 15 展开图的虚线方框中的端子号，保护屏内的端子排图已在图 10 - 15 右上方绘出，端子排标识为 I。

屏后布置如图 10 - 15 下方的 4 个虚线框所示，它给出了保护屏中的 4 个主要继电器 KA1、KA2、KS、KT 在屏后的布置及继电器的接线柱编号，不同接线柱的编号及内部电气连接关系见各自虚线框内的号码及内部结构图，4 个继电器分别标识为 I1、I2、I3、I4。

通过查阅图 10 - 15 下方的继电器接线柱标号及其内部逻辑关系，在展开图中设计出了各继电器的实际接线柱标号。

从展开图可见，电流互感器 TA_A 和 TA_C 二次侧的三根电缆（编号为 A411、C411、N411）通过端子排 I 与 KA1 和 KA2 连接。端子排 I 的 1 号端子应与 KA1 的接线柱②相连接，根据元件标识法，KA1 的编号为 I1，它的接线柱②的符号为 I1 - 2，再根据相对编号法，在端子排 I 的 1 号端子的右侧应标上导线对侧接线柱的标号 I1-2，在 KA1 的接线柱②处应标上导线对侧端子的标号 I-1。同理，在端子排 I 的 2 号端子的右侧应标上 I2-2，在 KA2 的接线柱②处应标上 I-2。端子排 I 的 3 号端子处应接两条线，即 KA1 和 KA2 的接线柱⑧。这里将接线先引至 KA2，再由 KA2 引至 KA1，那么应在端子排 I 的 3 号端子处标 I2-8，在 KA2 的接线柱⑧上标两个符号，一个是端子排 I 的 3 号端子的符号即 I-3，另一个是 KA1 的接线柱⑧即 I1-8，再在 KA1 的接线柱⑧上标上 KA2 的接线柱⑧的符号 I1-8 即可。依此类推。

应用相对编号法能使复杂的接线图变得直观、清楚、用得很广。一些简单的元件连线，同一元件上接线柱间的连线，不经端子排直接接到小母线的元件的连线，可以直接用标出、画出的方法来表示，免去不必要的麻烦，如图中 KA1 和 KA2 的接线柱④和⑥之间的连接。

屏后接线图是制造厂生产屏柜过程中配线的依据，也是施工、运行和检修人员的重要参考图纸。

第三节　断路器的控制

一、断路器的控制方式

发电厂和变电站内，控制回路按自动化程度可分为手动控制和自动控制两种，如图 10-16 所示。对断路器的手动控制可分为一对一控制和一对 N 的选线控制。一对一控制是利用一个控制开关（又称万能开关，是控制回路中的控制元件，由运行人员直接操作，发出命令脉冲，使断路器合、跳闸）控制一台断路器，一般适用于重要且操作次数少的设备，如

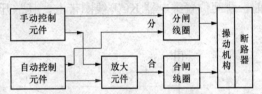

图 10-16　断路器的控制原理

发电机、调相机、变压器等。一对 N 的选线控制是利用一个控制开关，通过选择，控制多台断路器，一般适用于馈线较多、接线和要求基本相同的高压和厂用馈线。

按操作电源的不同，断路器的控制又可分为强电控制和弱电控制。强电控制时，采用较高电压（直流 110V 或 220V）和较大电流（交流 5A），弱电控制采用较低电压（直流 60V 以下，交流 50V 以下）和较小电流（交流 0.5～1A）。控制回路一般采用控制开关具有固定位置的接线，发电厂和变电站自动控制一般采用强电一对一控制接线。无人值班变电站的控制回路，一般采用控制开关自动复位的接线。

对于强电控制，按其控制地点，又可分为远方控制和就地控制。就地控制是控制设备安装在断路器附近，运行人员就地进行手动操作。这种控制方式一般适用于不重要的设备，如 6～10kV 馈线、厂用电动机等。远方控制是在离断路器几十米至几百米的主控制室的主控制屏（台）上，装设能发出跳、合闸命令的控制开关或按钮，对断路器进行操作。一般适用于发电厂和变电站内较重要的设备，如发电机、主变压器、35kV 及以上线路和相应的并联电抗器等。断路器既可利用控制开关进行手动跳闸与合闸，又可由继电保护和自动装置跳闸与合闸。

二、断路器控制回路的基本要求

断路器的控制回路应满足下列要求：

（1）断路器操动机构中的合、跳闸线圈是按短时通电设计的，故合闸或跳闸完成后应使命令脉冲自动解除，以防合、跳闸线圈长时间通电；

（2）应能指示断路器合闸与跳闸的位置状态，自动合闸或跳闸时应有明显信号；

（3）有防止断路器"跳跃"的电气闭锁装置；

（4）应有电源监视，并宜监视跳、合闸绕组回路的完整性；

（5）接线应简单可靠，使用电缆芯数应尽量少；

（6）对于采用气压、液压和弹簧操动机构的断路器，应有压力是否正常、弹簧是否拉紧到位的监视回路和闭锁回路；对于分相操作的断路器，应有监视三相位置是否一致的措施。

三、断路器的控制电路

（一）断路器的手动控制

断路器最基本的跳、合闸控制电路如图 10-17 所示。控制开关 SA 有两个固定位置（垂直和水平）和两个操作位置（由垂直位置再顺时针转 45° 和由水平位置再逆时针转 45°）。由于具有自由行程，所以控制开关的触点位置共有 6 种状态，即"预备合闸""合闸""合闸后""预备跳闸""跳闸""跳闸后"。为防止误操作，合、跳闸操作都分两步进行，在"合闸"位置发合闸脉冲，在"跳闸"位置发跳闸脉冲。断路器合闸后，松开操作手柄在复位弹簧作用下，自动返回至"合闸后"的垂直位置；断路器跳闸后，松开手柄使其自动复归至"跳闸后"的水平位置。KCT、KCC 分别为跳闸位置继电器和合闸位置继电器，断路器合闸前，跳闸位置继电器 KCT 线圈带电，其常开节点 KCT 闭合，绿灯 HG 亮。

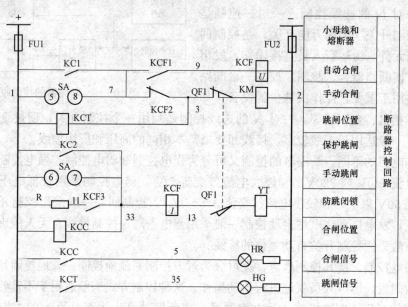

图 10-17　断路器的基本控制电路

1. 工作原理

手动合闸操作时，将控制开关 SA 置于"合闸"位置，其触点 5、8 接通，经断路器辅助常闭触点 QF1 接通合闸接触器的线圈，KM 动作，其常开触点闭合，接通断路器合闸线圈，断路器即合闸。合闸完成后，断路器辅助常闭触点 QF1 断开，切断合闸回路，KCT 失电，绿灯 HG 熄灭；同时，QF1 的辅助常开触点闭合，接通 KCC、KCF、YT 回路，KCC 启动，其常开节点闭合，点亮红灯 HR。

手动跳闸时，将控制开关 SA 置于"跳闸"位置，其触点 6、7 闭合，经断路器辅助常开触点 QF1 接通跳闸线圈 YT，断路器即跳闸。跳闸后，常开触点 QF1 断开，切除跳闸回路。

断路器的自动合闸和跳闸操作，是通过自动装置触点 KC1 和保护出口继电器触点 KC2 短接控制开关 SA 触点实现。

断路器辅助触点 QF1 除具有自动解除合、跳闸命令脉冲的作用外，还可切断电路中的电弧。由于合闸接触器和跳闸线圈都是电感性负载，若由控制开关 SA 的触点切断合、跳闸操作电源，则容易产生电弧，烧毁其触点。所以，在电路中串入断路器辅助常开触点和常闭触点，由它们切断电弧，以避免烧坏 SA 的触点。

合、跳闸电流脉冲一般直接作用于断路器的合、跳闸线圈。但对电磁操动机构，合闸线圈电流很大（35～250A 左右），须通过合闸接触器接通合闸线圈。

2. 断路器的"防跳"闭锁电路

当断路器合闸后，在控制开关 SA 触点 5、8 或自动装置触点 KC1 被卡死的情况下，如遇到永久性故障，继电保护动作使断路器跳闸，则会出现多次跳合闸现象，这种现象称为"跳跃"。如果断路器发生多次跳跃，会使其毁坏，造成事故扩大。所谓"防跳"就是采取措施，防止这种跳跃的发生。

"防跳"措施有机械防跳和电气防跳两种。机械防跳即指操动机构本身有防跳性能，如 6～10kV 断路器的电磁型操动机构（CD2）就具有机械防跳措施。电气防跳是指不管断路器操动机构本身是否带有机械闭锁，均在断路器控制回路中加设电气防跳电路。常见的电气防跳电路有利用防跳继电器防跳和利用跳闸线圈的辅助触点防跳两种类型。

图 10-17 中防跳继电器 KCF 有两个线圈：一个是电流启动线圈，串联于跳闸回路中；另一个是电压自保持线圈，经自身的常开触点并联于合闸接触器 KM 回路上，其常闭触点则串入合闸接触器回路中。当利用控制开关 SA 的触点 5～8 或自动装置触点 KC1 进行合闸时，如合闸在短路故障上，继电保护动作，其触点 KC2 闭合，使断路器跳闸。跳闸电流流过防跳继电器 KCF 的电流线圈，使其启动，并保持到跳闸过程结束，其常开触点 KCF1 闭合，如果此时合闸脉冲未解除，即控制开关 SA 的触点 5～8 仍接通或自动装置触点 KC1 被卡住，则防跳继电器 KCF 的电压线圈得电自保持，常闭触点 KCF2 断开，切断合闸回路，使断路器不能再合闸。只有在合闸脉冲解除，防跳继电器 KCF 电压线圈失电后，整个电路才恢复正常。

（二）断路器的自动控制

1. 开关量输入回路

开关量输入分为两类：一类为隔离开关 QS、断路器 QF 的辅助触点（包括断路器压力监察继电器触点 KVP 等）用来反映隔离开关和断路器的状态；另一类为继电保护装置的输出触点反映保护的动作情况。

图 10-18 (a) 中，KC 为转换继电器；QF、QS1、QS2 分别为断路器与隔离开关辅助触点；KA、KD、KS 为继电保护装置中的继电器触点。

转换继电器 KC 的线圈、断路器 QF 和隔离开关 QS1、QS2 的辅助触点，均接在直流

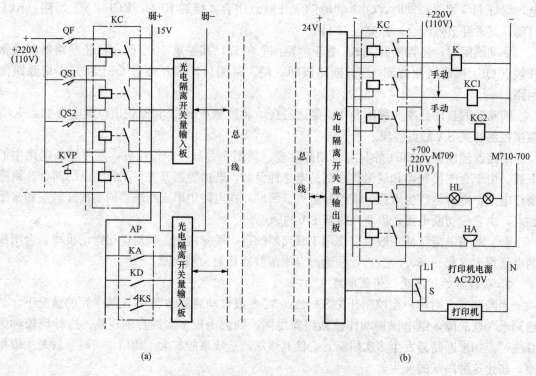

图 10-18　断路器的计算机自动控制

(a) 开关量输入回路；(b) 开关量输出回路

220V（或110V）控制回路中，KC 的触点在弱电回路中经光电隔离开关量输入板送入总线，反映断路器和隔离开关的状态。

保护继电器触点一般为银质，接触电阻较小，不经转换继电器，在弱电回路中直接经光电隔离开关量输入板送入总线。

2. 开关量输出回路

计算机监控系统操作及信号输出是经过光电隔离开关量输出板。在弱电回路中启动转换继电器 KC，其触点再在图 10-18 强电回路中接通控制与信号回路。

图 10-18 (b) 中，KC 为转换继电器；K 为位置继电器（每台断路器配置一只）；KC1 为合闸继电器的线圈；KC2 为公用的跳闸继电器的线圈；S 为静态开关。KC1、KC2 的触点接入图 10-17 断路器的基本控制电路中，实现断路器的自动合闸和跳闸。

在信号回路中，转换继电器 KC 直接接通音响和灯光回路，实现报警。在打印机电源回路中，光电隔离输出板直接控制静态开关 S，使其接通或断开打印机回路。

思　考　题

10-1　电压互感器和电流互感器二次侧为什么要接地？电压互感器二次侧接地的方式有几种？说明其特点和应用。

10-2　运行中的电压互感器二次绕组为什么不允许短路？电流互感器二次绕组为什么不允许开路？

10-3　什么是电流互感器的二次负载阻抗？如何确定？

10-4　断路器控制电路有哪些基本要求？以灯光监视电路为例，分析电磁操动机构的断路器控制信号电路是如何满足这些要求的？

10-5　试分析在什么情况下断路器控制信号电路发生闪光信号？它是如何发出的？

10-6　根据图 10-17，回答下列问题：

(1) 简述手动及自动合、跳闸过程。

(2) 接于控制小母线负电源（一）的熔断器熔断，会出现什么信号？简述其动作过程。

(3) 断路器、控制开关均在合闸位置时，跳闸回路断线，会出现什么信号？为什么？

10-7　一次系统图如图 10-19 所示。QF2 断路器的控制信号电路如图 10-17 所示，现欲在原电路基础上增加如下两项功能，试设计电路图，并做简要说明。

(1) 在 QF1、QF2 皆为合闸状态，QF1 跳闸时，联动跳开 QF2；

(2) 在图 10-19 中，信号灯 HR、HG 是安装在控制屏上的，现要在配电装置处（即断路器处）也设信号灯 HR1（红灯）、HG1（绿灯）。

图 10-19　一次系统图

第十一章　智能变电站

第一节　变电站自动化概述

扫一扫　观看全景演示

220kV 智能变电站

在变电站自动化领域中，随着智能电器的发展，特别是智能开关、电子式互感器等机电一体化设备的出现，变电站自动化技术进入了数字化、智能化的新阶段。

一、IEC 61850 标准

传统变电站运行实践中，提出制定标准通信协议的强烈需求，以支持不同厂家生产的智能电子设备之间的互操作性和互换性。

互操作性是指一个制造厂或不同制造厂提供的两个或多个电子设备交换信息和使用这些信息正确执行特定功能的能力。对来自不同制造厂提供的物理设备，互操作性考虑以下几个方面：①设备应使用通用的协议连接到通用的总线上；②设备能理解别的设备提供的信息；③若有分布功能要求，设备能完成公共的或相关联的功能。

互换性是指由一个制造厂供应的设备可以用另一个制造厂供应的设备所代替，而不用改变系统中的其他元件。

国际电工委员会第 57 技术委员会（IEC TC57）采纳由各国分委员会提出的制定变电站自动化系统通信标准的建议：

（1）制定关于功能体系、通信结构和一般要求的标准；

（2）制定关于在单元（间隔）层和变电站层之内和之间的通信标准；

（3）制定关于过程层和单元（间隔）层之内和之间的通信标准；

（4）制定关于继电保护信息接口配套标准。

工作组于 2004 年正式发布了变电站内通信网络和系统的 IEC 61850 标准。它采用独立于网络结构的抽象通信服务接口，以逻辑功能为基础建立设备对象的统一模型。

IEC 61850 是新一代的变电站自动化系统的国际标准，它不仅仅局限于单纯的通信规约，还规范了二次智能设备的通信模型、通信接口，增强了设备之间的互操作性和互换性，可以在不同厂家的设备之间实现无缝连接。

二、数字化变电站

随着传感技术、光纤通信技术的飞速发展，数字化技术在电力系统中的应用越来越广泛，电子式互感器就是其中之一。电子式互感器是一种装置，由连接到传输系统和二次转换器的一个或多个电流或电压传感器组成，用于传输正比于被测的电气量，供测量仪器、仪表、继电保护或控制装置。

数字化变电站正是由电子式互感器、智能化终端、数字化保护测控设备、数字化计量仪表、光纤网络和双绞线网络以及 IEC 61850 规约组成的变电站模式，按照分层分布式来实现变电站内智能电气设备间信息共享和互操作性的现代化变电站。

三、智能变电站

随着技术的进步，电力设备生产厂家逐步开始了智能设备的研发，实现变压器、避雷器、断路器、隔离开关等一次设备与相关二次设备的有机结合，研制出了智能设备。

智能变电站是指采用先进、集成的智能设备，以全站信息数字化、通信平台网络化、信息共享标准化为基本要求，自动完成信息采集、测量、控制、保护、计量和监测等基本功能，并可根据需要支持电网实时自动控制、智能调节、在线分析决策等高级功能，实现与相邻变电站、电网调度等协同互动的变电站。

智能变电站的主要特征如下：

（1）基于 IEC 61850 标准的数字化平台（通信网络、二次设备、工具软件），改电缆连接为光纤连接。

（2）采用电子式互感器，具有便于直接向数字化、微机化发展等诸多优点。

（3）采用智能设备，监视设备运行状态，消除事故隐患；提高设备运行寿命，降低全生命周期成本；实现智能操作。

（4）站控层实现高级应用功能，提高电网智能化水平。

传统变电站与智能变电站的对比如图 11-1 所示。智能变电站中，过程层的输入输出全部数字化，用网络多播通信方式代替传统变电站的点对点通信方式，实现全站信息的共享；各类信息全部通过光缆交互，光纤网络取代传统电缆，减少金属消耗量，降低变电站的成本；全站统一的 IEC 61850 标准，规范二次智能装置的通信模型、通信接口，增强设备之间的互操作性和互换性。

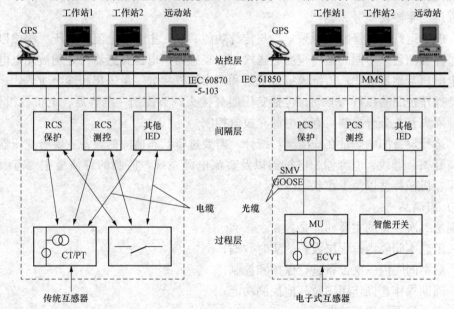

图 11-1 传统变电站与智能变电站的对比

第二节 智能变电站的体系结构

参照 IEC 61850 标准，中国发布了电力行业标准化指导性技术文件 DL/T 860《变电站通信网络和系统》。在 DL/T 860 标准中，智能变电站采用"三层三网式"架构，如图 11-2

所示。三层是指过程层、间隔层和站控层；三网指的是连接过程层和间隔层的过程层网络、连接间隔层和站控层的间隔层网络和连接外部接口的站控层网络。

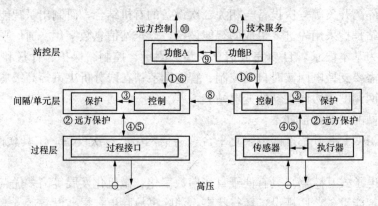

图 11 - 2　变电站自动化系列接口模型

一、各层的功能

变电站自动化系统的功能是完成站内设备及馈线的监视、控制和保护。另外，还包括一些变电站自动化系统的维护功能，即系统配置、通信管理或软件管理等功能。变电站自动化系统的设备被安装在不同的功能层。

（一）过程层

过程层的主要功能分 3 类：

（1）电力运行电气量的实时采集。与传统功能一样，主要是电流、电压、相位以及谐波分量的采样和测量。不同的是传统的电磁式电流互感器、电压互感器将分别被光电电流互感器、光电电压互感器取代；传统模拟量采集和输出被直接数字量采集和输出所取代。

（2）操作控制的执行与驱动。包括变压器分接头调节控制，电容器、电抗器投切控制，断路器、隔离开关分合控制，直流电源充放电控制。

（3）运行设备的状态量在线监测与统计。需要进行状态监测的设备主要有变压器、断路器、隔离开关、母线、电容器、电抗器以及直流电源系统，监测的特征量主要有温度、压力、绝缘、机械特性以及工作状态等。

（二）间隔层

间隔层二次设备的主要功能是：

（1）汇总本间隔内过程层设备的实时数据；

（2）对本间隔内一次设备进行保护和控制；

（3）同期操作、操作闭锁及其他控制功能；

（4）承上启下的通信功能。

（三）站控层功能

站控层功能包括：

（1）站控层的基本功能主要包括：

1）顺序控制，自动生成不同主接线和不同运行方式下的典型操作流程，根据设备状态变化情况判断每步操作是否到位，到位确认后自动执行下一指令，直至执行完所有指令；

2）站内状态估计，实现数据辨识与处理，保证基础数据的正确性；

3）与主站进行通信；

4）同步对时；

5）电能质量评估与决策，包含谐波含量、电压闪变、三相不平衡等指标；

6）区域集控功能；

7）防误操作；

8）数据源端维护，利用统一配置工具对主接线图、网络拓扑等参数及数据进行配置和导入；

9）网络记录分析，实时监视、记录和分析网络通信报文。

（2）站控层的高级功能主要包括设备状态可视化、智能告警及分析决策、故障信息综合分析决策、经济运行与优化控制、站域控制、与外部系统信息交互等。

（3）站控层的辅助功能主要包括视频监控、安防系统、照明系统、站用电源系统、控制中心等。

二、功能的逻辑分解和连接

变电站自动化系统的所有功能被分解成逻辑节点，这些节点可驻留在一个或多个物理设备上。逻辑节点是交换数据功能的最小部分，是一个包括事件、数据和方法的对象，代表物理装置内的某项功能，或执行这一功能的某些操作。

逻辑连接就是逻辑节点间的通信链路，用于逻辑节点之间数据交换。由于有一些通信数据不涉及任何一个功能，仅仅与物理设备本身有关，如铭牌信息、设备自检结果等，为此需要一个特殊的逻辑节点"设备"，引入作为 LLN0 逻辑节点。

通用功能分解为逻辑节点示例如图 11-3 所示，断路器同期分合、距离保护、过电流保护等三个功能被分解成多个逻辑节点，不同的逻辑节点驻留在不同的物理设备上。例如，过电流保护功能被分解成间隔 TA、电流保护 P、断路器 XCBR 和人机接口 IHMI 等 4 个逻辑接点，分别常驻在电流互感器、保护单元、间隔控制单元和站级计算机等 4 个物理设备中。

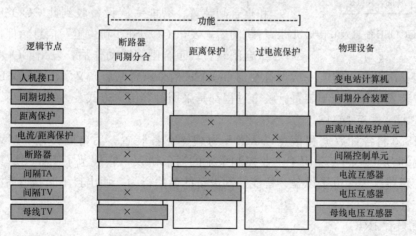

图 11-3 通用功能分解为逻辑节点示例

三、网络报文类型

1. 采样测量值（sampled measured value，SMV）或（sampled value，SV）

SMV 是互感器的数字化接口输出的实时数据的采样值。支持两种传送方式：以网络通信的方式在以太网上多播和以点对点通信方式在串行链路上点对点传送。

（1）点对点通信。点对点通信只能实现网内任意两个用户之间的信息交换。点对点通信时，只有一个用户可收到信息。其特点是点对点通信中每个节点和其他节点之间都有线路连接。每个节点均可单独对外通信，不需要经过其他节点的传递。当作为一种计算机网络的通信模式时，点对点通信中的两台计算机处在同等地位，有时也称对等网络（Peer to Peer Network）。它们共享网络资源，每台机器都以同样的方式作用于对方。在对等网络中，所有计算机既是服务器又是客户机。

（2）网络通信。是用物理链路将各个孤立的工作站或主机相连在一起，组成数据链路，从而达到资源共享和通信的目的。

2. 通用面向变电站事件对象（generic object oriented substation event，GOOSE）

GOOSE 是一种通用面向对象变电站事件，主要用于实现在多智能电子设备之间的信息传递，包括调整、跳合闸信号。GOOSE 利用多路组播服务向多个物理设备同时传输同一个通用变电站事件信息。当发生任何状态变化时，智能电子设备将借助变化报告，高速多播一个二进制 GOOSE 报告。该报告一般包含有状态输入、启动和输出元件、继电器等实际和虚拟的每一个双点命令状态。

GOOSE 传送的机制不是基于 TCP/IP 协议，而是对等传送方式（peer to peer）。使用物理网卡地址（MAC 地址），工程中 I/O 的网络接口被设计成一个网络地址（组播地址），GOOSE 直接发送到该网络地址，通过支持优先级控制的以太网交换机，抢先到达目的地址，使数据传输速度迅速，从根本上改变了变电站监控系统的实时性。

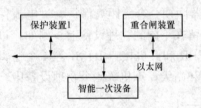

图 11-4　GOOSE 信息及其传送机制

为深入理解 GOOSE 及其传送机制，现以一个简单的断路器控制电路为例介绍。如图 11-4 所示，当保护装置 1 检测到一次短路故障后，发出 GOOSE "跳闸"信息，此信息通过以太网被对等地传送给智能一次设备和重合闸装置；智能一次设备收到此 GOOSE 信息，执行跳闸后，发出 GOOSE "新位置"信息给保护装置 1 和重合闸装置；重合闸装置动作后，发出 GOOSE "重合"信息给智能一次设备；智能一次设备收到 GOOSE 信息重合闸后，又发出 GOOSE "新位置"信息给保护装置 1 和重合闸装置。整个过程都是采用对等传送方式。

3. 制造报文规范 MMS

IEC 61850 将各种数据和信息以 MMS 为载体在各装置、后台间传输。MMS 是 ISO/IEC 9506 标准所定义的一套用于工业控制系统的通信协议，它规范了工业领域具有通信能力的智能传感器、智能电子设备、智能控制设备的通信行为，使出自不同制造商的设备之间具有互操作性。

4. 标准时钟 IRIG

时间标准有两大类：一类是串行时间码，共有 6 种格式，即 A、B、D、E、G、H，它们的主要差别是时间码的帧速率不同。IRIG-B 即为其中的 B 型码，其时帧速率为 1 帧/秒，可传递 100 位的信息。作为应用广泛的时间码，B 型码具有以下主要特点：携带信息量大，经译码后可获得 1、10、100、1000c/s 的脉冲信号和 BCD 编码的时间信息及控制功能信息；高分辨率；调制后的 B 码带宽，适用于远距离传输。另一类是并行时间码格式，这类码由于是并行格式，传输距离较近，且是二进制，因此远不如串行格式广泛。

四、通信网络

（1）过程层网络。通过相关网络设备的逻辑接口 IF④和 IF⑤实现过程层与间隔层之间的通信，交换 TA 和 TV 输出的瞬时采样数据 SMV 报文和保护控制事件 GOOSE 报文。

（2）间隔层网络。通过相关网络设备的逻辑接口 IF③与本间隔内其他设备通信；通过逻辑接口 IF⑧与其他间隔设备间的通信；通过逻辑接口 IF①和 IF⑥与站控层通信；逻辑功能上，还覆盖与过程层之间数据交换接口。主要交换 MMS 报文信息和 GOOSE 报文。

（3）站控层网络。通过相关网络设备的逻辑接口 IF⑨与站控层其他设备通信；通过逻辑接口 IF⑦和 IF⑩与站外的远方控制和技术服务通信；逻辑功能上，还覆盖站控层与间隔层之间数据交换接口。主要传输 MMS 报文和 GOOSE 报文。

第三节 电子式互感器

电磁型互感器存在铁芯饱和与谐振问题，存在油绝缘易燃、易爆等危险。自 20 世纪 60 年代以来，国际上研制出了电子式互感器。电子式互感器是由连接到传输系统和一次转换器的一个或多个电流或电压传感器组成。此种互感器包含电子部件，因此叫电子式互感器，其特征是数字信号输出、无负载能力，光纤是最理想的信号传输方式。

当电子式互感器接通电源，启动时的暂态过程可能产生大量输出信号，它们与任何电源系统的输出无关，同样情况也发生在断电时。这些虚假输出在电子系统中很正常，但是如果继电器无法正确处理这些输出信号，则可能会导致设备误动。

一、电子式互感器的类型

电子式互感器原理分类如图 11 - 5 所示。

（一）按照被测量的不同分为电流式和电压式

电子式电压互感器。在正常使用条件下，其二次电压实质上正比于一次电压，且相位差在联结方向正确时接近于零。

电子式电流互感器。在正常使用条件下，其二次转换器的输出实质上正比于一次电流，且相位差在联结方向正确时接近于已知相位角。

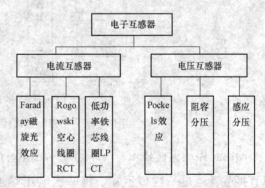

图 11 - 5 电子式互感器原理分类

（二）按照有无外部供电分为有源式和无源式

1. 有源电子式互感器

有源电子式互感器的高压平台传感头部分具有需电源供电的电子电路，在一次平台上完成模拟量的数值采样（即远端模块），利用光纤将数字信号传送到保护、测控和计量等二次系统。有源电子式互感器利用电磁感应等原理感应被测信号，对于电流互感器采用 Rogowski 线圈，对于电压互感器采用电阻、电容或电感分压等方式。

　　有源电子互感器在工程应用上存在的主要问题是：① 由于需要对传感器进行供能，长期大功率的激光供能会影响光器件的使用寿命；② 罗氏线圈输出信号与其结构有很强的相关性，温度变化会导致结构变化，影响电子线路测量准确度。

　　2. 无源电子式互感器

　　无源电子式互感器又称为光学互感器。其传感头部分不需要复杂的供电装置，整个系统的线性度比较好。无源电子式电流互感器利用法拉第（Faraday）磁光效应感应被测信号，无源电子式电压互感器大多是利用 Pockels 电光效应感应被测信号。

　　温度对光电式互感器测量误差的影响，一直是人们讨论的热点，温度的变化会引起光路系统的变化，导致光学电压传感器的工作稳定性减弱。

　　（三）按照用途分为测量用和保护用电子式互感器

　　测量用电子式电压互感器用于传输信息信号至测量仪器仪表。保护用电子式电压互感器用于传输信息信号至保护和控制设备。它们的主要区别在于互感器的暂态响应特性和准确级不同。

二、电子式电压互感器（EVT）

　　（一）电子式电压互感器的构成原理

　　图 11-6 中给出了三相电子式接地电压互感器的通用框图，对于单相式接地电压互感器把该图中的三相换成单相即可。并非图中所有列出的部分都是必需的，可以根据所采用的技术确定电子式电压互感器需要哪些部分。

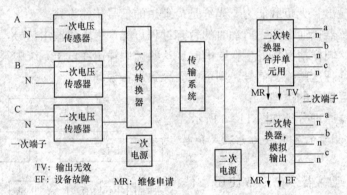

图 11-6　三相电子式接地电压互感器通用框图

　　图中一次转换器将来自一个或多个一次电压传感器的信号转换成适合于传输的信号。可以直接或者经过一次传感器，将一次电压端子间电压转换为相对应的信号传送给一次转换器。

　　传输系统是一次部分和二次部分之间传输信号的短距或长距耦合设备。传输系统主要是用光纤来实现，它可以传输信号，也可用来传送功率，取决于所采用的技术。

　　二次转换器将传输系统传送的信号，转换成一种供给测量仪器仪表和保护或控制设备的量。它与一次端子间电压成正比，根据需要设计在 0～5V 之间，下列值考虑为标准值，即 1.625、2、3.25、4、6.5V。额定输出容量的标准值为：① 二次电压小于等于 10V 的电子式电压互感器，即 0.001、0.01、0.1、0.5VA；② 二次电压大于 10V 的电子式电压互感器，即 1、2.5、5、10、15、25、30VA。

（二）一次电压传感器的原理

1. 电容/电阻分压

阻容分压式的原理就是图 11-7 所示的电容/电阻串联分压。电容器内部一般是通过固体和液体介质绝缘，固体和液体介质对于温度变化和长期运行都不是很稳定。解决的方法就是在电容上并联足够小的稳定电阻 R，使电压输出不受 C_E 的影响

$$u_2 = R\mathrm{d}u_1/\mathrm{d}t \tag{11-1}$$

2. Pockels 电光效应

某些晶体在没有外电场作用时各向同性，其光率体为一圆柱体。在外电场作用下，导致其入射光折射率改变，这种效应就是光学的电光效应（Pockels 效应），其表达式为

$$\Delta n = KE \tag{11-2}$$

式中 Δn——入射光的折射率；

　　E——外加电场强度；

　　K——常数。

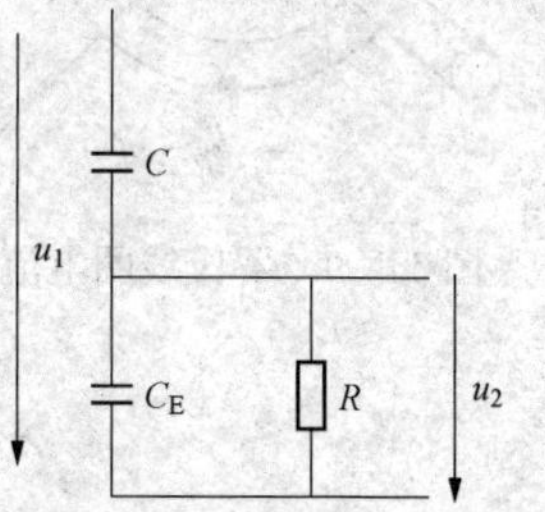

图 11-7　阻容分压式原理

测量光的折射率通常是通过干涉法进行间接测量，其基本结构主要由传感头、信号传输光纤和测量系统组成，如图 11-8 所示。这种折射率的变化将使某一方向入射晶体的偏振光产生的电光相位延迟，且延迟量与外加电场强度成正比。

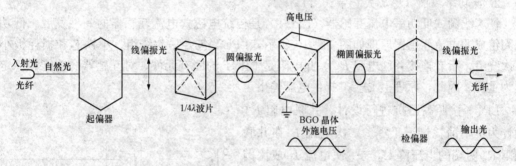

图 11-8　Pockels 电光效应测量原理

三、电子式电流互感器（ECT）

（一）电子式电流互感器的构成原理

电子式电流互感器由连接到传输系统和二次转换器的一个或多个电流传感器组成，用以变换正比于被测量的电流，供给二次设备用。将图 11-6 中一次电压互感器换成一次电流互感器即可，可依据所采用的技术确定电子式电流互感器所需的部件。

对于模拟量输出型电子式电流互感器，二次转换器直接供给测量仪器、仪表和继电保护或控制等二次设备。对于数字量输出型电子式互感器，二次转换器通常接至合并单元后再接二次设备。

（二）一次电流传感器原理

1. 罗氏线圈（也叫空心线圈）

该互感器的一次传感部分采用了 Rogowski 空心线圈的原理，它由空心线圈、积分器、A/D 转换等单元组成，将一次侧大电流转换成二次的低电压模拟量输出或数字量输出。

如图 11-9 所示，空心线圈的工作原理仍基于电磁感应原理，但与常规电磁互感器不同，它的线圈骨架为非磁性材料，原理上不会出现饱和，它的感应输出为

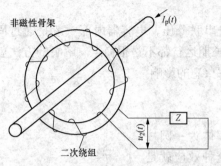

$$u_2(t) = -\frac{\mathrm{d}\Phi}{\mathrm{d}t} = -\frac{NS\mu_0}{L} \times \frac{\mathrm{d}I_P}{\mathrm{d}t}$$

式中　N、S——分别为小线圈匝数、截面积；

　　　L——线圈骨架周长；

　　　μ_0——真空磁导率；

　　　I_P——被测电流。

图 11-9　罗氏线圈电流互感器原理图

对线圈输出进行模拟或数字积分处理，则其输出为

$$V_i = \frac{1}{RC}\int u_2(t)\mathrm{d}t = KI_P \tag{11-3}$$

式中　V_i——与一次电流 I_P 成比例的电压信号，直接反映了被测电流 I_P 的大小，通过测量 V_i 即可测得被测电流 I_P。

无铁磁材料使这种传感器的线性度良好，不饱和也无磁滞现象。因此，空心线圈具有优良的稳态性能和暂态响应。

2. 低功率线圈（感应式宽带线圈）

铁芯线圈式低功率电流互感器（LPCT）是传统电磁式电流互感器的一种发展。低功率线圈组成的电流互感器原理如图 11-10 所示，LPCT 包含一次绕组、小铁芯和损耗极小的二次绕组，后者连接并联电阻 R_{sh}。此电阻是 LPCT 的固有元件，对互感器的功能和稳定性极为重要。因此，原理上 LPCT 提供电压输出。

LPCT 按照高阻抗进行设计，并联电阻 R_{sh} 设计为功率消耗接近于零。二次电流 I_2 在并联电阻 R_{sh} 两端的电压降 U_2 与一次电流 I_1 成比例且同相位，U_2 可以根据需要设计在 $0\sim5V$ 之间。结果是，传统电磁式电流互感器在一次电流下出现饱和的现象得到改善。

LPCT 比传统互感器的电流测量范围大很多，可以同时满足测量和保护的要求。而且，电流互感器的内部损耗和负荷要求的二次功率越小，其测量范围和准确度越理想。

3. 法拉第磁光效应

法拉第磁光效应的基本原理为：当一束线偏振光通过置于磁场中的磁光材料时，线偏振光的偏振面就会线性地随着平行于光线方向的磁场大小发生旋转（如图 11-11 所示）；通过测量通流导体周围线偏振光偏振面的变化，就可间接地测量出导体中的电流值，用算式表示为

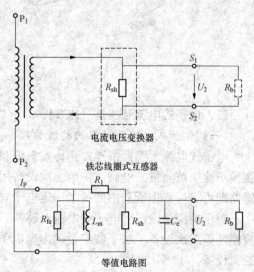

图 11-10　低功率线圈组成的电流互感器原理

I_P——一次电流；R_{fe}——等效铁损电阻；R_b——负荷；L_m——等效励磁电感；R_1——二次绕组和引线的总电阻；R_{sh}——并联电阻（电流到电压的转换器）；C_e——电缆的等效电容；U_2——二次电压

$$\theta = V \int H \mathrm{d}L \qquad (11 - 4)$$

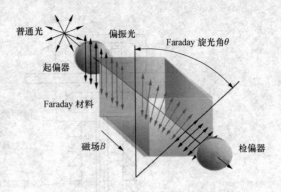

图 11 - 11　法拉第磁光效应互感器原理

式中　θ——线偏振光偏振面的旋转角度;

　　　V——磁光材料的维尔德（Verdet）常数;

　　　L——磁光材料中的通光路径;

　　　H——电流 I 在光路上产生的磁场强度。

由于磁场强度 H 由电流 I 产生, 式 (11-4) 右边的积分只跟电流 I 及磁光材料中的通光路径与通流导体的相对位置有关, 故式 (11-4) 可表示为

$$\theta = VKI \qquad (11 - 5)$$

式中　K——只跟磁光材料中的通光路径和通流导体的相对位置有关的常数, 当通光路径为围绕通流导体 1 周时, $K = 1$, 只要测定 θ 的大小就可测出通流导体中的电流 I。

四、组合式光电互感器

有源电子式互感器又可分为独立式和组合式。独立式电子式互感器的采集单元安装在绝缘瓷柱上, 因绝缘要求, 采集单元的供电电源有激光、小电流互感器、分压器、光电池供电等多种方式。实际工程应用一般采取激光供电, 或激光与小电流互感器协同配合供电, 即线路有电流时由小电流互感器供电, 无电流时由激光供电。

为了降低成本、减少占地面积, 一般采用组合式, 即将电流互感器、电压互感器组合安装在同一个绝缘基座上, 或者不同原理实现的互感器安装在同一个绝缘基座上, 构成组合式互感器。其远端模块同时采集电流、电压信号, 可合用电源供电回路。

图 11-12 所示为气体绝缘（GIS）组合电子式电流互感器实例, 组合了 LPCT 和罗氏线圈两种一次传感器。除一次传感器外, 还包括变换器、传输系统、二次变换器及合并单元。其采集模块安装在 GIS 的接地外壳上, 绝缘由 GIS 解决; 远端采集模块在地电位上, 便于检修和更换; 直接采用变电站 220V 或 110V 直流电源供电, 无需激光供能。

五、电子式互感器的数字化接口

为了有效利用电子式电流和电压互感器的优点, 信号必须用统一的方式处理。以时差不小于几微秒取得同一时刻的电流和电压瞬时值, 传输到测量和继电保护装置。解决的方法是组合来自一个设备间隔的电流和电压, 即按一个协议规则传输三相电流和电压。将电流和电压进行这种组合的物理单元称为合并单元（MU）, 如图 11-12 虚线框内所示。

合并单元还接受标准时钟, 用以对来自二次转换器的电流和电压数据进行时间相关组合。也就是说, 合并单元的另一个职能是为不同通道、不同时刻的电流电压采样值加统一时标。

多个传感器的采样值一般是经合并单元合并变为数字量输出。一个合并单元可以合并测量用 3 路（相）、保护用 3 路（相）和中性点处 1 路, 共 7 路电流互感器数据; 还可以合并保护用 3 路（相）, 母线 1 路和中性点处 1 路, 共 5 个电压传感器的采样量。即总共多达 12

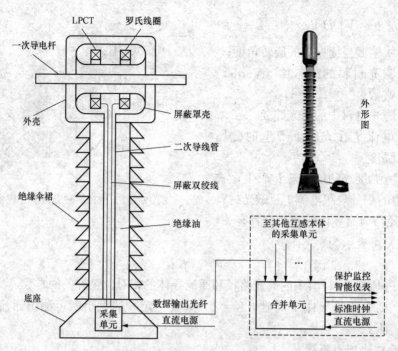

图 11-12 组合式光电互感器

路二次转换器的数据，每个数据通道传送一台电子式互感器的采样值数据流。合并单元供给测量和继电保护的数字量一般分开输出。

　　合并单元可以是电子式互感器的一个组成件，也可以是一个分立单元。在数字接口的情况下，一组互感器共用一台合并单元；在模拟接口的情况下，二次转换器可从传统电压互感器或电流互感器获取信号，并汇集到合并单元；在多相或组合单元时，多个数据通道可以通过一个物理接口从二次转换器传输到合并单元。

第四节　智　能　设　备

　　微处理器技术引入电力设备，使电力设备具有智能化的功能。

　　对一次设备进行测量、控制、保护、计量、监测的一个或多个智能二次设备的集合，通常被称为智能组件。

　　智能设备是一次设备和智能组件的有机结合体，它是具有测量数字化、控制网络化、状态可视化、功能一体化和信息互动化等特征的高压设备。简单地说，就是结合了智能组件的一次设备。现阶段从物理形态和逻辑功能上都可理解为"一次+二次"；未来应该会逐步走向功能集成化和结构一体化。

一、设备智能化发展的三个阶段

　　图 11-13 给出了设备智能化发展的 3 个阶段：

　　（1）属于智能组件的保护、测控、状态监测等装置都是外置独立的，也就是传统的二次设备，其与一次设备构成了一个松散的"智能设备"。而智能组件和一次设备之间的横线刚好划出了相当于过程层和间隔层的界限，其表现形式适合现阶段的变电站技术。

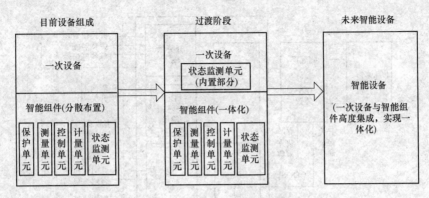

图 11-13 设备智能发展示意图

（2）在过渡阶段，状态监测设备（主要指传感器）逐步融入一次设备中，监测一次设备的异常信息，其余的组件可独立于宿主设备，安装在其附近。各功能单元之间尽可能集成，逐步实现智能设备的紧凑化。

（3）随着技术发展，智能组件和一次设备进一步紧密结合，一次设备集成的智能组件也越来越多，最终形成紧凑型的一体化智能设备，使得过程层和间隔层难以分清，以至于完全融合在一起。

现阶段，智能设备采用"一次设备＋智能组件"的模式。智能组件是各种保护、测量、控制、计量和状态监测等单元的有机结合，紧靠宿主一次设备。智能组件的物理形态和安装方式可以是灵活的，既可以外置，也可以内嵌，同时在一定技术条件下智能组件既可以分散、也可以集中。

二、变、配电设备的智能化

变、配电设备的智能化现阶段主要包括两个方面，即状态监测和智能控制，它大致涵盖了图 11-13 中状态监测单元、控制单元和测量单元的内容。

通过传感器、微处理器、通信网络等技术，及时获取电力设备的各种特征参量并结合一定算法的软件进行分析处理，对设备的状态做出判断，对设备的剩余寿命做出预测，从而及早发现潜在的故障，这就是设备状态监测。

对电力设备的智能控制是通过智能终端实现的。智能终端是一种带有微处理器的智能组件，实现对一次设备（如断路器、隔离开关、主变压器等）的测量、控制等功能，它与一次设备采用电缆连接，与保护、测控等二次设备采用光纤连接。

作为智能变电站过程层的典型智能组件，智能断路器控制器主要担负一个间隔内一次设备位置和状态告警信息的采集和监视，对设备的智能控制，并具有防误操作功能。

ZNK1 系列智能断路器控制器如图 11-14 所示，它适用于一个完整的单跳闸线圈的断路器间隔——最大容量双母线带旁母接线形式：1 个断路器和 6 个隔离开关。控制器具有 2 个独立的 100Mbit/s 以太网口，按 IEC 61850 标准和保护测控设备通信，可选配操作回路，就地安装在开关现场。智能控制器与一次设备之间采用硬接线连接。与间隔层保护测控设备之间通过面向通用对象的变电站事件（GOOSE）实时传送信号量。间隔层保护设备的跳闸命令以及测控设备的跳合闸命令，按不同的 GOOSE 优先级传送到智能控制器，由智能控制器通过硬接线输出到一次设备，达到取消屏间硬连接线的要求。

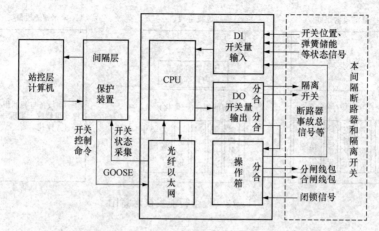

图 11-14　ZNK 系列智能断路器控制器示意图

第五节　智能变电站设计

智能变电站设计内容包括但不限于以下方面：全站的网络图、VLAN 划分、IP 配置、虚端子设计接线图、同步系统图等。

一、设计原则

在安全可靠、技术先进、经济合理的前提下，智能变电站设计应符合节约资源、环境友好的设计要求，力求设备布置紧凑，减少重复配置，做到先进、优化、节约、高效和环保。

智能变电站的设计应遵循如下原则：

（1）在技术先进、运行可靠的前提下，优先采用电子式互感器；

（2）建立全站可靠的数据通信网络，数据的采集、传输和处理应数字化和共享化；

（3）利用统一的信息平台实现全站设备的状态监测功能，对关键设备实现状态检修，减少停电次数和提高检修效率；

（4）智能变电站应体现设备智能化、连接网络化、信息共享化等特征，并实现高级功能应用；

（5）优化设备配置，实现功能的集成整合；

（6）结合智能设备的集成，简化智能变电站总平面布置（包括电气主接线、配电装置、构支架等），减少占地和建筑面积。

二、设备配置

智能变电站应采用 DL/T 860 通信标准，统一组网，信息共享。

（一）过程层设备配置

完全的智能变电站中，过程层包括变压器、断路器、隔离开关、电子式电流/电压互感器等一次设备及其所属的智能组件以及独立智能电子装置。

过程层包括智能设备的智能化部分，包括智能组件以及独立电子装置。过程层典型的智能组件为远方 I/O、智能传感器和执行器，典型的独立电子装置有 MU（测量、转换单元模拟量电压、电流，TV 并列等）、智能操作箱等（控制终端、信号反馈、GOOSE 等）。合并单元的配置数量主要与继电保护的配置方案有关，对于继电保护有双重化配置要求的间隔，合并单元也应冗余配置。

状态监测设备的范围主要包括变压器、高压并联电抗器、GIS、断路器和避雷器，可根据实际工程需要经过技术经济比较后增加状态监测设备的范围与监测。现阶段，主要监测的状态量为主变压器油中溶解气体，GIS 中 SF_6 气体密度、微水，避雷器的泄漏电流、动作次数，高压并联电抗器油中溶解气体等。

（二）间隔层设备配置

间隔层设备包括测控、保护、故障录波、电能计量及其他智能接口设备，如备自投、区域稳定控制、失步解列、低频减载和同步相量测量设备，它们使用同一个间隔的数据并且作用于该间隔一次设备。

（三）站控层设备配置

站控层设备由带数据库的计算机、操作员工作台、远方通信接口等组成，包括主机、操作员工作站、工程师站、远动通信装置、保护及故障信息子站、网络通信记录分析系统以及其他智能接口设备等。

（1）主机。具有主处理器及数据库服务器的功能，为站控层数据收集、处理、存储及发送的中心，管理和显示有关的运行信息，供运行人员对变电站的运行情况进行监视和控制，间隔层设备工作方式的选择，实现各种工况下的操作闭锁逻辑等。

（2）操作员站（选配）。操作员站是站内自动化系统的主要人机界面，用于图形及报表显示、事件记录及报警状态显示和查询，设备状态和参数的查询，操作指导，操作控制命令的解释和下达等。通过操作员站，运行值班人员能够实现全站设备的运行监视和操作控制。

（3）工程师站（选配）。工程师站是变电站自动化系统与专职维护人员联系的主要界面，包括操作员站的所有功能和维护、开发功能。

三、通信组网

1. 过程层网络

过程层网络通过相关网络设备与间隔层设备通信，逻辑功能上，覆盖间隔层与过程层数据交换接口，可传输 SMV 和 GOOSE 报文。

功能：GOOSE＋SMV＋IRIG－B（标准时钟）。

通信方式：依据电压等级和报文不同，可采用点对点或网络传输方式。对于网络方式，网络结构拓扑宜采用以太网，按可靠性要求的不同，配置双网或双套物理独立的单网。

组网方式：①SMV、GOOSE 分别组网；②SMV、GOOSE 共网；③SMV 和 IRIG－B 共网；④GOOSE＋SMV＋IRIG－B 三网合一。

2. 间隔层网络

间隔层网络通过相关网络设备与本间隔其他设备通信、与其他间隔设备通信、与站控层设备通信，网络拓扑结构宜采用以太网。

间隔层网络（含 MMS、GOOSE）部分，逻辑功能上，覆盖间隔层内数据交换、间隔层与站控层数据交换、间隔层之间（根据需要）数据交换接口，可传输 MMS 和 GOOSE 报文。间隔层网络（含 SMV 和 GOOSE）部分，支持与过程层数据交换接口，可传输 SMV 和 GOOSE 报文。

3. 站控层网络

站控层网络通过相关网络设备与站控层其他设备通信，也与间隔层网络通信。逻辑功能上，覆盖站控层的数据交换接口、站控层与间隔层之间数据交换接口。

功能：MMS＋GOOSE＋IRIG－B。

组网方式：MMS＋GOOSE＋IRIG－B 三网合一。

网络拓扑：宜采用双网冗余，热备用，依据电压等级不同，网络结构拓扑可采用双以太网、单环形和单以太网等形式。

四、设计实例

图 11-15 所示的数字化变电站采用 SMV 点对点和 GOOSE 组网相结合的方式，即交流采样采用光纤点对点，跳合闸等开关量信息采用 GOOSE 网络方式。采样数据独立，将GOOSE 单独组网，间隔层 MMS 和过程层 GOOSE 采用双网。

图 11-16 所示的智能变电站，它采用完全过程总线方式，即过程层 SMV、GOOSE 和时钟同步共网，站控层和间隔层网络合并，间隔层和过程层均采用双网，提高系统可靠性。过程层合并单元硬件化、就地布置，数据采集基于设备，"一处采集，全网共享"，确保信息采集的唯一性。过程层有智能一次设备或智能组件，实现对一次设备的状态监测或智能控制。

采样值 SMV 和保护 GOOSE 等可靠性要求较高的信息都采用光纤传输。双重化保护的电流和电压，以及 GOOSE 跳闸控制回路等需要增强可靠性的两套系统，应采用各自独立的光缆，光缆芯数宜选取 4 芯、8 芯或 12 芯。

五、虚端子配置

GOOSE 和 SMV 的输出信号为网络上传递的变量，与传统屏柜上的端子存在着对应的关系，故将这些 GOOSE 和 SMV 信号称为"虚端子"。

智能设备 GOOSE 虚端子配置可通过如下技术方案实现，即提出智能设备虚端子、虚端子逻辑连线以及 GOOSE 配置表等概念，具体包括：

（1）虚端子。将智能设备的开入逻辑 $1\sim i$ 分别定义为虚端子 $IN1\sim INi$，开出逻辑 $1\sim j$ 分别定义为虚端子 $OUT1\sim OUTj$。

虚端子除了标注该虚端子信号的中文名称外，还需标注信号在智能设备中的内部数据属性，智能设备的虚端子设计需要结合变电站的电气主接线形式，应能完整体现与其他设备联系的全部信息，并留适量的备用虚端子。

（2）逻辑连线。虚端子逻辑连线以智能设备的虚端子为基础，根据继电保护原理，将各智能设备 GOOSE 配置以连线的方式加以表示，虚端子逻辑连线 $1\sim k$ 分别定义为 $LL1\sim LLk$。

虚端子逻辑连线可以直观地反映不同智能设备之间 GOOSE 联系的全貌，供保护专业人员参阅。

（3）配置表。GOOSE 配置表以虚端子逻辑连线为基础，根据逻辑连线，将智能设备间GOOSE 配置以列表的方式加以整理再现。

GOOSE 配置表由虚端子逻辑连线及其对应的起点、终点组成，其中逻辑连线由逻辑连线编号 LLk 和逻辑连线名称 2 列项组成，逻辑连线起点包括起点的智能设备名称、虚端子 $OUTj$ 以及虚端子的内部数据属性 3 列项，逻辑连线终点包括终点的智能设备名称、虚端子 INi 以及虚端子的内部属性 3 列项。

GOOSE 配置表对所有虚端子逻辑连线的相关信息系统化地加以整理，作为图纸依据。

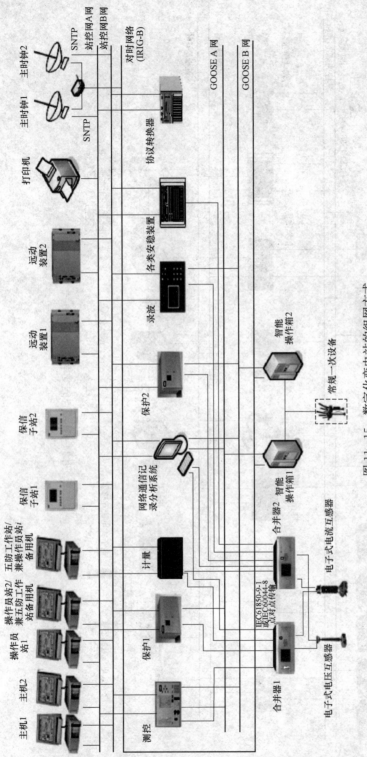

图 11-15 数字化变电站的组网方式

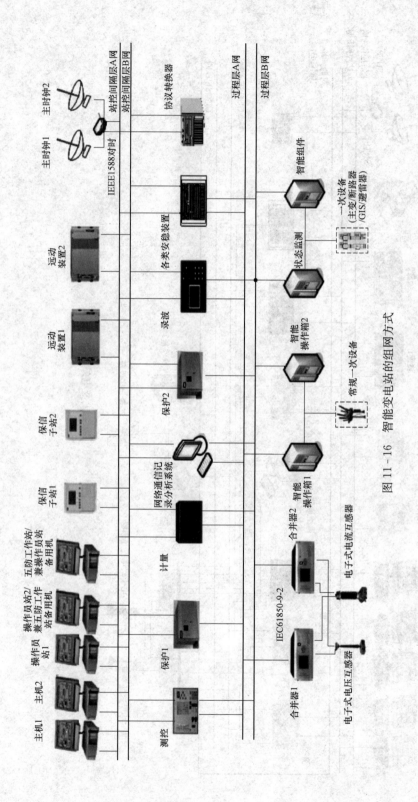

图 11 - 16　智能变电站的组网方式

在具体工程设计中，首先根据智能设备的开发原理，设计智能设备的虚端子；其次，结合继电保护原理，在虚端子的基础上设计完成虚端子逻辑连线；最后，按照逻辑连线，设计完成 GOOSE 配置表。逻辑连线与 GOOSE 配置表共同组成了数字化变电站 GOOSE 配置虚端子设计图。

11-1 什么是智能变电站，它有哪些基本特征？

11-2 电子式互感器和常规互感器有哪些不同？电子式互感器有哪些注意事项？

11-3 合并单元的作用是什么？

11-4 什么是智能设备？什么是智能组件？利用网络了解智能设备的应用现状和发展趋势。

11-5 与常规变电站的自动化系统相比，智能变电站的自动化系统有哪些改进？

11-6 在智能变电站中为什么要提供标准时钟？

11-7 利用网络了解电力设备状态监测的应用现状和发展趋势。

第十二章　电力主设备运行

电力设备在其设计和制造所规定的条件下长期连续工作，称为额定工况。电力设备在额定工况下运行时，性能最优、效率最高。在非额定工况下，电力设备的运行性能会减弱，严重时可能无法正常工作，甚至导致设备绝缘损坏、烧毁或爆炸等。

表明额定工况的主要参数有电压、电流、容量、功率因数和长期容许温度、冷却介质温度等，均由制造厂家标记在铭牌上，称为电力设备的额定参数。实际运行过程中，当工作条件和额定条件不同时，应根据实际工况，对电力设备的运行参数进行相应的调整或限制。

第一节　运行温度对电力设备的影响

当负荷电流流过导体时损耗发热会引起温升，当温升达到一定程度时就会造成设备的绝缘老化，甚至绝缘破坏。

一、绝缘材料的耐热性

绝缘材料有一定的机械强度和电气强度，机械强度是指绝缘承受机械荷载（张力、压力、弯曲等）的能力；电气强度（或称绝缘强度）是指绝缘抵抗电击穿的能力。

在高温的作用下，短时内绝缘材料就能发生明显的损坏。例如绝缘材料发生软化而不能再承受外力；塑料因增塑剂挥发而变硬、变脆；绝缘油汽化带来着火的危险；脆性材料（像玻璃、陶瓷、硬塑料等）在剧烈变化的局部高温（热冲击）作用下，由于在材料的内外层间形成温差和不均匀的热膨胀（或收缩）可能形成裂缝等。

绝缘材料在高温的作用下，还可能发生明显的化学变化而导致热损坏，例如发生化学分解（如聚氯乙烯分解出氯化氢）、炭化（有机材料遇高温而炭化）、强烈氧化（如变压器油的酸值在短时间内升高）甚至燃烧。

在确定寿命条件下，绝缘材料不产生热损坏的最高容许温度便是它的耐热性。电机和电器中常用的绝缘材料，根据其耐热性共分为 7 个等级，见表 12 - 1。

表 12 - 1　　　　　　　　　　　　　常用的绝缘材料的耐热等级

耐热等级	最高允许工作温度（℃）	相当于该耐热等级的绝缘材料简述
Y	90	用未浸渍过的棉纱、丝及纸等材料或其组合物所组成的绝缘结构
A	105	用浸渍过的或浸在液体绝缘材料（如变压器油）中的棉纱、丝及纸等材料或其组合物所组成的绝缘结构
E	120	用合成有机薄膜、合成有机瓷漆等材料其组合物所组成的绝缘结构
B	130	用合适的树脂黏合或浸渍、涂覆后的云母、玻璃纤维、石棉等，以及其他无机材料、合适的有机材料或其组合物所组成的绝缘结构

耐热等级	最高允许工作温度（℃）	相当于该耐热等级的绝缘材料简述
F	155	用合适的树脂黏合或浸渍、涂覆后的云母、玻璃纤维、石棉等，以及其他无机材料、合适的有机材料或其组合物所组成的绝缘结构
H	180	用合适的树脂（如有机硅树脂）黏合或浸渍、涂覆后的云母、玻璃纤维、石棉等材料或其组合物所组成的绝缘结构
C	180 以上	用合适的树脂黏合或浸渍、涂覆后的云母、玻璃纤维，以及未经浸渍处理的云母、陶瓷、石英等材料或其组合物所组成的绝缘结构

绝缘材料在实际应用中，应根据在产品中的不同作用和使用部位正确的加以选择。因为一台电机（或电器）不同绝缘部位的温度不同，只有根据各部位的实际温升选择相应的绝缘材料，组成绝缘系统，才能充分发挥材料的性能。

二、绝缘材料的热老化

绝缘材料在长期运行中，由于各种物理因素、化学因素的影响，其绝缘会逐渐出现老化现象，即机械和电气强度逐渐衰退。

绝缘材料上承受着运行电压，因介质损耗会引起发热，使绝缘介质温度升高，介质的绝缘电阻具有负的温度系数，即温度上升时绝缘电阻值将变小，这又会使介质损耗进一步加大，从而温度进一步升高。

绝缘材料在高于额定温度条件下工作时，将发生绝缘性能的不可逆变化，这就是绝缘材料的热老化。例如变压器油的酸值逐渐升高、颜色逐渐加深；漆膜或橡皮逐渐变脆、开裂或发黏等，其原因是绝缘材料的内部发生了缓慢的化学变化所致。

当绝缘材料老化后，其机械强度和电气强度都会明显下降，运行中绝缘的工作温度越高，化学反应（主要是氧化作用）进行得越快，导致机械强度和电气强度丧失得越快，即绝缘的老化速度越快。

就绝缘的电气强度而言，在材料的纤维组织还未失去机械强度的时候，电气强度是不会降低的，甚至完全失去弹性的纤维组织，只要没有机械损伤，照样还有相当高的电气强度。但是，已经老化了的绝缘材料，则变得干燥、易脆裂，在变压器运行时产生的电磁振动和电动力作用下，很容易损坏。由此可见，绝缘老化程度的判断不但由电气强度决定，而更多由机械强度的降低情况来决定。

在正常运行条件下，绝缘材料应能保证长期使用，绝缘材料不产生热损坏的时间称为材料的热寿命。

三、电力设备的预期寿命（以变压器为例）

设备内的铁损和铜损产生的热量，导致设备部件的发热。变压器绕组中流过电流时，在绕组、铁芯及其周围金属构件中产生的电阻损耗、磁滞损耗及涡流损耗几乎全部转化为热量，在变压器内部，这些热量大多通过绝缘材料以传导和对流方式向外扩散，从而使介质的温度升高。变压器的容许发热主要受绝缘寿命的限制，为保证变压器的运行寿命，在设计制造与运行使用过程中均应考虑变压器的发热及冷却问题。

变压器的绝缘老化主要是受温度、湿度、放电、氧气和油中的劣化产物的影响，其中高温是促成老化的直接原因。绝缘强度降低易产生局部放电、绝缘的工频及冲击击穿强度降低，造成变压器的击穿损坏。据有关维修部门对各种变压器绝缘故障的剖析和统计研究得知，影响变压器运行状态和寿命失效的故障现象 90％以上属于绝缘老化问题。

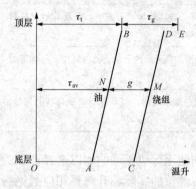

图 12-1　油浸式变压器温升分布图

实际上，变压器运行时，包括导体和绝缘材料在内的各部分温度分布是不均匀的。试验表明，绕组的温度最高。在变压器的运行中，其绕组的中部偏上部位有一个最热区，所以变压器的上层油温高于中下层。最热点在高度方向的 70％～75％，线圈厚度截面方向（径向）的 1/3处，油浸式变压器温升分布图如图 12-1 所示。

如果绝缘材料的温度超过其极限温度（即变压器的极限温度），则变压器的寿命便会急剧缩短，甚至会被烧毁。相关研究结果表明，在 80～140℃的范围内，变压器的预期寿命基本按指数规律变化，变压器的预期寿命和绕组热点温度的关系为

$$z = Ae^{-P\theta} \tag{12-1}$$

式中：z 是变压器的预期寿命；θ 是变压器绕组热点的温度；A 是常数，与很多因素有关，如纤维制品的原始质量（原材料的组成和化学添加剂），绝缘中的水分和游离氧等；P 是温度系数，在一定范围内，它可能是常数，但与纤维质量等因素无关。式（12-1）表明，变压器的预期寿命与绕组最热点温度呈指数关系变化，即高温时，老化的加速远远大于低温时老化的延缓。

试验表明，油浸式绕组最热点年平均温度若不大于 98℃，变压器的运行年限可达到20～30 年，变压器油最热点的平均温度大于 98℃以后，绝缘性能就会显著恶化。对于标准变压器，在额定负荷和正常环境温度下，绕组最热点的温度一般比平均温度高 13℃，所以绕组在额定负载下的年平均温度定为 85℃。

最热点温度的正常基准值定为 98℃，此时变压器能获得正常预期寿命。正常预期寿命z_N 和绕组最热点温度之间的关系为

$$z_N = Ae^{-P \times 98}$$

现在尚没有一个简单的准则用来判断变压器的真正寿命，工程上通常用相对预期寿命z_* 和相对老化率 v 来表示变压器绝缘的老化程度。当变压器绝缘的机械强度降低至其额定值 15％～20％时，变压器的预期寿命即算终止。

相对预期寿命 z_* 为

$$z_* = \frac{z}{z_N} = \frac{Ae^{-P\theta}}{Ae^{-P \times 98}} = e^{-P(\theta - 98)}$$

相对预期寿命 z_* 的倒数称为相对老化率 v，即

$$v = \frac{z_N}{z} = e^{P(\theta - 98)}$$

根据试验数据和统计资料可以得出相对老化率 v 的算式

$$v = 2^{\frac{\theta - 98}{6}} \tag{12-2}$$

由式（12-2）计算得到不同温度下的相对老化率见表 12-2。

表 12 - 2　　　　　　　　　　　　　　　　**各温度下的相对老化率 ν**

温度（℃）	80	86	92	98	104	110	116	122	128	134	140
老化率	0.125	0.25	0.5	1	2	4	8	16	32	64	128

热点温度等于 98℃ 为正常基准值，此时变压器的相对老化率为 1。从表 12 - 2 可见，当绝缘最热点温度每增加 6℃ 时，其老化速度相对值扩大为原有温度下的 2 倍，相对预期寿命缩减为原有温度下的一半，这就是著名的热老化定律，又称为绝缘老化的 6℃ 规则。

四、允许温升

在变压器的运行中，最热点温度和平均温度不仅决定于电流发热，还决定于环境温度。

在长期稳定运行时，各部分温升达到稳定值，在额定负荷时的温升为额定温升。由于发热很不均匀，各部分温升通常都用平均温升和最大温升来描述。绕组或油的最大温升是指其最热处的温升，而绕组或油的平均温升是指整个绕组或全部油的平均温升。

表 12 - 3 列出我国标准规定的额定使用条件下，20℃ 环境温度下变压器各部分的允许温升限值。额定使用条件为：最高气温 +40℃；最高日平均气温 +30℃；最高年平均气温 +20℃；最低气温 -30℃。

表 12 - 3　　　　　　　　　　**变压器各部分的允许温升**　　　　　　　　　　℃

	自然油循环	强迫油循环风冷	导向强迫油循环风冷
绕组对空气的平均温升	65	65	70
绕组对油的平均温升	21	30	30
顶层油对空气的温升	55	40	45
油对空气的平均温升	44	35	40

五、等值老化

变压器运行时，如果维持其绕组最热点的温度在 +98℃ 左右，可以获得正常使用年限，即 20～30 年。实际情况是绕组温度受环境温度和负荷变动的影响，往往变化范围很大。因此，如果将绕组最高容许温度规定为 +98℃，则可能在大部分时间内，绕组温度达不到该值，致使变压器的负荷能力未得到充分利用。反之，若不规定绕组的最高容许温度，或者将该值规定得过低，变压器又有可能达不到正常使用年限。

为了正确地解决上述问题，可应用等值老化原则，即在一部分时间内，根据运行要求，容许绕组温度高于 98℃，而在另一部分时间内，容许绕组温度低于 98℃，只要变压器在温度较高的时间内多损耗的寿命（或使用年限）与其在温度较低的时间内少损耗的寿命完全抵偿，这样变压器的使用年限就可以和恒温 +98℃ 运行时等值，此即等值老化原则。换言之，等值老化原则就是使变压器在一定时间间隔 T（一年或一昼夜）内，绝缘老化所损耗的寿命等于一个常数，即

$$\int_0^T e^{p\theta_{ht}} dt = 常数$$

这个常数为绕组温度在整个时间间隔 T 内保持恒定温度 +98℃ 时，变压器所损耗的寿命，数值为 Te^{p98}

实际上，为了判断变压器在不同负荷下绝缘老化的情况，或在欠负荷期间变压器负荷能

力的利用情况，通常引入比值 λ 来表征，λ 称为绝缘老化率，具体表达式为

$$\lambda = \frac{\int_0^T e^{p\theta_{ht}} dt}{T e^{98p}} = \frac{1}{T} \int_0^T e^{p(\theta_{ht}-98)} dt$$

显然，λ 就是变压器在某一时间间隔 T 内，实际所损耗的寿命与绕组温度维持恒定 98℃时所损耗的寿命的比值。极易看出，若 $\lambda > 1$，则变压器的老化大于正常老化，使用年限将缩短；如果 $\lambda < 1$，则表示变压器的负荷能力没有得到充分利用。因此，在一定时间间隔内，维持变压器绝缘的老化率值接近于 1，是制订变压器负荷能力的主要依据。

第二节　电力变压器的运行

电力变压器是发电厂和变电站中的重要元件之一。随着电力系统的扩大和电压等级的提高，在电能输送过程中，电压变换（升压和降压）层次有增多的趋势，要求系统中变压器的总容量已由过去的 5～7 倍发电总容量增加至 9～10 倍。

一、变压器过负荷运行

变压器的过负荷运行情况分为两类：①正常过负荷；②事故过负荷。第一类是主动实施的在运行计划之内的过负荷；第二类则是因为电网突然事故（如并联运行的支路切除）而引起的被动性过负荷，主要是保证供电不中断。

（一）变压器的正常过负荷

变压器正常运行时，日负荷曲线的负荷率大多小于 1。根据等值老化原则，只要使变压器在过负荷期间多损耗的寿命和欠负荷期间少损耗的寿命相互抵偿，则仍可获得规定的使用年限。变压器的正常过负荷能力就是以不牺牲其正常寿命为原则而制订的。即

(1) 在整个时间间隔内，变压器绝缘的磨损等于额定磨损；

(2) 过负荷期间，绕组最热点的温度不得超过 140℃，上层油温不得超过 95℃；

(3) 变压器的最大过负荷不得超过额定负荷的 50%。

满足上述条件时，变压器可长期运行（不做时间限制）。

制定变压器的正常过负荷能力涉及绕组热点温度的计算，为了简便起见，在考虑环境温度和负荷变化时，通常用等值空气温度代替实际变化的空气温度，将实际负荷曲线归算成等值阶段负荷曲线。

为简化计算，国际电工委员会（IEC）根据上述原则，制定了各种类型变压器（自然油循环和强迫油循环）的正常允许过负荷曲线，如图 12-2 所示。图 12-2 中是 20℃时的过负荷曲线，K_1 和 K_2 分别表示低负荷和高负荷时的等效负载系数，t 为过负荷的允许持续时间，利用过负荷曲线，很容易求出对应于持续时间内的允许过负荷。

确定一昼夜内变压器允许的负荷曲线时，可将该负荷曲线等效为两阶段曲线以简化计算，参见图 12-3 负荷曲线的等效变换。

按负荷系数 $K=1$ 做一水平线，将负荷曲线分为两大部分：①欠载部分，其负载系数 $K < 1$，将其等效负载系数记为 K_1；②过负荷部分，其负载系数 $K > 1$，将其等效负载系数记为 K_2。所谓等效负载系数，是以发热为条件按下式定义

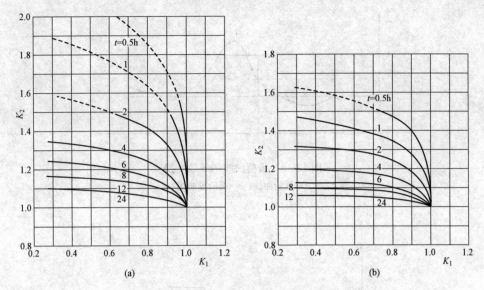

图 12 - 2 正常过负荷曲线图（日均气温＋20℃）

(a) 自然油循环变压器；(b) 强迫油循环变压器

$$K = \frac{1}{S_t} \sqrt{\frac{S_1^2 \Delta t_1 + S_2^2 \Delta t_2 + \cdots + S_n^2 \Delta t_n}{\Delta t_1 + \Delta t_2 + \cdots + \Delta t_n}} = \frac{1}{S_t} \sqrt{\frac{\sum_{i=1}^{n} S_i^2}{t}}$$

式中 S_t——变压器额定容量；

   t——欠载（或过载）的持续时间；

   n——将持续时间 t 分为 n 个子区间；

Δt_i，S_i——分别为第 i 个子区间的宽度及该子区间内负载中值。

【例 12 - 1】 一台 10000kVA 的自然油循环自冷变压器，安装在屋外，当地年平均气温为 20℃，日负荷曲线中，负荷上升前的起始负荷为 5000kVA，求变压器历时 2h 的过负荷值。

解 由于负荷系数为 5000/10000＝0.5，查图 12 - 2（a）所示曲线，对应于 t＝2h。查得过负荷倍数（过负荷时的等效负载系数）K_2＝1.53，但过负荷不得超过额定负荷的 50%，即不能取曲线中的虚线部分，故最大只能取 K_2＝1.5，故过负荷值：$K_2 S_e$＝1.5×10000＝15000kVA。

如果已知的变压器实际负荷曲线为多段，又如何计算呢？此时，可先将它转化为等值的两段负荷曲线，然后再利用 IEC 制定的过负荷曲线，就很容易求出容许过负荷值和容许的持续时间。具体计算办法，详见例［12 - 2］。

【例 12 - 2】 某自然油循环变压器依照图 12 - 4 所示的负荷曲线运行，其中 18～22h 过负荷运行，当地日平均气温为＋20℃，试求过负荷倍数。

解 首先将图中的负荷曲线归算成两阶段的负荷曲线，即求出欠负荷期间的等值负载系数 K_1。由于等值负荷期间变压器中所产生的热量和实际负荷运行时产生的热量相等，故

$$K_1 = \sqrt{\frac{I_1^2 t_1 + I_2^2 t_2 + \cdots + I_n^2 t_n}{t_1 + t_2 + \cdots + t_n}}$$

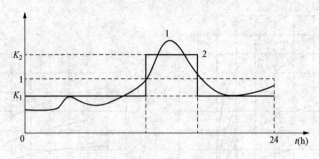

图 12-3　负荷曲线的等效变换
1—原始曲线；2—两阶段曲线

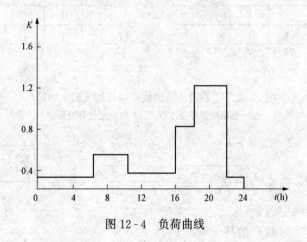

图 12-4　负荷曲线

根据本例图 12-4 所示负荷曲线，可以求得

$$K_1 = \sqrt{\frac{0.2^2 \times 6 + 0.7^2 \times 4 + 0.3^2 \times 6 + 0.8^2 \times 2 + 0.2^2 \times 2}{6 + 4 + 6 + 2 + 2}} = 0.453$$

查图 12-2（a）所示曲线，对应 $t = 4h$，求得过负荷倍数 $K_2 = 1.32$。

若运行中变压器的额定容量小于它的最大负荷时，往往必须判断该变压器的过负荷能力是否在其正常过负荷能力的允许范围以内。这时，可根据实际负荷曲线和变压器的数据，来计算变压器的绝缘老化率 λ，如果 $\lambda < 1$，说明过负荷在允许范围以内，否则，应重新选择较大容量的变压器。

（二）变压器的事故过负荷

当系统发生事故时，保证不间断供电是首要任务，变压器绝缘老化加速是次要的。事故过负荷也称急救负荷，是在较短的时间内，让变压器多带一些负荷，以作急用。所以事故过负荷和正常过负荷不同，它是以牺牲变压器寿命为代价的，绝缘老化率允许比正常过负荷时高得多。但是确定事故过负荷时，同样要考虑到绕组最热点的温度不要过高，避免烧毁变压器而引起事故扩大。事故性过负荷时，必须满足下述条件：

（1）最大负载不超过额定容量的 2 倍；

（2）上层油温不超过 115℃；

（3）线圈最热点温度，对于 110kV 及以下变压器不应超过 160℃，对于 110kV 以上变压器不应超过 140℃。

并仅用于保证紧急情况下的供电连续性，应尽快转移负荷或减载，使变压器负载恢复到经常性过负荷允许的范围之内。

事故过负荷允许值和允许时间一般由制造厂规定，或参见表12-4。

表 12-4　　　　　　　　　　　　自然油循环允许的事故过负荷

允许时间（min）	120	80	45	20	10
允许过负荷值（%）	30	45	60	75	100

二、变压器的并联运行

在发电厂和变电站中，通常将两台或数台变压器并联运行，多台并联运行与一台大容量变压器单独运行相比具有以下优点：

（1）提高供电可靠性，当一台退出运行时，其他变压器仍可照常供电。

（2）提高运行经济性，在低负荷时，可停运部分变压器，从而减少能量损耗，提高系统的运行效率，并改善系统的功率因数，保证经济运行。

（3）减小备用容量，为了保证供电，备用容量是必需的，变压器并联运行可使单台变压器容量较小，从而做到减少备用容量。

以上几点说明了变压器并联运行的必要性和优越性，但并联运行的台数也不宜过多。

（一）变压器并联运行的条件

变压器并联运行时，通常希望它们之间无平衡电流，为此，并联运行的变压器必须满足以下条件：

（1）具有相等的一、二次电压，即变比相等；

（2）额定短路电压相等；

（3）容量不能相差太大；

（4）绕组连接组别相同。

上述4个条件中，第（1）、（2）、（3）条往往不可能做到绝对相等。一般规定变比的偏差不得超过5%，额定短路电压的偏差不得超过10%，容量比不超过3：1。

（二）特殊情况下的并联运行

在某些特殊情况下，需将两台不符合并联运行条件的变压器并联运行，这时必须校验这种并联运行造成的影响，并采取相应的措施，以免导致危险的后果。为了便于分析，下面讨论两台单相变压器的并联运行情况，其结论可推广至三相变压器。

1. 变比不同的变压器并联运行

并列运行的变压器一次侧接电源，由于变压器的变比不相等，在二次绕组产生的电动势不相等，故在二次绕组中会产生平衡电流（环流），图12-5示出了两台变比不同的单相变压器并联运行时的接线图和等效电路图。由于变比不同，变压器的二次电势不等，并分别在变压器二次绕组和一次绕组的闭合回路中产生平衡电流 I_{p2} 和 I_{p1}。空载时，平衡电流可由等效电路求得。

$$\dot{I}_{p2} = \frac{\dot{E}_{2I} - \dot{E}_{2II}}{Z_{dI(2)} + Z_{dII(2)}} = \frac{\dot{E}_1(K_I - K_{II})}{[Z_{dI(1)} + Z_{dII(1)}]K^2} \approx \frac{\dot{U}_1(K_I - K_{II})}{[Z_{dI(1)} + Z_{dII(1)}]K^2} \tag{12-3}$$

一次绕组也相应地出现平衡电流，近似为

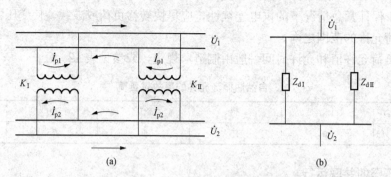

图 12 - 5　变比不同的单相变压器并联运行

（a）接线图；（b）等效电路图

$$\dot{I}_{\mathrm{p1}} = = \frac{\dot{I}_{\mathrm{p2}}}{K}$$

式中　K——两台变压器的电压比的几何均值，$K = \sqrt{K_{\mathrm{I}} K_{\mathrm{II}}}$。

由式（12 - 3）可知，当变比不同的两台变压器并联运行时，每一台变压器的电流都是由平衡电流和负荷电流两部分组成。由于平衡电流的存在，一台变压器的负荷将减轻，另一台变压器的负荷则加重。这不但增加了变压器的损耗，而且还造成了并列运行各变压器负载电流的不均衡。所以变比不同的变压器并列运行时，有可能产生过负荷现象，如果增大后的负荷超过其额定负荷时，则必须校验其过负荷能力是否在允许范围内。

2. 短路电压不同的变压器并联运行

当两台短路电压不同的变压器并联运行时，经理论分析后，可以得到各变压器分配的负荷为

$$S_{\mathrm{I}} = \frac{S_{\Sigma} \times S_{\mathrm{NI}} \times u_{*\mathrm{kII}}}{S_{\mathrm{NI}} u_{*\mathrm{kII}} + S_{\mathrm{NII}} u_{*\mathrm{kI}}} \tag{12 - 4}$$

$$S_{\mathrm{II}} = \frac{S_{\Sigma} \times S_{\mathrm{NII}} \times u_{*\mathrm{kI}}}{S_{\mathrm{NI}} u_{*\mathrm{kII}} + S_{\mathrm{NII}} u_{*\mathrm{kI}}} \tag{12 - 5}$$

可见，变压器并联运行时负荷分配与短路电压成反比，即短路电压小的变压器承担的负荷大，短路电压大的变压器承担的负荷小。一般规定短路电压之差不超过 10% 的变压器可并联运行。

短路电压不同的变压器，可适当提高短路电压大的变压器二次电压，使并列运行变压器的容量均能充分利用。这是因为对于短路阻抗较小的变压器，平衡电流可以减轻其过负荷（因为平衡电流的方向与负荷电流的方向相反），而对于短路阻抗较大的变压器，平衡电流可以使其负荷增加。

3. 容量不同的变压器并联运行

式（12 - 4）和式（12 - 5）也反映了容量不同的变压器并联运行时的负荷分配情况。此时，并列变压器的负载电流相位差增大，引起变压器内的平衡电流增大，既造成变压器负载不平衡，又增加了变压器的有功损耗和无功损耗。一般情况下，容量大的变压器短路电压较大，容量小的变压器短路电压较小，故容量小的变压器有可能过负荷。

4. 绕组连接组别不同的变压器并联运行

如图 12 - 6 所示，绕组连接组别不同的变压器并列运行时，同名相电压间出现位移角。

当并列运行变压器的容量和短路电压都相同，其绕组连接组别不同，其大小等于连接组号 N_I 与 N_{II} 之差乘以 30°，即

$$\varphi = (N_I - N_{II}) \times 30°$$

$$I_{P1} = \frac{\Delta E}{Z_{kI(1)} + Z_{kII(1)}} = \frac{2E_I \sin \dfrac{\varphi}{2}}{\dfrac{u_{*kI} U_{N1I}}{I_{N1I}} + \dfrac{u_{*kII} U_{N1II}}{I_{N1II}}} \quad (12 - 6)$$

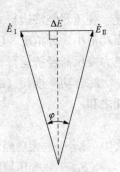

图 12-6　绕组连接组别不同的变压器并列运行

从式（12-6）可知，若并列运行变压器的容量和短路电压都相同，其绕组连接组别不同，当相角差 $\varphi = 30°$，短路电压标幺值 $U_{*K} = 0.055$ 时，则变压器间的平衡电流 $I_P = 4.7 I_N$。该平衡电流至少是额定电流的 4～5 倍，最大可达到额定电流的 15～20 倍。

由于变压器接线组别不同，加上变压器本身的短路阻抗很小，这个电压差将在两台变压器的二次侧绕组产生很大的平衡电流，短时运行就会严重影响变压器的使用寿命，甚至可能使变压器的绕组烧坏。因此，绕组连接组别不同的变压器不能并列运行，只有将绕组连接组别改变为同一连接组别才能并列运行。

（三）三绕组变压器并联运行

三绕组变压器的并联运行条件和双绕组变压器的并联运行条件相同。

三绕组变压器多了第三绕组，因此就存在两种情况：一种情况是两个绕组并联运行，第三绕组（通常是低压绕组）分别带负荷；另一种情况是三个绕组同时并联运行。

两台三绕组变压器的两个绕组并联运行，第三绕组分别带负荷（调相机、地方负荷以及变电站的所用电），是三绕组变压器并联运行中最普遍的一种形式，此时效益较高，且两个绕组并联起来比三个绕组都并联起来的短路电流小。

并联绕组之间负荷的分配受第三绕组负荷分布的影响，在某些情况下，还可能出现某一侧过负荷，但总负荷没有超过两台变压器额定容量之和的情况，运行中要加以监视。必要时则需重新分配各绕组的负荷。

三个绕组同时并联运行时，必须满足并联运行的 4 个条件，否则也可能出现平衡电流而引起某绕组过负荷的情况。

三、电力变压器的经济运行

变压器经济运行是指在传输容量相同的条件下，通过择优选取最佳运行方式和调整负载，使变压器电能损失最低。换言之，经济运行就是充分发挥变压器效能，合理地选择运行方式和调整负载，从而降低用电损耗。优化电力变压器经济运行的主要手段是：

（1）合理选择变压器组合的容量和台数；

（2）优化选择变压器功率损耗最低的经济运行方式；

（3）合理调整变压器负载，在综合功率损耗最低的经济运行区间运行。

（一）综合经济负载系数

一定时间内，变压器输出的平均视在功率与变压器额定容量之比，称为变压器的平均负载系数 β。

$$\beta = \frac{S}{S_N} = \frac{P}{S_N \cos\varphi}$$

变压器在传输电能的过程中自身要消耗一定的功率，包括有功功率损耗与无功功率损

耗。变压器经济运行方式的优化计算分有功功率损耗最小、无功功率损耗最小以及综合功率损耗最小 3 种情况。GB/T 13462—2008《电力变压器经济运行》按综合功率损耗最小优化电力变压器经济运行，使二者兼顾并降低系统损耗。

综合功率损耗（ΔP_Z）即有功功率损耗和因其消耗无功功率而使电网增加的有功功率损耗之和。

$$\Delta P_Z = \Delta P + K_Q \Delta Q = P_{OZ} + K_T \beta^2 P_{KZ}$$

式中　K_Q——无功经济当量，$0.02 \sim 0.15$，kW/kvar；

　　　P_{OZ}——变压器综合功率的空载损耗，kW；

　　　P_{KZ}——变压器综合功率的额定负载功率损耗，kW；

　　　K_T——负载波动损耗系数。

变压器在传输电能的过程中，自身综合功率损耗与其输入的有功功率的百分比称为综合功率损耗率 $\Delta P_Z\%$，它与平均负载系数 β 是二次曲线关系，如图 12-7 下方曲线所示。

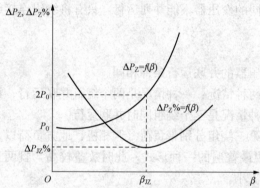

图 12-7　变压器功率损耗和损耗率的负载特性曲线

从图 12-7 中可以看出，$\Delta P_Z\%$ 先随着平均负载系数 β 的增大而下降，当负载系数等于

$$\beta_{JZ} = \sqrt{\frac{P_{OZ}}{K_T P_{KZ}}} \qquad (12-7)$$

即铜损等于铁损时，功率损耗曲线达到最低点，这个最低点的负载系数叫变压器的综合经济负载系数，用 β_{JZ} 表示，然后 $\Delta P_Z\%$ 又随着 β 增大而上升。

在变压器选定的情况下，P_{OZ} 和 P_{KZ} 不变，单台变压器的运行效率只与负载大小有关，在实际运行中只能靠合理调整负载来提高效率，因此单台变压器应尽量选择在效率最佳点附近运行。

（二）变压器经济运行区间

由于变压器的综合经济负载系数 β_{JZ} 只是功率损耗曲线上的一个点，变压器不可能总是运行在这一点上。因此，国标提出了电力变压器经济运行区的概念，并给出了按综合功率确定变压器经济运行区的方法，如图 12-8 所示。

（1）经济运行区。变压器运行在额定负载时，为经济运行区的上限，与上限额定综合功率损耗率相等的另一点为经济运行区下限。经济运行区上限负载系数为 1、经济运行区下限负载系数为 β_{JZ}^2。即

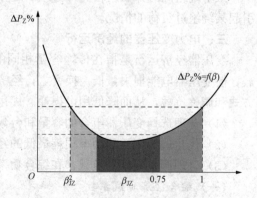

图 12-8　变压器运行区间划分

$$\beta_{JZ}^2 \leqslant \beta \leqslant 1$$

在此区间内变压器损耗率低于其在额定负载时的损耗率，即其运行效率高于额定负载下的效率。

（2）最佳经济运行区（优选运行范围）。变压器在 75% 负载运行为最佳经济运行区上限，与上限综合功率损耗率相等的另一点为最佳经济运行区下限。最佳经济运行区上限负载系数为 0.75，最佳经济运行区下限负载系数为 $1.33\beta_{JZ}^2$，即

$$1.33\beta_{JZ}^2 \leqslant \beta \leqslant 0.75$$

在此区间运行时，变压器运行在此区间时效率更高。

（3）最劣运行区（大马拉小车运行范围）。

$$0 < \beta < \beta_{JZ}^2$$

在此区间运行时，变压器损耗最高，效率最低。

三绕组变压器综合功率损耗率小于 1.2% 的运行区为最佳经济运行区。电源侧最佳运行区上限负载系数为 $1.865\beta_{JZ}$，电源侧最佳运行区下限负载系数为 $0.537\beta_{JZ}$，详细划分参见 GB/T 13462—2008《电力变压器经济运行》。

不同型号变压器的 β_{JZ} 值有大有小，经济运行区间也就不同，一般电力变压器的经济负荷率为 50% 左右。常用的 S7、S9、S11 系列变压器综合经济负载系数范围分别为 0.43～0.49、0.4～0.44 和 0.32～0.36，可见变压器在最佳效率区域运行时负载率不一定很高。

（三）经济运行方式选择

图 12-9 示出了两台变压器并列运行时各自的综合功率损耗特性曲线，图中 $\Delta P_{ZA} = f(S)$、$\Delta P_{ZB} = f(S)$ 和 $\Delta P_{ZAB} = f(S)$ 分别为变压器 A 单独运行、变压器 B 单独运行和变压器 AB 并列运行时的综合功率损耗 ΔP_Z 和视在功率 S 的特性曲线，由图可知，当负荷容量变化时，在不同运行方式下的变压器综合功率损耗是不同的。三条曲线交点的横坐标 S_{LZ}^{A-B}、S_{LZ}^{A-AB}、S_{LZ}^{B-AB} 即为不同组合运行方式的临界综合负载视在功率，其值可通过综合功率损耗计算式求得。

当 S_{LZ} 的计算结果为虚数时，意味着两种组合方式综合功率损耗的负载特性曲线无交点，此时应选用综合功率空载损耗值较小的变压器组合方式运行。

当 S_{LZ} 的计算结果全部为实数时，若负载小于临界负载，意味着组合方式综合功率损耗的负载特性曲线有交点，此时，应将变压器总平均视在功率 S 与临界综合负载视在功率 S_{LZ} 对比：

（1）当 $S < S_{LZ}^{A-B}$ 时，变压器 A 独立运行较经济；当 $S_{LZ}^{A-B} < S < S_{LZ}^{B-AB}$ 时，变压器 B 独立运行较经济；当 $S_{LZ}^{B-AB} < S$ 时，变压器 A、B 并列运行较经济。

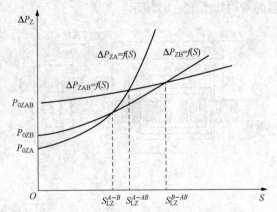

图 12-9　变压器间综合功率损耗特性曲线

（2）若变压器 A 作为常用变压器运行，当 $S < S_{LZ}^{A-AB}$ 时，变压器 A 运行；当 $S > S_{LZ}^{A-AB}$ 时，变压器 A、B 并列运行较经济。

（3）若变压器 B 作为常用变压器运行，当 $S < S_{LZ}^{B-AB}$ 时，变压器 B 运行；当 $S > S_{LZ}^{B-AB}$ 时，变压器 A、B 并列运行较经济。

（四）分列运行变压器的负载经济调整

双绕组、三绕组变压器分列运行时，应计算每台变压器的负载经济分配系数，然后合理分配变压器间负载，使变压器总的综合功率损耗达到最小。

对于单独运行的三绕组变压器，应计算二次侧与三次侧绕组的负载经济分配系数，通过变压器二次侧和三次侧绕组间负载的合理分配，使变压器总的综合功率损耗最小。当三绕组变压器二次侧与三次侧绕组的负载是经济分配时，所对应的变压器综合功率损耗率最低点即为综合功率最佳经济负载系数。

四、自耦变压器的运行

普通变压器是通过一、二次绕组的电磁耦合来传递能量，一、二次绕组之间没有电的直接联系。而自耦变压器的一次绕组和二次绕组之间既有磁的联系，也有电的联系，它的低压线圈就是高压线圈的一部分。

同容量的自耦变压器与普通变压器相比，不但尺寸小，而且效率高，所以自耦变压器具有更好经济效益。并且变压器容量越大，电压越高，这个优点就越突出，随着电力系统的发展、电压等级的提高和输送容量的增大，自耦变压器得到了广泛应用。

（一）自耦变压器的结构

自耦变压器只有一个绕组，当作为降压变压器使用时，从绕组中抽出一部分线匝作为二次绕组；当作为升压变压器使用时，外施电压只加在绕组的一部分线匝上。通常把同时属于一次和二次的那部分绕组称为公共绕组，其余绕组称为串联绕组。

由于自耦变压器只能采用相同的联结组别，会造成铁芯饱和使主磁通呈平顶波形，绕组的感应电动势呈现尖顶波形，含有三次谐波电动势，使电压畸变。因此，自耦变压器通常增设一个接成三角形的第三绕组。接入第三绕组后，可以消除三次谐波。带第三绕组自耦变压器的结构如图 12 - 10 所示。

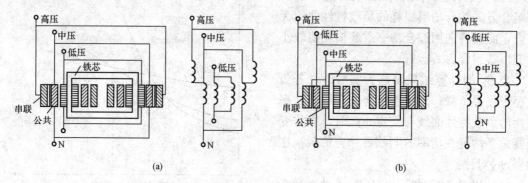

图 12 - 10　带第三绕组自耦变压器的结构

(a) 降压型自耦变压器；(b) 升压型自耦变压器

第三绕组的电压一般为 6～35kV，其容量根据用途有所不同。如果仅用来消除三次谐波，其容量大小或绕组截面积大小应满足低压侧短路时的热稳定和电动力稳定的要求，一般为标准容量的 1/3 左右。如果还用来连接发电机、调相机或引接发电厂厂用备用电源等，其容量最大等于自耦变压器的标准容量。

如图 12 - 10 所示，自耦变压器分为升压型自耦变压器和降压型自耦变压器。降压型自耦变压器功率是从高压网络流向中压网络，公共绕组并列靠近串联绕组，高中压侧短路阻抗最小；如果是升压型自耦变压器，功率是由低压流向高压和中压侧，所以低压绕组应排列在串联绕组和公共绕组中间，以便得到最小的短路阻抗。

在普通变压器中，有载调压装置往往连接在接地的中性点上，这样调压装置的电压等级可以比在线端调压时低。而自耦变压器因其高、中压绕组有电的联系，只能采用线端调压方式。可能的调压方式有两种，第一种是在自耦变压器绕组内部装设带负荷改变分头位置的调压装置；第二种是在高压与中压线路上装设附加变压器。这些方法不仅使制造上存在困难，且在运行中也有缺陷（如影响第三绕组的电压），解决得还不够理想。

（二）　自耦变压器的特点

由于自耦变压器一、二次绕组之间存在电的联系，造成一次侧高电压易于传递到二次侧，二次侧电器的绝缘必须按较高电压设计；一、二次绕组之间的漏磁场较小、电抗较小，导致短路电流比普通双绕组变压器大；一、二次侧的三相必须具有相同的联结组别。此外，自耦变压器运行方式多样，其继电保护整定困难；在有分接头调压的情况下，难以取得绕组间的电磁平衡，有时造成轴向作用力的增加。

1. 自耦变压器的容量

如图 12-10 所示，自耦变压器的高压绕组是由公共绕组和串联绕组两个绕组串联而成，其等值电路如图 12-11所示。下面以单相双绕组原理接线为例，分析自耦变压器的容量关系。

（1）当中压侧空载时，对自耦变压器高压侧施加电压 $\dot{U}_1$，中压侧空载电压为 $\dot{U}_2$。

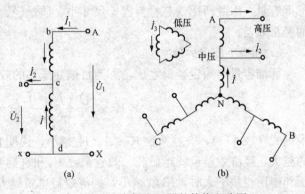

图 12-11　自耦变压器的等值电路图
(a) 单相双绕组原理接线；(b) 三相三绕组原理接线

$$\frac{U_1}{U_2} = \frac{N_1}{N_2} = k_{12} \qquad (12-8)$$

式中：k_{12} 是自耦变压器的变压比，近似等于一次侧额定电压 U_{1N} 和二次侧额定电压 U_{2N} 之比，即 $k_{12} = \dfrac{U_{1N}}{U_{2N}}$。

（2）当中压侧接有负载时，高压侧电流为 $\dot{I}_1$，中压侧电流为 $\dot{I}_2$，公共绕组电流为 $\dot{I}$，它们之间关系为

$$\dot{I} = \dot{I}_2 - \dot{I}_1$$

忽略自耦变压器的励磁电流，根据磁路耦合关系，可以得到

$$\dot{I}_1(N_1 - N_2) = \dot{I} N_2 = (\dot{I}_2 - \dot{I}_1)N_2$$

公共绕组一次电流和二次绕组电流之间的关系为

$$\begin{cases} \dfrac{\dot{I}}{\dot{I}_1} = \dfrac{N_1 - N_2}{N_2} = k_{12} - 1 \\[2mm] \dot{I}_2 / \dot{I}_1 = k_{12} \\[2mm] \dfrac{\dot{I}}{\dot{I}_2} = \dfrac{\dot{I}}{k_{12}\dot{I}_1} = \dfrac{1}{k_{12}}(k_{12} - 1) = \left(1 - \dfrac{1}{k_{12}}\right) \end{cases} \qquad (12-9)$$

　　忽略自耦变压器的损耗，自耦变压器一次侧的输入功率应等于二次侧的输出功率，根据电压及电流关系，自耦变压器的输出功率为

$$\dot{U}_1 \dot{I}_1^* = \dot{U}_2 \dot{I}_2^* = \dot{U}_2 \dot{I}_1^* + \dot{U}_2 \dot{I}^* = \frac{\dot{U}_2 \dot{I}_2^*}{k_{12}} + \dot{U}_2 \dot{I}_2^* \left(1 - \frac{1}{k_{12}}\right) \qquad (12\text{-}10)$$

式中：$\dot{I}_1^*$、$\dot{I}_2^*$、$\dot{I}$ 分别是电流 $\dot{I}_1$、$\dot{I}_2$、$\dot{I}$ 的共轭相量。这个功率的极限值称为自耦变压器的额定容量或通过容量，即 $S_N = U_{1N} I_{1N} = U_{2N} I_{2N}$。

　　根据式（12-10），通过自耦变压器传递的功率包含两部分：直接通过串联绕组由电路传输的部分 $\dfrac{\dot{U}_2 \dot{I}_2^*}{k_{12}}$ 和通过公共绕组由电磁联系传输的部分 $\dot{U}_2 \dot{I}_2^* \left(1 - \dfrac{1}{k_{12}}\right)$。在自耦变压器公共绕组中，通过电磁联系传输的最大功率称为自耦变压器的标准容量。

　　当电磁功率相同，即标准容量相同时，自耦变压器的铁芯、尺寸、截面积、质量与普通变压器的完全相同，但额定容量不等。普通变压器的额定容量等于标准容量，而自耦变压器的额定容量大于标准容量。当两种变压器具有相同的额定容量时，自耦变压器就具有较小的标准容量，因此所用铁芯材料省、尺寸小、质量轻、造价较低，极限制造容量大，具有更好的经济效益。

　　2. 自耦变压器的效益

　　标准容量与额定容量之比，称为自耦变压器的效益系数，用 K_b 表示。

$$K_b = \frac{\dot{U}_2 (\dot{I}_2 - \dot{I}_1)}{\dot{U}_2 \dot{I}_1} = 1 - \frac{1}{k_{12}} \qquad (12\text{-}11)$$

根据式（12-11），效益系数 $K_b < 1$。K_b 越小，说明自耦变压器的额定容量同比普通变压器的越大，经济效益也就越显著。效益系数 K_b 和自耦变压器的变比 K_{12} 有关，K_{12} 越小，即高压和中压相差不大时，K_b 就越小，经济效益也就越大；反之，如果 K_{12} 过大，经济效益就不大。为保证经济效益，一般自耦变压器的 K_{12} 控制在 3：1 范围以内。

　　3. 自耦变压器的过电压

　　自耦变压器高压与中压绕组之间直接有电的联系，当高压侧发生过电压时，它可以通过串联绕组进入公共绕组和中压系统，使公共绕组和中压电力设备的绝缘受到危害。当中压侧发生过电压时，它可能通过公共绕组在串联绕组里产生很高的感应过电压。

　　高压侧电网发生单相接地时，自耦变压器中压绕组上的过电压倍数与变压比 K_{12} 有关，K_{12} 越大，过电压倍数越大。为减小过电压对自耦变压器的危害，使绕组绝缘免遭破坏，可采取以下措施：

　　（1）自耦变压器高压和中压侧出口端都必须装设避雷器保护。避雷器必须装设在自耦变压器和最靠近的隔离开关之间，以便当自耦变压器某侧断开时，该侧避雷器仍保持连接状态。

　　（2）避雷器回路不宜装隔离开关，因为不允许自耦变压器不带避雷器运行。

　　（3）自耦变压器的中性点必须直接接地或经小电抗接地，以避免高压侧电网发生单相接地时，在中压绕组的正常相（非接地的其他两相）上出现过电压。例如，若自耦变压器的中性点不接地，220/110kV 自耦变压器中压侧的过电压倍数为 2.64，330/110kV 自耦变压器中压侧的过电压倍数则为 3.6。

　　为此，自耦变压器多用在中性点直接接地系统，在电网中，从 220kV 电压等级才开始

用自耦变压器，多用作 220/110、330/110、330/220、500/220kV 和 500/330kV 的联络变压器。220kV 以下几乎没有自耦变压器，最多是作为电机降压启动使用。

4. 自耦变压器的短路电流

当自耦变压器与双绕组变压器绕组容量、结构相同时，由于自耦变压器一次侧和二次侧存在电气联系，短路阻抗与双绕组变压器有如下关系

$$Z_k^* = \frac{Z_k}{U_{1N}/I_{1N}} = \frac{ZI_{1N}}{[1 + 1/(k_{12} - 1)]U_{1N}} = \left(1 - \frac{1}{k_{12}}\right)Z^* = K_b Z^*$$

效益系数 K_b 小于 1 时，自耦变压器的短路阻抗标幺值 Z_k^* 比双绕组变压器 Z^* 要小，故电压变化率较小，但发生短路时其短路电流相应增大 $1/K_b$ 倍，短路电动力相应增大 $1/K_b^2$ 倍，短路电流的增大对电力系统和自耦变压器本身结构都是不利的。

由于自耦变压器的中性点必须直接接地运行，使系统的零序阻抗减少。中性点接地尽管对许多方面有利，但却造成单相接地短路电流大大增加，甚至会超过三相短路电流。

（三）自耦变压器的运行方式

自耦变压器有自耦运行方式（第三绕组空载，仅一、二次绕组有功率交换）和联合运行方式（三个绕组均有功率通过）两种运行方式。自耦运行方式比较简单，只要高—中压侧之间的交换功率不超过自耦变压器的额定容量即可满足运行要求。联合运行方式则比较复杂，最典型的联合运行方式有以下两种方式：高压侧同时向中、低压侧（或中、低压侧同时向高压侧）传输功率和中压侧同时向高、低压侧（或高、低压侧同时向中压侧）传输功率。

在联合运行方式时，可以认为自耦变压器公共绕组和串联绕组上的电流由两个分量组成：一个是自耦运行时，从高压侧流向中压侧的电流分量（或者相反），图 12-12 中的 $\dot{I}_{as}$ 和 $\dot{I}_{ac}$；另一个是变压运行时，通过电磁感应传送至第三绕组的电流分量，图 12-12 中的 $\dot{I}_t$。

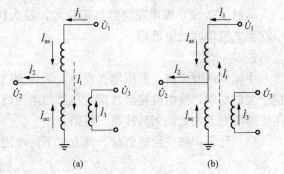

图 12-12　自耦变压器的运行方式
(a) 运行方式一；(b) 运行方式二

1. 运行方式一

高压侧同时向中、低压侧（或中、低压侧同时向高压侧）传输功率，如图 12-12（a）所示。

（1）计算串联绕组的负荷。串联绕组电流为自耦方式与变压方式之和，即

$$\dot{I}_s = \dot{I}_{as} + \dot{I}_t$$

对中压侧，因为 $\dot{U}_2 \dot{I}_{as}^* = \dot{U}_2 \dot{I}_2^* \dfrac{1}{k_{12}} = \dfrac{P_2 + jQ_2}{k_{12}}$，所以

$$\dot{I}_{as} = \frac{P_2 - jQ_2}{U_1}$$

同样道理，低压侧有

$$\dot{I}_t = \frac{\dot{I}_3}{k_{13}} = \frac{P_3 - jQ_3}{k_{13}U_3} = \frac{P_3 - jQ_3}{U_1}$$

串联绕组的负荷为

$$S_s = (U_1 - U_2)I_s = \frac{U_1 - U_2}{U_1} \sqrt{(P_2 + P_3)^2 + (Q_2 + Q_3)^2}$$

式中：P_2、Q_2 分别为中压侧的有功和无功功率；P_3、Q_3 分别为低压侧的有功和无功功率。

当中、低压侧功率因数相等时，有

$$S_s = \frac{U_1 - U_2}{U_1} \sqrt{(S_2\cos\varphi + S_3\cos\varphi)^2 + (S_2\sin\varphi + S_3\sin\varphi)^2} = K_b(S_2 + S_3)$$

$$(12 - 12)$$

（2）计算公共绕组的负荷。由磁势平衡 $\dot{I}_{ac}N_2 = \dot{I}_{as}(N_1 - N_2)$，得到

$$\dot{I}_{ac} = \frac{N_1 - N_2}{N_2}\frac{1}{U_1}(P_2 - jQ_2) = \frac{U_1 - U_2}{U_2 U_1}(P_2 - jQ_2)$$

公共绕组中的电流为自耦方式与变压方式之差，即

$$\dot{I}_c = \dot{I}_{ac} - \dot{I}_t = \frac{1}{U_2}\left[\left(\frac{U_1 - U_2}{U_1}P_2 - \frac{U_2}{U_1}P_3\right) - j\left(\frac{U_1 - U_2}{U_1}Q_2 - \frac{U_2}{U_1}Q_3\right)\right]$$

公共绕组的负荷为

$$S_c = U_2 I_c = \sqrt{\left(K_b P_2 - \frac{U_2}{U_1}P_3\right)^2 + \left(K_b Q_2 - \frac{U_2}{U_1}Q_3\right)^2}$$

当中、低压侧功率因数相等时，有

$$S_c = K_b S_2 - \frac{U_2}{U_1}S_3 = K_b(S_2 + S_3) - S_3 \qquad (12 - 13)$$

显然 $S_s > S_c$，即串联绕组负荷较大，最大传输功率受到串联绕组容量的限制，运行中应注意监视串联绕组负荷。

2. 运行方式二

中压侧同时向高、低压侧（或高、低压侧同时向中压侧）传输功率，这种运行方式提出用于发电厂中，发电机接至自耦变压器的第三绕组，由高、低压侧同时向中压侧输电；也可用于降压变电站，调相机接第三绕组。

（1）计算串联绕组的负荷。此方式下，电流只有自耦分量，即

$$\dot{I}_s = \dot{I}_{as} = \frac{1}{U_1}(P_1 - jQ_1)$$

串联绕组负荷为

$$S_s = (U_1 - U_2)I_s = \frac{U_1 - U_2}{U_1}\sqrt{P_1^2 + Q_1^2} = K_b S_1 \qquad (12 - 14)$$

（2）计算公共绕组的负荷。公共绕组电流为自耦方式与变压方式之和，即

$$\dot{I}_c = \dot{I}_{ac} - \dot{I}_t$$

其中，$\dot{I}_{ac} = \frac{U_1 - U_2}{U_1 U_2}(P_1 - jQ_1)$，$\dot{I}_t = \frac{\dot{I}_3}{k_{23}} = \frac{P_3 - jQ_3}{U_2}$。

因此，当高、低压侧功率因数相等时公共绕组的负荷为

$$S_c = U_2 I_c = \sqrt{(K_b P_1 + P_3)^2 + (K_b Q_1 + Q_3)^2} = K_b S_1 + S_3 \qquad (12 - 15)$$

显然 $S_c > S_s$，即公共绕组负荷较大，最大传输功率受到公共绕组容量的限制，运行中应注意监视公共绕组负荷。当低压侧向中压侧的传输功率达到标准容量时，就不允许用自耦方式传输功率，即高压侧不能向中压侧传输任何功率，此时自耦变压器的容量没能得到充分

利用。

3. 运行方式三

当低压侧同时向高压和中压侧传输功率（或相反）时，限制条件为低压绕组的容量，通过容量最大为标准容量，这时自耦变压器的效益最低。

三绕组自耦变压器的典型运行方式是前两种。在不同的运行方式下，串联绕组、公共绕组和第三绕组的传输功率都不相同，绕组上的电流随运行方式而改变。所以在自耦变压器的设计和运行中，必须知道各个绕组在不同运行方式下的负荷分布，尤其是最大负荷。

第三节 同步发电机的运行

一、同步发电机的非额定值运行

在发电机运行中，规定了发电机运行时的端电压、频率、冷却介质温度的变化范围，同时也规定了各个运行参数不同于额定值时，发电机的允许输出功率或允许电流。这些规定的基本原则是：在运行中不能发生电气损坏、机械故障和缩短设备的寿命，即定子绕组、转子绕组、铁芯温度都不超过容许值，且各部分产生的应力都不超过容许限度。

（一）冷却介质温度变化对发电机的影响

绕组和铁芯的长期连续容许温度与绝缘材料有关，在大多数情况下，定子绕组的容许温度不高于 100～120℃，转子绕组的容许温度不高于 105～145℃，铁芯的容许温度由附近安放绕组的容许温度来决定。当使用较高级绝缘材料，例如采用 F 和 H 级绝缘材料时，定子绕组的容许温度可达 120～140℃，转子绕组的容许温度可达 135～160℃。

运行中的同步发电机，当冷却介质温度不同于额定值时，其容许负荷可随冷却介质温度的变化而相应改变。在此情况下，决定容许负荷的原则是定子绕组和转子绕组的温度都不超过其容许值。

根据发电机运行时各部分温度与温升的容许值，通过理论分析后，可以得到冷却介质温度变化时电流容许倍数曲线如图 12‑13 所示，图 12‑13 中可见，两条向下的曲线存在交点。虽然各台发电机的温升数据不尽相同，但图 12‑13 所表明的基本特性是一致的，即冷却介质温度比额定值每低 1℃所能增加的电流倍数，较之冷却介质比额定值每高 1℃所应降低的电流倍数小。这个原则对一般外冷发电机都适用，发电机运行规程中规定的电流容许变化，便是依据这一原则确定的。

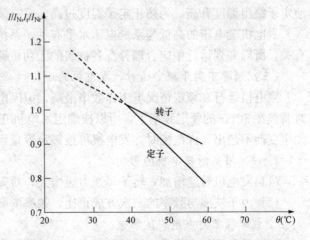

图 12‑13 冷却介质温度变化时的电流容许倍数曲线

从图 12‑13 中可以看出：当冷却介质温度高于额定值时，应降低的定子电流倍数比转子电流多，所以应按定子的电流限制来减小出力，此时转子绕组温度不会超过容许值。当冷却介质温度低于额定值时，定子电流可以提高的倍数比转子多，所以应按转子电流容许增大的倍数来提高出力，此时定子绕组温度不会超过容许值。

（二）端电压不同于额定值时，发电机的运行

发电机电压变化范围在其额定值的±5%以内时，可保持额定视在功率长期运行。机端电压较额定值降低5%时，定子电流可较额定值增加5%；反之，电压较额定值升高5%时，定子电流应减为额定值的95%。当电压变动超过±5%时，定子电流便不能以相同的比例额随之增加或减少，就不得不降低发电机的出力。当电压高于额定值到某一数值（规定为110%）时，发电机就不允许继续运行。这是因为电压过高或过低将对发电机产生多种不良影响及危害。

1. 电压过高对发电机的影响

（1）发电机机端电压上升时导致 $Q < Q_c$，如需保持无功输出为 Q_c，势必导致转子电流过负荷。

（2）电压高时，定子铁芯的磁通密度大，铁损增加，致使铁芯温度升高，尽管相应降低定子电流减小了铜损，也仍然不能弥补，因为当电压高于额定值的5%时，往往铁损的增大超过按同样比例减小电流而减少的铜损。

（3）由于发电机正常运行时，定子铁芯工作于较高饱和程度下，所以电压升高不多的情况下也会使铁芯过饱和而大大增加发电机端部结构的漏磁，导致定子结构部件出现局部危险过热。

（4）对定子绕组绝缘产生威胁。

2. 电压过低对发电机的影响

（1）降低电压调节的稳定性和电机并列运行的稳定性。当发电机低于额定电压的90%运行时，发电机定子铁芯可能处于不饱和状态，此时励磁稍有变化，就会引起电势的较大变化，甚至可能破坏并列运行的稳定性，造成失步。

（2）在电压较低的情况下，若要保证额定出力，就必须增加定子电流，定子电流大，会使定子绕组温度升高，为防止定子温度过高，只有降低发电机出力。

发电机端电压的高低与系统电压水平有关，系统电压水平又与系统无功功率的平衡情况有关，所以并列运行中应合理分配各机组的无功负荷以及有功负荷。

（三）频率不同于额定值时，发电机的运行

发电机运行在额定情况下工作效率最高，但因电力系统中负荷的频繁增减，频率不易随时调整在50Hz的额定频率下，所以按规定发电机正常运行时频率允许变动范围为±0.2Hz频率变动不超出允许范围时，发电机可按额定容量运行。

1. 频率增高对发电机的影响

（1）发电机转速增加，转子飞逸力矩增大，对安全运行不利。

（2）由于铁损与频率的二次方成正比，频率增高将使发电机铁损增加。

2. 频率降低对发电机的影响

（1）发电机转速降低，使两端风扇鼓进的风量降低，发电机冷却条件变坏，造成绕组和铁芯的温度升高而不得不降低出力。

（2）电势 E_q 与频率和主磁通成正比，频率降低时 E_q 减小，为维持必要的 E_q 就得增加励磁电流，这易引起转子绕组过热，定子铁芯饱和漏磁增加，使机座的某些部件产生局部高温，为避免这些现象只有降低发电机出力。

（3）由于发电机机械惯性时间常数与转速的二次方成正比，所以频率的下降将使惯性时间常数减小，从而对发电机的动态稳定产生不良影响。

（四）功率因数不同于额定值时，发电机的运行

容许发电机在不同功率因数下运行，但受下列条件限制：

（1）高于额定功率因数时，定子电流不应超过容许值；

（2）低于额定功率因数时，转子电流不应超过容许值；

（3）在进相功率因数运行时，应受到稳定极限的限制。

1. 进相运行

随着电力系统的不断发展，大型发电机组日益增多，同时输电线路的电压等级越来越高，输电距离也越来越长，加之许多配电网络电缆线路的大量增加，线路的充电功率等致使电力系统的电容电流增加，增大了系统的无功功率。这样，在轻负荷时，系统的电压会升高。如在节假日、午夜等低负荷情况下，若不能有效地吸收剩余的无功功率，枢纽变电站母线上的电压可能高出其额定电压 $15\%\sim20\%$，以致超过工作电压的容许范围。

通常采用并联电抗器或利用调相机来吸收这部分剩余无功功率，这样就增加了设备投资，且往往有一定的容许限度。因此，早在 20 世纪 50 年代国外就开始试验研究大容量发电机的进相运行，以吸收无功功率，进行电压调整。

为了阐明发电机进相运行的基本概念，发电机的迟相与进相运行原理图如图 12-14 所示。在图 12-14 中，仍假定发电机直接接至无限大容量电力系统，其端电压 U_G 恒定。设发电机电势为 E_q，负荷电流为 I，功率因数角为 φ。调节励磁电流 i_L，在 U_G 不变的条件下，随着 E_q 的变化，功率因数角 φ 也发生变化。如增大励磁电流 i_L，则 E_q 变大，此时负荷电流 I 滞后于端电压 U_G，也就是功率因数角 φ 是滞后的，发电机向系统供出有功功率和无功功率，即为通常所说的迟相运行。反之，若减小励磁电流 i_L，使 E_q 减小，直至功率因数角 φ 变成超前于端电压 U_G 的情况，此时发电机向系统供出有功功率，而吸收无功功率，相对迟相运行而言，称为进相运行。图 12-14 中（a）和（b）分别给出了上述两种运行状态。

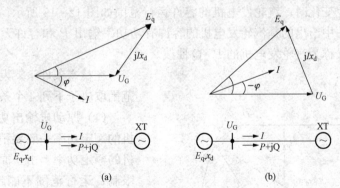

图 12-14　发电机迟相与进相运行原理
(a) 迟相运行；(b) 进相运行

发电机从迟相运行转为进相运行时，将产生静态稳定储备下降，端部发热严重，厂用电电压降低等影响，这几方面的影响都和发电机的出力密切相关，发电机在进相运行时，出力越大，静态稳定性能越坏，在一定功率因数下，端部漏磁通约与发电机的出力成正比。因

此，欲保持一定的静态稳定储备，保持端部发热为一定值，随着进相程度的增加，发电机的出力应相应降低。大容量机组其稳定性参数（机械惯性时间常数、励磁回路时间常数等）随机组容量增加而变坏，由于暂态稳定性的限制，实际上不允许进相运行。

2. 同步发电机的调相运行

所谓调相运行，是指同步发电机只发出无功功率或只吸收无功功率的运行方式。在以下几种情况下，同步发电机有必要进行调相运行：

（1）水轮发电机在低水位或枯水季节时；

（2）汽轮发电机的汽轮机在检修期间；

（3）汽轮发电机的技术经济指标很低时。

当系统出现无功功率不足，运行电压偏低，负荷又在电厂附近时，调相运行的发电机宜过励磁做迟相运行，向系统输出感性无功功率，提高系统的运行电压。当系统的无功功率过剩，运行电压较高时，调相运行的发电机宜欠励磁做进相运行，吸收系统的无功功率，以避免系统运行电压的过度升高。

发电机做调相运行时，可以与原动机（水轮机或汽轮机）不分离，也可以将原动机拆开，电机单独运行。

二、同步发电机的安全运行极限

同步发电机的正常运行属于容许长期连续运行的工作状态，它的特点是：发电机的有功负荷、无功负荷、电压、电流等都在容许范围以内，因而它是一种稳定的、对称的工作状态，此时，发电机具有损耗小、效率高、转矩均匀等优良性能。

在运行中，有时需要调整各种参数，例如要根据调度制定的负荷曲线来调整发电机的有功功率和无功负荷，用调速器调整有功功率，用励磁调节器调整无功功率。在调整过程中，要注意各个参量不要超过容许范围。除此之外，对于汽轮机，还要注意负荷上升速度，为了防止过度的热膨胀，负荷上升速度不能太快，从空载到满负荷，通常要几小时。水轮发电机负荷的上升速度不受限制，只要几分钟便可带满负荷。

运行参数发生变化时，汽轮发电机的容许运行范围如图 12-15 所示，该图为发电机的安全运行极限。图中给出的是汽轮发电机的容许有功功率输出 P 和容许无功功率输出 Q 的关系曲线，因此又称为汽轮发电机的 P - Q 曲线。

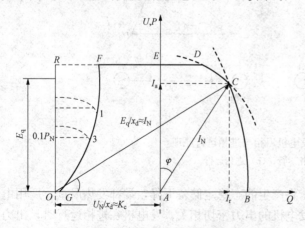

图 12-15 汽轮发电机的容许运行范围

在稳态条件下，发电机的容许运行范围取决于下列 4 个条件：

（1）原动机输出功率极限，即原动机的额定功率一般要稍大于或等于发电机的额定功率。由于原动机额定出力的限制，运行范围不能超过图 12-15 中 RD 直线。

（2）发电机的额定容量，即由定子发热决定的容许范围。由于定子电流的限制，相量端点只能在图 12-15 中 DC 弧线上移动。

（3）发电机的磁场和励磁机的最大

励磁电流，通常由转子发热决定。由于转子电流的限制，相量端点只能在图 12-15 中 CB 弧线上移动。

（4）进相运行时的稳定度，当发电机功率因数小于零而转入进相运行时，E_q 和 U 的夹角不断增大，此时，发电机有功功率输出受到静态稳定条件的限制。有功功率的输出受到静态稳定的限制，图 12-15 中垂直线 OR 是理论上静态稳定运行边界，此时 $\delta = 90°$。因为发电机有突然过负荷的可能性，必须留有余量，以便在不改变励磁的情况下，能承受突然性的过负荷。图中 GF 曲线是考虑了能承受 $0.1P_N$ 过负荷能力的实际静态稳定极限。发电机的安全运行极限还与发电机的端电压有关，当端电压比额定值大时，曲线中的 GF 部分将向左移，若端电压降低，则 GF 部分将向右移。

图 12-15 是根据其相量图这样绘制出来的：

当不计电机饱和的影响时，电机的 x_d 为常数。将电压相量图中各电压相量分别除以 x_d，并顺时针方向旋转 90°，即可得到图 12-15 中的电流相量三角形 △OCA。三角形中的 $U_N/x_d = OA$ 即近似等于发电机的短路比 K_c，它正比于空载励磁电流 I_{f0}；AC 代表 $I_N = I_N x_d / x_d$，即定子额定电流；$OC = E_q / x_d$，代表额定情况下定子的稳态电路电流，它正比于转子额定电流 I_{fn}，过 A 点做一条垂直于横坐标轴的线段 AE，表示发电机端电压的方向，电流 I_N 和线段 AE 间的夹角，就是功率因数角 φ。电流垂直分量 I_a 表示电流的有功分量，水平分量 I_r 表示电流的无功分量。如以恒定电压 U_N 乘电流的各分量，所得的值分别表示有功功率 $P = I_a U_N$，无功功率 $Q = I_r U_N$。根据相量图，取适当比例尺，不仅可得到定子电流的相应关系，还可通过 AC 在以 A 点为原点的坐标轴上的投影来求得 P 和 Q 的值，并通过 AC 直线的位置来代表 $\cos\varphi$ 变化时对发电机出力的影响和限制。

当冷却介质温度一定时，定子和转子绕组的容许电流为一定值，即图中 AC 和 OC 为一定。现以 A 为圆心，AC 长度为半径和以 O 为圆心，OC 长度为半径分别画圆弧。根据上述容许运行范围的条件，在两个圆弧范围以内才容许运行。由图 12-15 可见，在两个圆弧交点运行时，定子和转子电流同时达到容许值。$\cos\varphi$ 值降低（φ 角增大）时，由于转子电流的限制，相量端点只能在 CB 弧线上移动，此时定子电流未得到充分利用；$\cos\varphi$ 值增高（φ 角减小）时，由于定子容许电流的限制，相量端点只能在 CD 弧线上移动，转子绕组未能充分利用。过 D 点后，$\cos\varphi$ 继续增高，由于原动机额定出力的限制，运行范围不能超过 RD 直线（图中 AE 长度代表额定输出功率 P_N）。当功率因数 $\cos\varphi < 0$，转入进相运行时，E_q 和 U_N 之间的夹角 δ 不断增大，此时，发电机有功功率的输出受到静态稳定的限制，垂直线 OR 是理论上静态稳定运行边界，此时，$\delta = 90°$。因为发电机有突然过负荷的可能性，必须留有余量，以便在不改变励磁的情况下，能承受突然性的过负荷。图中 GF 曲线是考虑了能承受 $0.1P_N$ 过负荷能力的实际静态稳定极限。GF 曲线的做法如下：在理论稳定边界上先取一些点，然后保持 E_q / x_d 不变，找出实际功率比理论功率降低 $0.1P_N$ 的一些新点，连接这些新点就构成了 GF 曲线。根据上述安全运行的四个容许条件，将 B、C、D、E、F、G 点连成曲线，就构成发电机的安全运行极限。

水轮发电机（凸极机）的安全运行极限与汽轮发电机（隐极机）相类似。所不同的是凸极机的电磁功率包括两项，即

$$P_N = \frac{E_q U}{x_d}\sin\delta + \frac{U^2}{2}\left(\frac{1}{x_q} - \frac{1}{x_d}\right)\sin2\delta \tag{12-16}$$

第一项与不饱和的隐极机一样，称为基本分量；第二项称为附加分量，它是由 $x_d \neq x_q$ 所引起的，所以凸极机在无励磁电流时（$i_f = 0$）仍然有电磁功率。由于凸极机的第二项附加分量电磁功率与励磁无关，所以在无励磁时，差不多能发出 25% 的额定功率，因此在进相运行时，其安全运行极限面积要比隐极机大。

三、同步发电机的非正常运行

（一）发电机过负荷运行

前文已述及，发电机的定子电流和转子电流均不得超过容许范围。但在系统发生短路故障时，发电机失步运行时，成组电动机启动以及强行励磁等情况时，发电机定子或转子都可能短时过负荷。电流超过额定值会使电机绕组温度有超过容许限度的危险，甚至还可能造成机械损坏。过负荷数值越大，持续时间越长，上述危险性越严重，因此，发电机只容许短时过负荷，不允许长期过负荷。过负荷数值不仅与持续时间有关，而且还与发电机的冷却方式有关，发电机定子和转子短时过负荷的容许值和容许时间由制造厂家规定。

发电机不容许经常过负荷，只有在事故情况下，当系统必须切除部分发电机或线路时，为防止系统静态稳定破坏，保证连续供电，才容许发电机短时过负荷运行。

（二）发电机不对称运行

发电机的不对称运行属于一种非正常工作状态。不对称的原因可能是负荷不对称（电气机车、电弧炉等），也可能由于输电线路不对称（断线）等。同步发电机在不对称运行时，定子除有正序磁场外，还有负序磁场，负序磁场对转子有两倍同步转速的相对运动，因此在转子绕组、阻尼绕组以及转子本体中感应出两倍额定频率（100Hz）的电流，引起转子过热和振动。

两倍频率电流引起转子发热，对汽轮机特别危险，因为汽轮发电机是隐极式的，磁极和轴是一个整体，感应电流频率高（100Hz），集肤效应大，使电流集中在表面很浅的薄层内，通常此电流深入转子表面 10mm 左右，经齿、槽楔和端环形成闭合通路。在端部部件接触处由于有较高的电阻发热最为严重，可能产生局部高温，破坏转子部件的机械强度和绕组绝缘。涡流热源主要在转子钢件部分，但由于槽楔温度较低并有较高的导热率，因而热量向槽楔传递。由于槽楔软化温度低于钢件，因而槽楔往往成为热稳固性的最薄弱环节。

对于水轮发电机，转子是凸极式的，冷却条件较好，两倍频率的感应电流以及所引起的转子附加发热，都较汽轮发电机小；如有阻尼绕组，虽可引起阻尼绕组的附加发热，但阻尼绕组可削弱负序磁场的影响，能减轻转子的发热程度。

负序电流在汽轮发电机中引起的机械振动较小，因为汽轮发电机转子是个圆柱体，纵轴和横轴的磁导相差不大，引起的附加振动也不大，对机械强度危害性甚小。但对于水轮发电机，转子是凸极式的，水轮发电机的直径较大，纵轴和横轴磁导相差较大，所引起的振动也较大，因此，两倍频率电流引起的振动，对水轮机危害较大。

发电机的不对称运行有长时间和短时间两种情况。长时间不对称运行，是指不对称负荷情况；短时不对称，主要指不对称故障时的运行，持续时间极短。所以，不对称运行的容许负荷，也有长时间和短时间之分。

长时间容许负荷，主要决定于下列 3 个条件：

（1）负荷最重相的定子电流，不应超过发电机的额定电流。

（2）转子最热点的温度，不应超过容许温度。为此，在持续不对称运行时，相电流最大差值对额定电流之比，对汽轮发电机规定不得超过 10％，水轮发电机不得超过 20％；或者说，负序电流对额定电流之比，对汽轮发电机不得超过 6％，水轮发电机不得超过 12％。

（3）不对称运行时出现的机械振动，不应超过容许范围。机械振动的容许值，应按制造厂家推荐的标准确定。

短时容许负荷主要决定于短路电流中的负序电流，由于时间极短，可以认为，负序电流在转子中引起的损耗，全部用于转子表面的温升，不向周围扩散。因此，容许的负序电流和持续时间取决于

$$\int_0^t i_2^2 \mathrm{d}t = I_2^2 t \leqslant K \tag{12-17}$$

式（12-17）中的 K 值由厂家给定。

（三）发电机异步运行

同步发电机进入异步运行状态的原因很多，常见的有：励磁系统故障，误切励磁开关而失去励磁，由于短路使发电机失步等。下面仅将失去励磁后的异步过程做简要分析。

发电机失去励磁后，电磁功率减小，在转子上出现转矩不平衡，促使发电机加速，转子被加速至超出同步转速运行，以致最后失步。当发电机超出同步转速运行时，发电机转子和定子旋转磁场之间有了相对运动，于是在转子绕组、阻尼绕组以及转子的齿与槽楔中，将分别感应出转差率频率的交流电流，这些电流产生制动的异步转矩，发电机开始向电力系统送出有功功率。转速的增大，一直继续到出现的制动异步转矩与汽轮机的旋转转矩相等为止。

失磁发电机的异步运行主要受 3 个因素的制约：

（1）发电机接入的电网（包括发电厂本身）是否允许该机组由原有的发无功状态转为失磁后的吸无功状态。正常运行状态下，发电机的输出无功功率为额定有功功率的 0.6～0.65。失磁后发电机吸收的无功功率取决于电网电压、阻抗及发电机自身的电抗及转差率。当 $s=0$ 时，汽轮发电机由系统吸收的无功电流为额定电流的 0.4～0.6。随着转差率的增长，吸收无功的数量将急剧增加。

（2）转子的发热。异步运行的电机效率与转差率 s 有关，随 s 的增长而增长。转子的端部同样是损耗最大。发热最严重的区域，并由它限制运行的允许转差率和相应的允许有功功率。

（3）发电机组的振动。由此决定严禁水轮发电机组失磁后继续运行。

在异步运行时，发电机须从系统吸收大量的无功功率，所以，发电机电压以及附近用户处的电压将要下降。汽轮发电机的 x_d 较大，而稳定异步运行时 s 甚小，所需的无功功率也较小，电力系统电压降低很小，如图 12-16 中稳定运行点 A_1 所示。所以，汽轮发电机短时内处在这种情况下（有功功率大，转差率小，电压降低不多）做异步运行是容许的，即不会出现转子损耗过大，而使发电机受到损伤。当

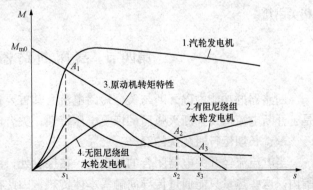

图 12-16　发电机平均异步转矩特性

励磁恢复后，汽轮发电机又可平稳拉入同步。但是长时间的异步运行也是不容许的，因为会引起发电机定子铁芯端部过热，转子绕组也由于感应电流产生相当大的热量，引起发热和损伤，所以汽轮发电机的异步运行受到时间限制。一般规定，汽轮发电机的异步运行时间为15～30min。

水轮发电机和汽轮发电机不同，异步转矩特性差，当转差率变化很大时，平均异步转矩变化却不大，最大平均异步转矩也小于失磁前的原动机转矩，因而只能在转差率相当大时，才能达到图 12-16 中稳定运行点 A_2 和 A_3。在这样大的转差率下运行，转子有过热的危险，所以一般是不容许的。除此之外，水轮发电机的同步电抗较小，异步运行时，定子电流很大，所以也应限制其异步运行。当发电机失去励磁后，特别是无阻尼绕组的水轮发电机，转速迅速增加，负荷差不多可以减小到零，所以必须从电力系统中断开。有阻尼绕组的水轮发电机，情况要好一些，但在转差率为 3‰～5‰ 时，才出现转矩的平衡（图 12-16 中的 A_2 点），对阻尼绕组有过热的危险，所以只容许运行几秒钟，必须迅速恢复励磁。

（四）发电机过励磁运行

1. 过励磁的定义

从电机学可知，发电机的电压与磁通和频率的乘积成正比，也就是说，电压越高，频率越低，磁通就越大。当电压上升到一定范围，或者频率下降到一定范围，或者两者的乘积变化到一定范围，发电机的磁通量将剧烈上升，使发电机铁芯饱和，进入过励磁状态。

过励磁运行方式有：

（1）负荷甩开后电压升高；

（2）单独运行时，励磁电流过大；

（3）低速启动过程中，自动电压调节器（AVR）动作。

2. 过励磁运行的容许范围

一般规定在一定电压上升范围、频率下降范围外的运行领域为发电机的过励磁运行区域。过励磁运行的容许范围与很多因素有关，如发电机的结构、冷却方式等。

短时间（几秒至几十秒）过励磁的容许范围决定于漏磁感应的平衡电流以及产生的局部过热等，长时间（几分至十几分）过励磁的容许范围决定于定子铁损增加和铁芯过热，一般都是由制造厂家提供过励磁运行容许范围曲线。

其他特殊运行方式，如启动并列、解列停机、重合闸等都有各自的运行特性，可以参考相关书籍。

第四节　高压断路器的运行

断路器的功能中以开断与关合短路电流为其首要任务。表征开断与关合状态的主要参数是：开断电流值及开断灭弧后的恢复电压特性；关合电流值及关合电压特性。

一、长期运行时触头的温升

当电流流经开关电器闭合的触头时，在接触处，由接触电阻产生的热损耗集中在很小范围内，这些热量只能通过传导向触头本体传热，因此接触点处的温度大于触头的本体温度。

　　为了使接触电阻在长期工作情况下保持稳定，必须保证接触点在长期工作下的温度不应过高。电接触的长期允许温度之所以很低的原因就在于此。增加接触压力可以提高接触电阻的稳定性，另一个有效措施就是在容易腐蚀的金属上覆盖银、锡等金属。

　　断路器应能承载其额定电流而温升不超过 GB/T 11022—2011《高压开关设备和控制设备标准的共用技术要求》中的允许温升值。当周围空气温度不超过 40℃时，开关设备和控制设备任何部分的温升不应该超过表 12-5 规定的温升极根。

表 12-5　　　　　　　　　　　高压开关电器的温度和温升限值

部件、材料和绝缘介质的类别		最大值（周围空气温度不大于40℃）	
		温度（℃）	温升（K）
触头	在空气中	75	35
	在 SF_6 中	105	65
	在油中	80	40
镀银或镀镍	在空气中	105	65
	在 SF_6 中	105	65
	在油中	90	50
镀锡	在空气中	90	50
	在 SF_6 中	90	50
	在油中	90	50

二、开断近区故障

　　"近区故障"对断路器形成了严格的工作条件。所谓近区，是指数公里上下，因为距离较近，故短路电流很大，其值可能接近于断路器的额定容量极限。分析发现，当短路点离断路器的距离为 0.5～2.5km 时，断路器恢复电压的上升陡度大大提高了，达到远区（数十、数百公里）故障相应陡度的 10 余倍甚至更大。大短路电流幅值加上高恢复电压陡度，对断路器的工作起着极为不利的影响，使断路器难以顺利地开断。国内高压电网中，曾发生过近区故障时，虽短路电流尚未达到铭牌值，但不能开断故障电流的严重事故。

　　分断近区故障的主要困难在于初始瞬态电压的存在使电弧难以熄灭。开断近区故障的恢复电压如图 12-17 所示，其中，瞬态恢复电压是由沿着母线从第一个主要不连续点的反射波形成的低幅值的振荡波，其上升率决定于开断的短路电流，而其幅值决定于沿母线到第一个不连续点的距离。其第一个电压波的峰值 U_{tr1} 很低，但到达第一个电压波峰的时间却极短，电流过零后几微秒内就可以达到电压峰值 U_{tr1}，因此，可能会影响到某些断路器的开断。

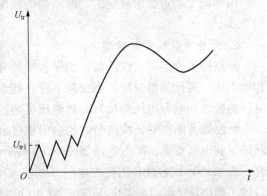

图 12-17　开断近区故障的恢复电压

　　当初始瞬态恢复电压幅值很高，但上升率较低时，灭弧并不困难；当起始部分的上升率很高，但初始恢复电压幅值不大时，电弧也容易熄灭；

最困难的是起始部分的上升率较高而初始恢复电压幅值又不太低的情况，此时电弧不易熄灭。

开断近区故障性能是选用断路器的必备条件之一。对电压在 72.5kV 及以上，额定短路开断电流在 12.5kA 以上，并与架空线路直接相连的断路器都应具有近区故障开断能力。

三、断路器的特定工况

开断与关合工况与其所操作的电路，即开断与关合对象密切相关。它们可分为以下类型：

（1）大电流类：出线端的端部短路、系统失步、近区故障、异相同时接地，变压器二次侧的短路故障；

（2）电容性电流：开断与关合单个电容器组（以及多组并联）、空载架空线路、空载电缆；

（3）电感性电流：开断与关合电动机、超高压线路上的并联电抗器（以及变压器第三绕组上的中压电抗器）、空载变压器。

断路器的工况按照开断电流的大小又可以分为 4 类：10％、30％、60％ 和 100％ 额定短路开断电流，分别命名为试验方式 1、2、3、4（它们分别命名为 T10、T30、T60、T100s）。在这些短路开断关合试验电流中只考虑其交流分量有效值，其中的直流分量最多不得超过 20％。但是，短路电流中总是有一定的直流分量，带有直流分量（超过 20％）时命名为试验方式 5（这又称为 T100a）。

一种型号的断路器无法同时满足上述所有要求。用户在选择断路器时，应按照预期工况来选定断路器，根据实际情况要求厂家提供特定工况下断路器的额定参数。

1. 开合失步故障

电力系统中两电源间因故障引起振荡失去稳定时，用于母联或作为系统之间联络用的断路器，就要在系统振荡情况下开断失步故障，使系统解列。

当断路器两侧的系统失步后，两侧电源电压相位差迅速增大，系统中出现远大于工作电流的失步电流。理论分析得知，当两个电源电压完全反相（相差 $180°$，回路总电源电压 $E = E_1 + E_2$）时，断路器断口上承受工频恢复电压最高，同相断口间承受两倍以上系统相电压；同时，断路器须开断的失步故障电流最大，最大值可达额定短路电流值的 25％。

国际电工委员会所规定的，断路器的额定失步关合和开断电流为其额定短路开断电流值的 25％。

2. 开合空载线路等容性电路

断路器关合空载长线路时，由于长线的分布电容存在，分布电容上可能有残余电荷，有起始电压。理论分析发现：当线路上没有残余电荷时，过电压可达电源电压的两倍；当残余电压的极性和电源电压相反时，过电压可超出两倍。

断路器开断空载长线路时，也会出现过电压，开断空载长线路过电压产生的根本原因是断路器的电弧重燃。等值电路如图 12-18 所示，图中 L、C 分别是线路的等值电感和等值电容，$Z_L \ll Z_C$，属容性，因此在电路开断前，可以认为 U_C 和电源电势 $e(t)$ 近似相等，流过断口的工频电流 i 超前电源电压 $90°$。触头分离后，电弧在 i 过零时刻熄灭，电容电压 U_C 达到电源电压最大值 E_m。此后，电容电压保持 E_m 不变；电源电压 $e(t)$ 继续按工频变化，断口的恢复电压逐渐增加，经过工频半波后，电源电压 $e(t)$ 到达反相最大值时，断口电压达到最大值 $2E_m$，期间，若触头间恢复电压上升速度或幅值超过了介质介电强度的恢复速度或幅值，断口被再次击穿，电弧发生重燃，若刚好在 $2E_m$ 时被重击穿，此后电容电压 U_c 将由起始值 E_m 以 $\omega_0 = 1/\sqrt{LC}$ 的角频率围绕 $-E_m$ 振荡，U_c 的最大值可达 $-3E_m$。依此类推，过电压倍数可按 $-7E_m$，$+9E_m$，…逐次增加而到达很大的数值。开断空载长线路过电压的值实际上不会按 3、5、7 倍逐次增加，在中性点不接地系统中一般不超过 3.5～4 倍，在中性点直接接地系统中一般不超过 3 倍。

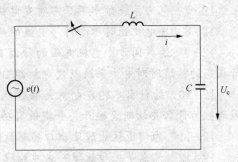

图 12-18　开断空载长线

为此，规程规定了断路器的额定容性开合电流，它包含了断路器的部分或全部操作职能，例如空载输电线路或电缆的充电电流，或并联电容器的负载电流。

3. 开合空载变压器和二次短路故障

开断空载变压器是断路器的基本工作条件之一。断路器主要是按照开断系统短路电流设计的。由于变压器的空载励磁电流很小，一般只有几安培或几十安培，用断路器开断空载变压器时，变压器线圈中的电流在自然通过零点之前就可能被强迫截断。此时，线圈中储存的磁场能量将以振荡的形式转换成同线圈相并联的杂散电容上的电能。

由于杂散电容极小，因此即便较少的磁场能量也可能产生较高的恢复过电压，参见式 (12-16)。对于高压变压器而言，由于采用的冷轧硅钢片的激磁电流仅是额定电流的 0.5% 左右，同时又采用了纠结式绕组，大大增加了绕组的电容，所以开断空载变压器时，过电压倍数一般不会大于 2。

$$\frac{1}{2}Li_L^2 + \frac{1}{2}Cu_C^2 = \frac{1}{2}Cu_m^2$$

$$u_{cm} = \sqrt{u_C^2 + i_L^2 Z_T^2}$$

$$(12-18)$$

式中：Z_T 是变压器特性阻抗，如果在励磁电流最大值（电容电压为零）时截断，过电压最高达到 $u_{cm} = I_{Lm}Z_T$。

当变压器低压侧三相短路，低压侧断路器拒分，由高压侧断路器开断（简称为变压器二次短路开断）时，在变压器高压侧及断路器断口可能会产生幅值较高、上升陡度较大的恢复过电压。

思 考 题

12-1　绝缘老化与温度的关系如何？

12-2　变压器经常性过负荷的技术条件是什么？事故后短时过负荷的限制条件是什么？

12-3　何谓等效负载系数？如何用两台阶等效负载线确定一昼夜内等效欠载与过负荷的系数与持续时间？

12-4　双绕组变压器并联运行的条件是什么？如果需要将两台不满足并联运行条件的双绕组变压器并联运行，应当考虑哪些问题？

12-5　何为变压器经济运行？经济运行的主要手段有哪些？

12-6　电压过高或过低对发电机有何影响？

12-7　电力系统频率不正常对发电机组有何影响？

12-8　发电机短时承受负序电流的热稳固性的条件为什么？

12-9　造成同步发电机失磁的原因有哪些？失磁后的发电机是如何进入稳定的异步运行状态的？这时对电力系统及发电机组自身有何影响？

12-10　为什么水轮发电机失磁后应立即切除？汽轮发电机无励磁异步运行应遵守哪些原则？为什么要切断灭磁开关并减低有功负荷？

12-11　为何近区故障比出口短路故障更难开断？

12-12　什么是失步故障？失步故障开断时的开断电流与工频恢复电压怎样考虑？

附录 A　导体长期允许载流量和集肤效应系数

表 A1　矩形导体长期允许载流量 (A) 和集肤效应系数 K_s

铝导体 LMY

导体尺寸 h×b (mm×mm)	单条 平放	单条 竖放	单条 K_s	双条 平放	双条 竖放	双条 K_s	三条 平放	三条 竖放	三条 K_s
25×4	292	308							
25×5	332	350							
40×4	456	480		631	665	1.01			
40×5	515	543		719	756	1.02			
50×4	565	594		779	820	1.01			
50×5	637	671		884	930	1.03			
63×6.3	872	949	1.02	1211	1319	1.07			
63×8	995	1082	1.03	1511	1644	1.10	1908	2075	1.20
63×10	1129	1227	1.04	1800	1954	1.14	2107	2290	1.26
80×6.3	1100	1193	1.03	1517	1649	1.18			
80×8	1249	1358	1.04	1858	2020	1.27	2355	2560	1.44
80×10	1411	1535	1.05	2185	2375	1.30	2806	3050	1.60
100×6.3	1363	1481	1.04	1840	2000	1.26			
100×8	1547	1682	1.05	2259	2455	1.30	2778	3020	1.50
100×10	1663	1807	1.08	2613	2840	1.42	3284	3570	1.70
125×6.3	1692	1840	1.05	2276	2474	1.28			
125×8	1920	2087	1.08	2670	2900	1.40	3206	3485	1.60
125×10	2063	2242	1.12	3152	3426	1.45	3903	4243	1.80

铜导体 TMY

导体尺寸 h×b (mm×mm)	单条 平放	单条 竖放	单条 K_s	双条 平放	双条 竖放	双条 K_s	三条 平放	三条 竖放	三条 K_s
25×3	323	340							
30×4	451	475							
40×4	593	625							
40×5	665	700							
50×5	816	860							
50×6	906	955							
60×6	1069	1125		1650	1740		2060	2240	
60×8	1251	1320		2050	2160		2565	2790	
60×10	1395	1475		2430	2560		3135	3300	
80×6	1360	1480		1940	2110		2500	2720	
80×8	1553	1690	1.10	2410	2620	1.15	3100	3370	1.44
80×10	1747	1900	1.14	2850	3100	1.27	3670	3990	1.60
100×6	1665	1810	1.10	2270	2470	1.30	2920	3170	
100×8	1911	2080	1.14	2810	3060	1.30	3610	3930	1.50
100×10	2121	2310	1.14	3320	3610	1.42	4280	4650	1.70
120×8	2210	2400	1.18	3130	3400	1.42	3995	4340	
120×10	2435	2650		3770	4100		4780	5200	1.78

注: 1. 载流量系按最高允许温度+70℃，基准环境温度+25℃，无风、无日照计算的。

2. h×b 的 h 为导体的宽度，b 为导体的厚度。

表 A2

槽型铝导体长期允许载流量（A）

h	b	e	r	双槽导体截面 (mm²)	集肤效应系数 K_S	双槽导体载流量 (A)	截面系数 W_Y(cm³)	惯性矩 I_Y(cm⁴)	惯性半径 r_Y(cm)	截面系数 W_X(cm³)	惯性矩 I_X(cm⁴)	惯性半径 r_X(cm)	截面系数 W_Y(cm³)	惯性矩 I_Y(cm⁴)	惯性半径 r_Y(cm)	静力矩 S_{Y0}(cm³)	双槽实联	不实联
													双槽焊成整体时				共振最大允许距离 (cm)	
75	35	4	6	1040	1.020	2280	2.52	6.2	1.09	10.1	41.6	2.83	23.7	89	2.93	14.1		不实用
75	35	5.5	6	1390	1.040	2620	3.17	7.6	1.05	14.1	53.1	2.76	30.1	113	2.85	18.4	178	114
100	45	4.5	8	1550	1.038	2740	4.51	14.5	1.33	22.2	111	3.78	48.6	243	3.96	28.8	205	125
100	45	6	8	2020	1.074	3590	5.9	18.5	1.37	27	135	3.7	58	290	3.85	36	203	123
125	55	6.5	10	2740	1.085	4620	9.5	37	1.65	50	290	4.7	100	620	4.8	63	228	139
150	65	7	10	3570	1.126	5650	14.7	68	1.97	74	560	5.65	167	1260	6.0	98	252	150
175	80	8	12	4880	1.195	6600	25	144	2.40	122	1070	6.65	250	2300	6.9	1156	263	147
200	90	10	14	6870	1.320	7550	40	254	2.75	193	1930	7.55	422	4220	7.9	252	285	157
200	90	12	16	8080	1.465	8800	46.5	294	2.70	225	2250	7.6	490	4900	7.9	290	283	157
225	105	12.5	16	9760	1.575	10150	66.5	490	3.20	3.7	3400	8.5	645	7240	8.7	390	299	163
250	115	12.5	16	10900	1.563	11200	81	660	3.52	360	4500	9.2	824	10300	9.82	495	321	200

注：
1. 载流量系按最高允许温度＋70℃，基准环境温度＋25℃，无风、无日照计算的。
2. h 为槽型导体的高度，b 为宽度，e 为壁厚，r 为弯曲半径。

附录 B　电力设备的一般技术条件及其技术数据

表 B1　选择电力设备的一般技术条件

电器名称	高压断路器	隔离开关	敞开组合电器	负荷开关	熔断器	电压互感器	电流互感器	限流电抗器	消弧线圈	补偿电容器	避雷器	封闭电器	穿墙套管	绝缘子
额定电压 (kV)	√	√	√	√	√	√	√	√	√	√	√	√	√	√
额定电流 (A)	√	√	√	√	√		√	√	√	√		√	√	√
额定容量 (kVA)						√			√	√		√		
机械荷载 (N)													√	√
开断电流 (kA)	√		√	√	√									
短路　热稳定	√	√	√	√		√	√	√		√		√	√	√
短路　动稳定	√	√	√	√		√	√	√				√	√	√
绝缘水平	√	√	√	√	√	√	√	√	√	√	√	√	√	√

表 B2　隔离开关主要技术数据

型号	额定电压 (kV)	最高工作电压 (kV)	额定电流 (A)	动稳定电流 (kA)	热稳定电流 (kA)	备注
GN2 - 35T	35	38.5	400/600/1000	52/64/70	14/25/27.5 (5s)	
GW2 - 35G	35	40.5	600	42	20	CS11G
GW2 - 35GD	35	40.5	600	42	20	CS8 - 6D
GW2 - 35	35	40.5	600/100	50	10 (10s)	E58 - 2
GW2 - 35D	35	40.5	600/100	50	10 (10s)	ES8 - 2
GW4 - 35	35	40.5	630/1250/2000/2500	50/80/100	20/31.5/40	双柱式
GW5 - 35D (W)	35	40.5	630/1250/1600	50/80	20/31.5	

续表

型号	额定电压 (kV)	最高工作电压 (kA)	额定电流 (A)	动稳定电流 (kA)	热稳定电流 (kA)	备注
GW4 - 110	110	126	630/1250/2000/2500	50/80/100	20/31.5/40	双柱式
GW4 - 110G	110	126	630/1250	50/80	20/31.5	双柱式
GW5 - 110D (W)	110	126	630/1250/1600	50/80	20/31.5	V 形
GW4 - 220 (245)	220 (245)	252	1250/2000/2500	50/80/125	31.5/40/50	双柱式
GW6 - 220G (D)	220	252	1000	50	21 (5s)	剪刀式
GW7 - 220 (D)	220	252	600/1000/1600	50/80/125	31.5/40/50	三柱式
GW8 - 110	110		600	15	5.6 (5s)	中性点隔离
GW8 - 35	35		400	15	5.6 (5s)	中性点隔离

表 B3　SF₆ 断路器主要技术数据

型号	额定电压 (kV)	最高工作电压 (kV)	额定电流 (A)	额定开断电流 (kA)	额定短时耐受电流 (4s) (kA)	额定峰值耐受电流 (kA)	额定关合电流 (kA)	额定合闸时间 (s)	全开断时间 (s)
LN2 - 40.5	35	40.5	1250/1601	16/25	16/26	40/63	40/63	0.1	0.06
LW8 - 40.5	35	40.5	1600/2000	25/31.5	25/31.5	63/80	63/80	0.1	0.06
LW18 - 40.5	35	40.5	1600/2500/3150	25/31.5/40	25/31.5/40	63/80/100	63/80/100	0.1	0.06
LW25 - 126	110	126	1250/2000/3150	31.5/40	31.5/40	80/100	80/100	0.1	0.06
LW24 - 126	110	126	1250/3150	31.5/40	31.5/40	80/100	80/100	0.1	0.06
LW14 - 126	110	126	2000/3150	31.5/40	31.5/40	80/100	80/100	0.1	0.06
LW11 - 126	110	126	3150	40	40	100	100	0.1	0.06
LW2 - 252	220	252	2500	40/50	40/50	100/125	100/125	0.1	0.06
LW23 - 252	220	252	1250/3150	40/50	40/50	100/125	100/125	0.1	0.06
LW12 - 252	220	252	4000	50	50	125	125	0.1	0.06

表 B4　　　　　　　　　　　　**110kV 双绕组变压器技术数据**

| 型号 | 额定容量
（kVA） | 额定电压（kV） | | 连接组 | 损耗（kW） | | 空载电流
（%） | 阻抗电压
（%） |
		高压	低压		空载	短路		
SF7 - 6300/110	6300				11.6	41	1.1	
SF7 - 8000/110	8000				14.0	50	1.1	
SF7 - 10000/110	10000				16.5	59	1.0	
SF7 - 12500/110	12500				19.6	70	1.0	
SF7 - 16000/110	16000				23.5	86	0.9	
SF7 - 20000/110	20000				27.5	104	0.9	
SF7 - 25000/110	25000	110±2×2.5% 121±2×2.5%	6.3，6.6 10.5，11		32.5	123	0.8	
SF7 - 31500/110	31500				38.5	148	0.8	
SF7 - 40000/110	40000				46.5	174	0.8	
SF7 - 75000/110	75000				75.5	300	0.6	
SFP7 - 50000/110	50000				55.0	216	0.7	
SFP7 - 63000/110	63000				65.0	260	0.6	
SFP7 - 90000/110	90000				85.0	340	0.6	
SFP7 - 120000/110	120000				106.0	422	0.5	
SFP7 - 120000/63	120000		13.8		106.0	422	0.5	
SFP7 - 180000/63	180000	121±2×2.5%	15.75	YNd11	110.0	550		10.5
SFQ7 - 20000/110	20000				27.5	104	0.9	
SFQ7 - 25000/110	25000				32.5	123	0.8	
SFQ7 - 31500/110	31500	110±2×2.5% 121±2×2.5%	6.3，6.6 10.5，11		38.5	148	0.8	
SFQ7 - 40000/110	40000				46.0	174	0.7	
SFPQ7 - 50000/110	50000				55.0	216	0.7	
SFPQ7 - 63000/110	63000				65.0	260	0.6	
SZ7 - 6300/110	6300				12.5	41	1.4	
SZ7 - 8000/110	8000		6.3，6.6 10.5，11		15.0	50	1.4	
SFZ7 - 10000/110	10000	110±8×1.25%			17.8	59	1.3	
SFZ7 - 12500/110	12500				21.0	70	1.3	
SFZ7 - 16000/110	16000				25.3	86	1.2	
SFZ7 - 20000/110	20000				30.0	104	1.2	
SFZ7 - 25000/110	25000	110±8×1.25%	6.3，6.6 10.5，11		35.5	123	1.1	
SFZ7 - 31500/110	31500				42.2	148	1.1	
SFZ7 - 40000/110	40000				50.5	174	1.0	

续表

型号	额定容量 (kVA)	额定电压 (kV) 高压	低压	连接组	损耗 (kW) 空载	短路	空载电流 (%)	阻抗电压 (%)
SZ7 - 8000/110	8000				15.0	50	1.4	
SFZ7 - 10000/110	10000				17.8	59	1.3	
SFZ7 - 12500/110	12500	$110\pm3\times2.5\%$ $121\pm3\times2.5\%$			21.0	70	1.3	
SFZ7 - 16000/110	16000		6.3，6.6 10.5，11		25.3	86	1.2	
SFZ7 - 20000/110	20000	$110\pm{}^4_2\times2.5\%$			30.0	104	1.2	
SFZ7 - 25000/110	25000	$121\pm{}^4_2\times2.5\%$			35.5	123	1.1	
SFZ7 - 31500/110	31500				42.3	148	1.1	
SFZ7 - 40000/110	40000				50.5	174	1.0	
SFZ7 - 63000/110	63000	$110\pm{}^7_6\times1.25\%$	38.5	YNd11	71.0	260	0.9	10.5
SFPZ7 - 50000/110	50000				59.7	216	1.0	
SFPZ7 - 63000/110	63000				59.7	260	0.9	
SFZQ7 - 20000/110	20000	$121\pm2\times2.5\%$			30.0	104	1.2	
SFZQ7 - 25000/110	25000				35.5	123	1.1	
SFZQ7 - 31500/110	31500		6.3，6.6 10.5，11		42.2	148	1.1	
SFZQ7 - 31500/110	31500	$115\pm8\times1.25\%$			42.2	148	1.1	
SFZQ7 - 40000/110	40000				50.5	174	1.0	
SFPZQ7 - 50000/110	50000	$110\pm8\times1.25\%$			59.7	216	1.0	
SFPZQ7 - 63000/110	63000				71.0	260	0.9	

表 B5　　　　　　　　　　220kV 双绕组变压器技术数据

型号	额定容量 (kVA)	额定电压 (kV) 高压	低压	连接组	损耗 (kW) 空载	短路	空载电流 (%)	阻抗电压 (%)
SFP7 - 31500/220	31500				44	150	1.1	12.0
SFP7 - 40000/220	40000		6.3，6.6 10.5，11		52	175	1.1	12.0
SFP7 - 50000/220	50000	$220\pm2\times2.5\%$ $242\pm2\times2.5\%$			61	210	1.0	12.0
SFP7 - 63000/220	63000				73	245	1.0	13.0
SFP7 - 90000/220	90000		10.5，11 13.8	YNd11	96	320	0.9	12.5
SFP7 - 120000/220	120000				118	385		12.0
SFP7 - 120000/220	120000	$242\pm2\times2.5\%$	10.5		118	385		11.2
SFP7 - 120000/220	120000		13.8		118	385		13.6
SFP7 - 150000/220	150000	$230\pm2\times2.5\%$	10.5		140	450		13.6
SFP7 - 150000/220	150000	$220\pm2\times2.5\%$	11，13.8		140	450	0.8	13.0

续表

型号	额定容量 (kVA)	额定电压 (kV)		连接组	损耗 (kW)		空载电流 (%)	阻抗电压 (%)
		高压	低压		空载	短路		
SFP7-180000/220	180000	242±2×2.5%	13.8		160	510		13.3
SFP7-180000/220	180000	242±2×2.5%	66		130	571		13.1
SFP7-180000/220	180000	242±2×2.5%	15.75		160	510	0.7	14.0
SFP7-240000/220	240000	242±2×2.5%			200	630		14.0
SFP7-240000/220	240000	242±$\frac{1}{3}$×1.25%			200	630		14.0
SFP7-250000/220	250000	220±4×2.5%	15.75		162	615		13.1
SFP7-360000/220	360000	242±4×2.5%	18		195	860		14.0
SFP7-360000/220	360000		20		195	860		14.0
SFP7-360000/220	360000	236±4×2.5%		YNd11	180	828		13.1
SFPZ7-31500/220	31500		6.3, 6.6, 10.5, 11, 35, 38.5		48	150	1.1	
SFPZ7-40000/220	40000				57	175	1.0	
SFPZ7-50000/220	50000				67	210	0.9	
SFPZ7-63000/220	63000	220±8×1.25%			79	245	0.9	12~14
SFPZ7-90000/220	90000				101	320	0.8	
SFPZ7-120000/220	120000		10.5, 11, 35, 38.5		124	385	0.8	
SFPZ7-150000/220	150000				146	450	0.7	
SFPZ7-180000/220	180000				169	520	0.7	
SFPZ7-90000/220	90000	230±8×1.25%	69		104	359		13.4
SFPZ7-120000/220	120000	220±8×1.25%			124	385		15.0
SFPZ7-120000/220	120000	220±8×1.25%	38.5		124	385	0.8	13.0

表 B6　110kV 三绕组变压器技术数据

型号	额定容量 (kVA)	额定电压 (kV)			连接组	损耗 (kW)		空载电流 (%)	阻抗电压 (%)			总重 (t)
		高压	中压	低压		空载	短路		高中	高低	中低	
SS7 - 6300/110	6300	110±7/6×1.25%		38.5		14.0	53	1.3				
SS7 - 8000/110	8000					16.5	63	1.3				
SFS7 - 10000/110	10000	110±2×2.5% / 121±2×2.5%	35±2×2.5% / 38.5±2×2.5%	6.3, 6.6, 10.5, 11		19.8	74	1.2	10.5	17~18	6.5	34.2
SFS7 - 12500/110	12500					23.0	87	1.2				40.4
SFS7 - 16000/110	16000					28.0	106	1.1				50.0
SFS7 - 20000/110	20000					33.0	125	1.1				55.1
SFS7 - 25000/110	25000					38.2	148	1.0				61.1
SFS7 - 31500/110	31500					46.0	175	1.0				
SFS7 - 40000/110	40000					54.5	210	0.9				61.0
SFS7 - 31500/110	31500	110±3/1×2.5%	38.5±2×2.5%	10.5	YNyn0d11	46.0	162					
SFPS7 - 50000/110	50000					65.0	250	0.9				
SFPS7 - 63000/110	63000					77.0	300	0.8				
SFSQ7 - 20000/110	20000	110±2×2.5% / 121±2×2.5%	35±2×2.5% / 38.5±2×2.5%	6.3, 6.6, 10.5, 11		33.0	125	1.1				
SFSQ7 - 25000/110	25000					38.5	148	1.0				
SFSQ7 - 31500/110	31500					46.0	175	1.0				
SFSQ7 - 40000/110	40000					54.5	210	0.9				
SFSQ7 - 16000/110	16000	110±2×2.5% / 121±2×2.5%	35±2×2.5% / 38.5±2×2.5%	6.3, 10.5		28.0	106	0.9	10.5	18		41.4
SFSQ7 - 31500/110	31500					46.0	175		17.5	10.5		70.3
SFPSQ7 - 50000/110	50000	110±2×2.5% / 121±2×2.5%	35±2×2.5% / 38.5±2×2.5%	6.3、6.6、10.5、11		65.0	250	0.9	10.5	17~18		
SFPSQ7 - 63000/110	63000					77.0	300	0.8				

续表

型号	额定容量 (kVA)	额定电压 (kV) 高压	中压	低压	连接组	损耗 (kW) 空载	短路	空载电流 (%)	阻抗电压 (%) 高中	高低	中低	总重 (t)
SSZ7-6300/110	6300	110±8×1.25%	38.5±2×2.5%	6.3	YNyn0d11	15.0	53	1.7		17~18		
SSZ7-8000/110	8000			6.6		18.0	63	1.7				
SFSZ7-10000/110	10000			10.5		21.3	74	1.6				44.9
SFSZ7-12500/110	12500			11		25.2	87	1.6				44.1
SFSZ7-16000/110	16000	110±8×1.25%	38.5±2×2.5%	6.3		30.3	106	1.5	10.5	17~18		
SFSZ7-20000/110	20000			6.6		35.8	125	1.5				59.8
SFSZ7-25000/110	25000			10.5		42.3	148	1.4				
SFSZ7-31500/110	31500			11		50.3	175	1.4				70.8
SFSZ7-40000/110	40000	$110\pm\frac{10}{6}\times1.25\%$	37±5%	6.3		54.5	210	1.3	10.5	18	6.5	103.4
SFSZ7-40000/110	40000	110±8×1.25%	38.5±5%	10.5		54.5	210	1.3				103.4
SFSZ7-50000/110	50000	$110\pm\frac{10}{6}\times1.25\%$	37.5±2.67%	10.5、11		71.2	250					85.8
SFSZ7-63000/110	63000					84.0	300					127.5
SFSZ7-8000/110	8000	$110\pm\frac{4}{2}\times2.5\%$	38.5±2×2.5%	10.5		18.0	63	1.7	降压 1.5 升压 17~18	降压 17~18 升压 10.5		
SFSZ7-10000/110	10000	$121\pm\frac{4}{2}\times2.5\%$				21.3	74	1.6				
SFSZ7-12500/110	12500					25.2	87	1.6				
SFSZ7-16000/110	16000	110±3×1.25%				30.3	106	1.5	降压 10.5 升压 17~18	10.5		44.3
SFSZ7-20000/110	20000					35.8	125	1.5				50.3
SFSZ7-25000/110	25000	121±3×2.5%				42.3	148	1.4				60.3
SFSZ7-31500/110	31500					50.3	175	1.4				

续表

型号	额定容量 (kVA)	额定电压（kV）			连接组	损耗（kW）		空载电流 （%）	阻抗电压（%）			总重 (t)
		高压	中压	低压		空载	短路		高中	高低	中低	
SFSZ7-16000/110	16000	110±8×1.5%	38.5±2×2.5%	6.3 6.6 10.5 11	YNyn0d11	30.3	106	1.5	降压 10.5 升压 17~18	降压 17~18升压 10.5	6.5	
SFSZ7-20000/110	20000					35.8	125	1.5				58.7
SFSZ7-25000/110	25000	110±8×1.25%				42.3	148	1.4				
SFSZ7-31500/110	31500	121±8×1.36%				50.3	175	1.4				77.1
SFSZ7-40000/110	40000	121±8×1.25%				60.2	210	1.3				82.1
SFSZ7-50000/110	50000		38.5±5%			71.2	250	1.3				96.5
SFSZ7-63000/110	63000					84.7	300	1.2				110.8
SFPSZ7-50000/110	50000	110±8×1.25%	38.5±2×2.5%	6.3、6.6、 10.5、11		71.2	250	1.3	10.5	17~18		107.2
SFPSZ7-63000/110	63000					94.7	300	1.2		18		127.2
SFPSZ7-63000/110	63000	110±$\frac{10}{6}$×1.25%		10.5		84.0	300		22.5	13		127.5
SFPSZ7-75000/110	75000	110±8×1.25%	37.5±2.67%	10.5		80.0	385	1.5			8	124.5
SFSZQ7-20000/110	20000		38.5±5%	6.3 6.6 10.5		35.8	125	1.5	10.5	17~18	6.5	
SFSZQ7-25000/110	25000	110±8×1.25%				42.3	148	1.4				
SFSZQ7-31500/110	31500					47.7	166	1.4				86.4
SFSZQ7-40000/110	40000		38.5±5%	11		60.2	200	1.3				107.2

表 B7　220kV 三绕组变压器技术数据

型号	额定容量 (kVA)	容量比 （%）	额定电压（kV）			连接组	损耗（kW）		空载电流 （%）	阻抗电压（%）			总重 (t)
			高压	中压	低压		空载	短路		高中	高低	中低	
SFPS7-120000/220	120000	100/100/100	20±$\frac{1}{3}$×2.5%	121	38.5	YNyn0d11	133	480	0.8	14.4	24.0	6.5	175
SFPS7-120000/220	120000	100/100/67		115	38.5					14.0	23.0	7.0	197
SFPS7-120000/220	120000	100/100/50		121	10.5、11					14.0	23.0	7.0	197

续表

型号	额定容量 (kVA)	容量比 (%)	额定电压 (kV)			连接组	损耗 (kW)		空载电流 (%)	阻抗电压 (%)			总重 (t)
			高压	中压	低压		空载	短路		高中	高低	中低	
SFPS7-150000/220	150000	100/100/100	242±2×2.5%	121	38.5	YNyn0d11	157	570		22.9	13.6	8.0	
SFPS7-150000/220	150000	100/100/50	220±$^{3}_{1}$×2.5%	38.5±5%	11	YNd11yn0	157	570	0.7	22.5	14.2	7.9	188
SFPS7-180000/220	180000	100/100/67		115	37.5		200	650		13.6	23.1	7.6	214
SFPS7-180000/220	180000	100/100/50	220±2×2.5%	121	10.5		178	650		14.0	23.0	7.0	247
SFPS7-240000/220	240000	100/100/100	242±2×2.5%	121	15.75		175	800		25.0	14.0	9.0	258
SFPS3-120000/220	120000	100/100/100	242±2×2.5%	121	10.5		148	640					203
SSPS3-120000/220	120000	100/100/100	2400±$^{3}_{1}$×2.5%						0.9	22~24	22~14	7~9	
SFPSZ7-63000/220	63000		220±8×1.25%	38.5±5%	11	YNyn0d11	79	290		13.3	21.5	7.1	140
SFPSZ7-90000/220	90000	100/100/67		121	38.5		92	390		14.4	24.2	7.8	168
SFPSZ7-120000/220	120000	100/100/50		121	10.5, 11		144	480	0.8	14.5	23.2	7.2	168
SFPSZ7-120000/220	120000	100/100/100		121	11		144	480	0.8	12.6	22.0	7.6	173
SFPSZ7-120000/220	120000	100/100/100		115	38.5		114	480	0.8	12.6	22.0	7.2	173
SFPSZ7-120000/220	120000	100/100/100		115	10.5		90	425		13.3	23.5	7.7	168
SFPSZ7-120000/220	120000	100/100/100		121	38.5	YNyn0d11	144	480	0.9	14.0	23.0	7.0	221
SFPSZ7-120000/220	120000	100/100/100		121	10.5, 11		118	425	0.8	14.0	23.0	7.0	186
SFPSZ7-120000/220	120000	100/100/100		121	11, 38.5		144	480	0.9	13.0	22.0	7.0	221
SFPSZ7-120000/220	120000	100/100/100	220±8×1.25%	121	11, 38.5		144	480		14.0	24.0	7.6	189
SFPSZ7-150000/220	150000		220±8×1.25%	121	11, 38.5		170	570		24.4	14.2	8.4	247
SFPSZ7-150000/220	150000			115	10.5		170	570		12.4	22.8	8.4	201
SFPSZ7-150000/220	150000		38.5±5%		10.5		144	480		13.7	23.8	8.1	175

续表

型号	额定容量 (kVA)	容量比 (%)	高压	中压	低压	连接组	损耗 (kW) 空载	损耗 (kW) 短路	空载电流 (%)	阻抗电压 (%) 高中	阻抗电压 (%) 高低	阻抗电压 (%) 中低	总重 (t)
SFPSZ4-90000/220	90000	100/100/100	$220\pm8\times1.25\%$	121	11	YNyn0d11	121	414	1.2	12~14	22~24	7~9	182
SFPSZ4-120000/220	120000	100/100/100	$220\pm8\times1.25\%$	121	10.5, 38.5		155	640	1.2				231

表 B8　220kV 三绕组自耦变压器技术数据

型号	额定容量 (kVA)	容量比 (%)	额定电压 (kV) 高压	中压	低压	连接组	损耗 (kW) 空载	短路 高中	短路 高低	短路 中低	空载电流 (%)	阻抗电压 (%) 高中	高低	中低
OSFPS3-63000/220	63000		$220\pm^{3}_{1}\times2.5\%$	121	38.5	YNa0yn0	39.6	220	190	186	0.43	9.1	33.5	22
OSFPS3-90000/220	90000	100/100/50	$220\pm2\times2.5\%$	121	11	YNa0d11	49.2	290	216.9	242.3	0.5	9.23	34.5	22.7
OSFPS3-90000/220	90000		$360\pm2\times2.5\%$	110	37		50		310		0.6	8~10	28~34	18~24
OSFPS3-90000/220	90000		$220\pm2\times2.5\%$	121	38.5	YNa0d11								
OSFPS3-90000/220	90000					YNa0yn0								
OSFPS7-120000/220	120000	100/100/50	$220\pm2\times2.5\%$	121	11	YNa0d11	70		320		0.6	8~10	28~34	18~24
OSFPS3-120000/220	120000		$220\pm^{3}_{1}\times2.5\%$											
OSFPS7-120000/220	120000													
OSFPS7-120000/220	120000													
OSFPS3-120000/220	120000	100/100/50	$220\pm2\times2.5\%$	121	11	YNa0d11	59.7	359.3	354	285	0.8	8.7	33.6	22
OSFPS3-120000/220	120000		$220\pm2\times2.5\%$	121	10.5		69.6		428		0.7	12.4	11.1	16.3
OSFPS7-120000/220	120000		$220\pm2\times2.5\%$	121	38.5	YNa0yn0	71		340			9.0	32	22
OSFPS7-120000/220	120000		$220\pm^{3}_{1}\times2.5\%$	121	38.5	YNa0yn0	70		320			8.2	33	22
OSFPS7-120000/220	120000			121	38.5	YNa0d11	82		320		0.6	8.5	37	25
OSFPS3-150000/220	150000		$220\pm^{10}_{7}\times2.5\%$		11	YNa0d11	82		380			10	17	11
OSFPS7-180000/220	180000	100/100/67		115	37.5	YNa0d11	105		515			13.0	13	18

表 B9

35kV 及以上 LB 系列电流互感器技术数据

型号	额定电流 (A)	级次组合	额定输出 (VA)	10% 倍数	20	40	50	75	100	150	200	300	400	500	600	800	1000	1200	150C
					1s 热稳定电流 (kA) /动稳定电流 (kA) — 一次电流 (A)														
LB-35	2×20/5; 2×75/5; 2×100/5; 2×300/5; 2×400/5; 2×500/5	0.5/10P/; 10P; 0.5/0.5/; 10P; 10P/10P/; 10P	50	1520	1.3/ 3.3	2.5/ 6.6		4.9/ 5.5	6.5/ 16.5	9.8/ 25	13/ 33	16.5/ 42	17/ 43.5	18/ 46	19/ 48.5	21/ 54	24/ 61	26/ 66	31, 82
LBI-110 LBI-110G LB11-110W2 LBI-110W1	2×90/5; 2×75/5; 2×100/5; 2×150/5; 2×200/5; 2×300/5; 2×400/5; 2×500/5; 2×600/5	0.2/10P/10P/10P 0.5/10P/10P/10P 0.5(0.1)/10P/10P	40	15			3.75/ 8.9	5.5/ 14	7.5/ 17.8	11/ 28	15/ 36	21/ 55	21/ 55	95/ —	35/ 89	42/ 110	42/ 110	42/ 110	

表 B10　　　　　　　　　　电压互感器主要技术数据

型号		额定变比	在下列准确级下额定容量（VA）				最大容量（VA）
			0.2级	0.5级	1级	3级	
单相（屋内式）	JDJ-0.5	0.38/0.11		25	40	100	200
	JDG-0.5	0.5/0.1		25	40	100	200
	JDG-3-0.5	0.38/0.1			15		60
	JDG-3	1-3/0.1		30	50	120	240
	JDJ-6	3/0.1		30	50	120	240
	JDJ-6	6/0.1		50	80	240	400
	JDJ-10	10/0.1		80	150	320	640
	JDJ-15	13.8/0.1		80	150	320	640
	JDJ-15	15/0.1		80	150	320	640
	JDJ-15	15/0.1		80	150	320	640
	JDJ-20	20/0.1		80	150	320	640
三相（屋内式，辅助二次绕组接成开口三角形）	JSJW-6	3/0.1/0.1/3		50	80	200	400
	JSJW-6	6/0.1/0.1/3		80	150	320	640
	JSJW-10	10/0.1/0.1/3		120	200	480	960
	JSJW-15	13.8/0.1/0.1/3		120	200	480	960
	JSJW-15	15/0.1		120	200	480	960
	JSJW-15	20/0.1		120	200	480	960
单相（屋内式，可代替JDJ型）	JDZ-6	1/0.1		30	50	100	200
	JDZ-6	3/0.1		30	50	100	200
单相（屋外式，连接线 1/1/1-12/12）	JDZJ-35	0.35/11		150	250	600	1200
	JDJJ-35	$35/\sqrt{3}/0.1/\sqrt{3}/0.1/3$			250	600	1200
	JCC-60	$60/\sqrt{3}/0.1/\sqrt{3}/0.1/3$			500	1000	2000
	JCC1-110	$110/\sqrt{3}/0.1/\sqrt{3}/0.1/\sqrt{3}$			500	1000	2000
	JCC-110	$110/\sqrt{3}/0.1/\sqrt{3}/0.1/\sqrt{3}$		150	500	1000	2000
	JCC2-110	$110/\sqrt{3}/0.1/\sqrt{3}/0.1/\sqrt{3}$			500	1000	1000
	JCC-220				500		2000
	JCC1-220	$220/\sqrt{3}/0.1/\sqrt{3}/0.1/3$			500	1000	1000
	JCC2-220				500		2000
电容式（屋外式）	TYD35/√3	$35/\sqrt{3}/0.1/\sqrt{3}/0.1/\sqrt{3}/0.1/3$	100	200	400	960	2000
	TYD66/√3	$66/\sqrt{3}/0.1/\sqrt{3}/0.1/\sqrt{3}/0.1/3$	100	200	400	960	2000
	TYD110/√3	$110/\sqrt{3}/0.1/\sqrt{3}/0.1/\sqrt{3}/0.1/3$	100	200	400	960	2000
	TYD110/√3	$110/\sqrt{3}/0.1/\sqrt{3}/0.1$		150	300	600	2000

续表

型号		额定变比	在下列准确级下额定容量（VA）				最大容量（VA）
			0.2 级	0.5 级	1 级	3 级	
电容式（屋外式）	TYD110/√3	$110/\sqrt{3}/0.1/\sqrt{3}/0.1/\sqrt{3}/0.1$	200	400	500	1000	2000
	TYD110/√3	$110/\sqrt{3}/0.1/\sqrt{3}/0.1/\sqrt{3}/0.1$			800	1600	3200
	TYD110/√3	$110/\sqrt{3}/0.1/\sqrt{3}/0.1$		500	300	600	1200
	TYD110/√3	$110/\sqrt{3}/0.1/\sqrt{3}/0.1$	300		300	600(3p)	1200
	TYD220/√3	$\frac{220}{\sqrt{3}}/\frac{0.1}{\sqrt{3}}/0.1$		150	300	600	1200
	TYD220/√3	$\frac{220}{\sqrt{3}}/\frac{0.1}{\sqrt{3}}/0.1$		150	300	600	1200

表 B11 　　　　　　　　　　　限流电抗器技术数据

型号	额定电压(kV)	额定电流(A)	电抗(%)	三相通过容量(kV·A)	单相无功容量(kvar)	单相损耗(70℃时)(W)	稳定性	
							动稳定电流峰值(kA)	热稳定电流(kA)
XKK-10-200-4	10	200	4	3×1155	46.2	1816	12.75	5 (4s)
5			5		57.7	2126		
6			6		69.3	2377		
XKK-10-400-4	10	400	4	3×2309	92.4	2865	25.5	10 (4s)
5			5		115.5	3318		
6			6		138.6	3746		
XKK-10-600-4	10	600	4	3×3464	138.6	3224	38.25	15 (4s)
5			5		173.3	4147		
6			6		207.9	5258		
NKL-10-200-3	10	200	3	3×1155			13.00	
4			4		46.2	1976	12.75	14.13 (1s)
5			5		57.6	2329	10.20	14.00 (1s)
NKL-10-300-3	10	300	3	3×1734	52	2015	19.5	17.15 (1s)
4			4		69.2	2540	19.1	17.45 (1s)
5			5		86.5	3680	15.3	12.6 (1s)
NKL-10-400-3	10	400	3	3×2309	69.4	3060	26	22.25 (1s)
4			4		92.4	3196	25.5	22.2 (1s)
5			5		115.5	3447	20.4	22.0 (1s)
NKL-10-500-3	10	500	3	3×2890	86.5	3290	23.5	27 (1s)
4			4		115.6	4000	31.9	27 (1s)
5			5		144.5	5460	24.0	21 (1s)

型号	额定电压(kV)	额定电流(A)	电抗(%)	三相通过容量(kV·A)	单相无功容量(kvar)	单相损耗(70℃时)(W)	稳定性	
							动稳定电流峰值(kA)	热稳定电流(kA)
NKL - 10 - 1500 - 10	10	1500	10	3×8660	866.0	11843	38.25	86.23 (1s)
NKL - 10 - 2000 - 10	10	2000	10	3×11547	1155.0	15829	51.00	90.75 (1s)
XKK - 10 - 1500 - 10	10	1500	10	3×8660	866.0	11552	95.63	37.5 (4s)

注 XKK——干式空心限流电抗器，环氧树脂固化，质量轻，稳定性好；

NKL——水泥铝线电抗器，价格便宜。

表 B12　　　　　　　支柱式绝缘子和穿墙套管主要技术数据

支柱式绝缘子				穿墙套管				
型号	额定电压（kV）	绝缘子高度（mm）	机械破坏负荷（kN）	型号	额定电压（kV）	额定电流（A）或母线型套管内径（mm）	套管长度（mm）	机械破坏负荷（kN）
ZL - 10/4	10	160	4	CB - 10	10	200,400,600,1000,1500	350	7.5
ZL - 10/8	10	170	8	CC - 10	10	1000,1500,2000	449	12.5
ZL - 10/16	10	185	16	CWLB2 - 10	10	200,400,600,1000,1500	394	7.5
ZS - 10/4	10	210	4	CWLC2 - 10	10	2000,3000	435	12.5
ZS - 10/5	10	220	5	CM - 12 - 105	12	内径105	484	23
ZS - 20/8	20	350	8	CM - 12 - 142	12	内径142	487	30
ZS - 20/10	20	350	10	CM - 24 - 330	24 -	内径330	782	40
ZL - 35/4	35	380	4	CWLC2 - 20	20	2000，3000	595	12.5
ZL - 35/8	35	400	8	CB - 35	35	400，600，1000，1500	810	7.5
ZL - 35/4	35	400	4	CWLB2 - 35	35	400，600，1000，1500	830	7.5
ZL - 35/8	35	420	8	CRLQ1 - 110	126	1200	3660	

注 1. ZL——屋内联合胶装支柱绝缘子；

ZS——屋外棒式支柱绝缘子。

2. 穿墙套管的热稳定电流：铝导体当额定电流为 200、400、600、1000、1500、2000、2500A 时（时间为 5s），对应的热稳定电流为 3.8、7.6、12、20、30、40、60kA；铜导体当额定电流为 200、400、600、1000、1500、2000、2500、3000A 时（时间为 10s），对应的热稳定电流 3.8、7.2、12、18、23、27、29、31kA。

表 B13　　　　　　　密集型和集合式并联补偿电容器技术数据

型号	额定电压（kV）	额定容量（kvar）	额定电容（μF）	相数	质量（kg）	外形尺寸（mm）（长×宽×高）
BFF6.7 - 900 - 3W	6.7	900	63.8	3	800	1000×520×850
BFF11/$\sqrt{3}$ - 750 - 1W	11/$\sqrt{3}$	750	59.2	1	658	1000×450×700
BFF11/$\sqrt{3}$ - 1000 - 1W	11/$\sqrt{3}$	1000	78.92	1	875	1000×520×850
BFF11/$\sqrt{3}$ - 1200(1400~1600) - 1W	11/$\sqrt{3}$	1200~1600		1	1500	1140×1090×2295

续表

型号	额定电压（kV）	额定容量（kvar）	额定电容（μF）	相数	质量（kg）	外形尺寸（mm）（长×宽×高）
BFF11/√3 - 1200(1400～1600) - 3W	11/√3	1200～1600		3	1400	1300×1100×1855
BFF11/√3 - 1800 - 1W	11/√3	1800		1	1500	1140×1090×2295
BFF11/√3 - 1800 - 3W	11/√3	1800		3	1500	1300×1100×1955
BFF11/√3 - 2000 - 1W	11/√3	2000		1	1750	1145×1090×2660
BFF11/√3 - 2000 - 3W	11/√3	2000		3	1500	1300×1100×1955
BFF11/√3 - 2400 - 1W	11/√3	2400		1	2000	1145×1090×3025
BFF11/√3 - 2400 - 3W	11/√3	2400		3	1700	1300×1100×2055
BFF2×12 - 1667 - 1W	2×12	1667		1	1600	1355×1230×2515
BFF2×12 - 2000 - 1W	2×12	2000		1	1870	1510×1360×2515
BFF2×12 - 3334 - 1W	2×12	3334		1	3000	1355×1330×3275
BFF2×12 - 4000 - 1W	2×12	4000		1	3500	1510×1360×3275

注 1. B—并联电容器；F—二芳基乙烷（第二字母）；F—膜纸复合介质；W—屋外式。

2. BFF11/√3型密集型并联电容器系列除上表列出外还有 2500、3000、3334、3600、4800、5000、…

参 考 文 献

[1] 弋东方. 电力工程电气设计手册.：第 1 册　电气一次部分. 北京：中国电力出版社，1992.

[2] 熊信银. 发电厂电气部分. 4 版. 北京：中国电力出版社，2009.

[3] 许珉. 发电厂电气主系统. 北京：机械工业出版社，2006.

[4] 刘宝贵. 发电厂变电站电气部分. 北京：中国电力出版社，2008.

[5] 牟道怀. 发电厂变电站电气部分. 重庆：重庆大学出版社，1996.

[6] 姚春球. 发电厂电气部分. 北京：中国电力出版社，2004.

[7] 谢珍贵，汪永华. 发电厂电气设备. 郑州：黄河水利出版社，2009.

[8] 国家电力公司发输电运营部. 供电生产常用指导性技术文件及标准：第 6 册　过电压与绝缘配合、接地装置. 北京：中国电力出版社，2002.

[9] 许颖，徐士珩. 交流电力系统过电压防护及绝缘配合. 北京：中国电力出版社，2006.

[10] 罗学琛. SF_6 气体绝缘全封闭组合电器（GIS）. 北京：中国电力出版社，1999.

[11] Alexander Kusko, Marc T. Thompson. 电力系统电能质量. 徐永海，张一工，谭伟璞，等译. 北京：科学出版社，2009.

[12] 肖湘宁. 电能质量分析与控制. 北京：中国电力出版社，2004.

[13] 程浩忠. 电能质量. 北京：清华大学出版社，2006.

[14] 陈建业. 电力电子技术在电力系统中的应用. 北京：机械工业出版社，2008.

[15] 马晓静. 核电站厂用电系统设计. 电气技术，2009（8）.

[16] 卫志农，常宝立，汪方中，等. 地区电网变压器经济运行实时控制系统. 电力系统自动化，2006（1）.

[17] 夏春燕. 变压器经济运行分析与应用. 变压器，2007（12）.

[18] 常炳双，辛健. 配电变压器经济运行模式的探讨. 电网技术，2007（S1）.

[19] 谢威，谢炎林，王槐智. 变压器经济运行综合分析. 变压器，2008（5）.

[20] 王方亮. 变压器经济运行方式分析与应用. 变压器，2005（12）.

[21] 唐涛. 国内外变电站无人值班与综合自动化技术发展综述. 电力系统自动化，1995（10）.

[22] 江哲生. 我国电力工业现状和"十二五"电源结构调整趋势分析. 电器工业，2009（1）.

[23] 余海明. 我国电力工业节能减排的现状及技术途径. 中小企业管理与科技（下旬刊），2009（1）.

[24] 王滨，李伟，李超. 静止无功功率补偿技术研究进展综述. 山东建筑大学学报，2008（1）.

[25] 朱罡. 电力系统静止无功补偿技术的现状及发展. 电力电容器与无功补偿，2001（4）.

[26] 高亚栋，朱炳铨，李慧，等. 数字化变电站的"虚端子"设计方法应用研究. 电力系统保护与控制，2011，（5）：124 - 127.

[27] 朱天游. 500kV 自耦变压器中性点经小电抗接地方式在电力系统中的应用. 电网技术，1999，（4）：17 - 20.

[28] 毛雪雁，宣晓华. 500kV 自耦变压器中性点小电抗接地的研究. 华东电力，2005（5）：26 - 29.

[29] 王磊，徐丙华. 华东电网 500kV 自耦变压器中性点小电抗接地应用的研究. 变压器，2010，（5）：53 - 56.